KB015019

유전자, 당신이 결정한다

유전자,

당신이 결정한다

Inheritance

샤론 모알렘 | 정경 옮김

김영사

차례

들어가는 글 ___ 모든 것이 바뀌려 한다 6

Chapter 1 **유전학자들은 어떻게 생각하는가** 13
: 왜 건강 식단이 제프에게 간암을 일으켰는가

Chapter 2 **유전자가 못되게 굴 때** 43
: 애플사와 코스트코,
그리고 한 정자 기부자가 유전 발현에 대해 가르쳐주는 것들

Chapter 3 **유전자 바꾸기** 71
: 스트레스와 왕따, 그리고 로열젤리는 어떻게 유전적 운명을 바꾸는가

Chapter 4 **사용하지 않으면 잃어버린다** 89
: 우리의 삶과 유전자는 어떻게 공모하여 뼈를 만들거나 부수는가

Chapter 5 **유전자 잘 먹이기** 119
: 우리 조상, 채식주의자, 마이크로바이옴으로부터 배우는 영양의 모든 것

Chapter 6 **유전자가 하는 일과 예방의 역설** 151
: 비타민이냐 음식이냐

Chapter 7 **편 고르기** 171

: 왜 누구는 왼손잡이나 구피로 태어나는가

Chapter 8 **우리는 모두 엑스맨이다** 193

: 셰르파와 무통증 아이들로부터 배우는 유전적 교훈

Chapter 9 **유전체 해킹하기** 213

: 보험회사, 의사, 그리고 연인까지 당신의 DNA를 해킹하려는 이유

Chapter 10 **아들인가요, 딸인가요** 239

: 중복 유전자로부터 오는 전혀 의도하지 않았던 결과들

Chapter 11 **모두 짜맞추기** 267

: 희귀 유전병이 유전적 유산에 대해 가르쳐주는 것들

맺는 글 ___ 마지막 한 가지 299

옮긴이의 글 ___ 무한한 감사, 그리고 어떻게 살 것인가 302

미주 및 참고문헌 306

찾아보기 326

들어가는 글: 모든 것이 바뀌려 한다

중학교 2학년 때를 기억하는가?

같은 반 친구들 얼굴을 기억할 수 있는가? 선생님들과 교감 선생님, 교장 선생님 이름을 말할 수 있는가? 학교 종소리를 떠올릴 수 있는가? 풋사랑의 가슴앓이는? 학교 불량배와 마주쳤을 때 겁에 질렸던 느낌을 기억하는가?

모든 것이 놀랍도록 선명할지 모른다. 아니면, 시간이 지남에 따라 자욱한 안개 속으로 잊혀졌을 수도 있다.

어느 쪽이든지, 중요한 것은 우리가 그 모든 기억들을 지니고 있다는 것이다. 오래전부터 우리는 정신psyche이라 불리는 작은 주머니에 우리의 모든 경험을 짊어지고 다닌다는 것을 알고 있었다. 심지어 우리가 의식적으로 기억할 수 없는 경험들까지도 우리 정신 어딘가에 보관되어 있다. 무의식의 바다를 헤엄치며, 좋은 순간이든 나쁜 순간이든 가리지 않고 불쑥 튀어나올 준비가 된 채로.

하지만 기억은 훨씬 심오한 것이다. 우리 몸은 끊임없이 변화와 재생의 과정을 겪으며, 겉으로는 아무리 별것 아닌 것 같은 경험도(학교 불량배와의 마주침, 풋사랑, 학교 종소리에 이르기까지)우리 몸속에 지워지지 않는 흔적으로 남기 때문이다.

더 중요한 건, 그런 흔적이 우리 유전체세포나 생물의 유전자 총체 – 옮긴이 속에 남겨진다는 것이다. 물론 지금 이 말은 우리의 유전적 유산을 이루는 30억 글자로 된 수식에 관해 학교에서 배운 바와는 다르다.

19세기 중반, 그레고르 멘델Gregor J. Mendel•의 완두콩 유전 형질 실험을 통해 우리 모두가 알고 있는 유전 법칙이 성립된 이후, 우리는 전 세대로부터 물려받은 유전자에 의해 우리가 누구인지, 어떤 형질을 가졌는지를 확고하게 예측할 수 있다고 배워왔다. 어머니와 아버지의 유전자를 조금씩 물려받아 잘 섞인 것, 그게 바로 지금의 우리 자신이다.

유전적 유산에 대한 이런 고정적인 견해 때문에 지금까지도 중학교 교실에 앉아 있는 학생들은 친구들의 눈 색깔이나 곱슬머리, 혀 말기 혹은 손가락의 털이 왜 다른지 등을 알기 위해 가계도를 펼쳐보며 공부하고 있다. 마치 멘델이 돌에 새겨 전달한 것 같은 이런 수업은 무엇을 물려받고 무엇을 물려줄 수 있는지에 대해 우리 스스로 아무런 선택권도 가질 수 없다고 가르친다. 왜냐하면 우리의 유전적 유산은 부모님이 우리를 가지는 순간에 완전히 고정되어버리기 때문이라는 것이다.

하지만, 이건 틀렸다.

• 그레고르 멘델은 그의 연구를 1865년 2월 8일과 3월 8일에 부룬자연과학회에 발표했고 그 이듬해에 그 결과들을 〈부룬자연과학회보Proceedings of the Natural History Society of Brunn〉에 실었다. 그의 논문은 1901년에 와서야 영어로 번역되었다.

왜냐하면 당신이 무엇을 하고 있든지 간에(책상에 앉아 커피를 마시고 있든지, 집에서 안락의자에 푹 퍼져 있든지, 헬스클럽에서 페달 밟기 운동을 하고 있든지, 아니면 국제 우주정거장에서 궤도를 돌고 있든지) 당신의 DNA는 끊임없이 변화하고 있기 때문이다. 마치 수천 수만 개의 전구 스위치처럼, 당신의 DNA도 어떤 것들이 꺼지는 사이 어떤 것들은 켜지고 있다. 이 꺼짐과 켜짐은 모두 당신이 무엇을 하고 있는지, 무엇을 보고 있는지 혹은 무엇을 느끼고 있는지에 대한 반응이다.

그리고 이런 과정은 바로 당신이 어떻게 살아가느냐(어떤 라이프 스타일을 선택하느냐), 어디에 사느냐, 어떤 스트레스와 맞닥뜨리느냐, 무엇을 먹느냐에 따라 좌우된다.

이런 것들은 모두 DNA를 바꿀 수 있다. 더 명확히 말하자면 이 말은 당신이 '유전적으로genetically'• 바뀔 수 있다는 것이다.

우리 삶이 유전자에 의해 조형된다는 것을 부인하는 건 아니다. 확실히 조형된다. 우리 모두가 학교에서 배웠듯이. 단지 강조하고 싶은 것은 우리가 지금 알아가고 있는 많은 사실들이 우리의 유전체가 마지막 염기서열까지 고정되어 있지 않고, 도구적으로 영향력을 행사할 수 있음을 알려준다는 것이다. 이는 바로 몇 년 전까지만 해도 아무리 기발한 공상 과학 작가라도 전혀 상상조차 할 수 없던 새로운 관점으로 우리의 유전적 유산을 바라보게 한다.

매일매일 우리는 새로운 유전적 여행을 시작하기 위한 새로운 도

• 이는 획득된 돌연변이나 심지어는 유전자의 발현이나 억제를 바꿀 수 있는 작은 후성유전학적 변형까지 모든 것들을 포함한다.

구와 지식을 얻고 있다. 발견에 발견을 거듭해서 우리는, 유전자가 우리에게 하는 일과 우리 자신이 유전자에 하는 일 사이의 관계에 대한 이해의 폭을 넓히고 있다. 그리고 이런 새로운 생각(유전자들이 고정된 채 대물림되는 것이 아니라 '*유연한 유전*flexible inheritance'이라는)은 그야말로 모든 것을 바꾸어 놓는다.

우리가 먹는 음식, 운동 습관, 정신 건강과 대인 관계, 치료에 사용하는 약들, 소송, 교육, 우리의 법, 우리의 권리, 오랫동안 지켜온 신조와 아주 깊은 믿음.

이 모든 것들을 바꾼다.

심지어는 죽음, 그 자체까지도 바꾼다. 많은 이들은 삶이 끝나면 우리 삶의 경험도 끝날 것이라고 생각한다. 하지만 그것도 틀렸다. 우리는 우리 자신의 삶뿐 아니라 우리 부모와 조상들의 삶, 그 모든 경험의 정점이다. 우리의 유전자가 결코 쉽게 잊어버리지 않기 때문이다.

전쟁, 평화, 연회, 기아, 집단이주디아스포라, 질병 등을 우리 선조들이 겪고 거기서 살아남았다면 그것 모두 우리가 물려받았다. 그리고 이미 우리가 받았다면, 어떤 방식으로든지 다음 세대에게 전해줄 확률이 커진다.

물려받은 것이 암이나 알츠하이머병일 수 있다. 비만일 수도 있다. 또한 장수일 수 있으며 위기 상황에서의 침착함일 수도 있다. 그리고 행복 그 자체를 물려받았을 수도 있다.

이제 우리는 좋은 쪽으로든지 나쁜 쪽으로든지 간에 스스로의 유전적 유산을 받아들이거나 거부하는 것이 가능하다고 배워가고 있다.

이 책은 바로 그 여행을 위한 가이드북이다.

이 책에서 나는 의사이자 과학자로서 유전학 분야의 가장 최근 발전을 나의 진료에 적용하기 위해 사용하는 도구들에 관해 말할 것이다. 내 환자들도 몇 명 소개할 것이다. 우리의 실생활에 중요한 연구들의 의학적 조망을 파헤치고 내가 직접 참여한 연구들 몇 건에 대해서도 이야기하고자 한다. 역사에 대해서, 예술에 대해서 말할 것이다. 슈퍼 히어로와 인기 운동선수, 성 매매자들에 대해서도 말할 것이다. 그리고 그 모두와 연결하여 당신이 세상을 바라보는, 아니 심지어 당신 자신을 바라보는 시선을 바꾸려 할 것이다.

나는 독자들에게 이미 알려지거나 알려지지 않은 사실 사이의 경계에 묶인 단단한 줄 위에서 줄타기를 하라고 종용할 것이다. 물론 그 위는 많이 흔들릴 것이다. 하지만 해볼 만한 가치가 있다. 무엇보다 그 경치를 결코 잊을 수 없을 것이다. 그렇다. 내가 세상을 바라보는 눈은 통념적이지 않다. 유전병을 기본 생명 현상을 이해하는 본보기로 삼아 겉으로는 관련이 없어 보이는 분야들에서 획기적인 발견들을 이루었다. 이런 접근 방식은 슈퍼버그superbug만을 특정적으로 죽이는 새로운 항생제인 시데로실린Siderocillin의 발견은 물론, 인류의 건강 증진을 목표로 한 새로운 생명공학적 혁신과 관련된 특허를 전 세계적으로 열아홉 개나 받도록 해주었다.

물론 나는 지구상에서 제일가는 의사나 과학자들과 공동 연구를 할 수 있을 만큼 운이 좋았고, 아주 보기 드물고 복잡한 유전학적 사례들을 공유할 수 있는 기회를 가졌다. 그리고 시간이 지나면서 내 경력은 나를 믿어주었던 수백 명의 사람들이 세상에서 가장 중요하게 생각하는 문제로 향하게 했다. 바로 그들 아이들의 문제다.

요점은, 내가 이 문제를 아주 진지하게 생각한다는 것이다.

그렇다고 이 말이 이 책이 암울할 것이라는 걸 의미하지는 않는다. 내가 다룰 몇 가지 이야기들은 독자들의 마음을 아프게 할 것이다. 몇몇 개념들은 우리의 핵심적인 신념에 도전장을 던질 수도 있다. 하지만 또 다른 개념들은 두려울 정도로 경이로운 감동을 줄 것이다.

하지만 당신이 이러한 놀라운 세계에 마음을 열 준비가 되어 있다면, 이 세계는 당신에게 새로운 방향을 볼 수 있게 도와줄 것이다. 당신이 사는 방식을 다시 생각하게 할지도 모른다. 아니면 단순하게는 당신이 유전학적으로 어떻게 삶의 이 순간에 도달했는지를 생각하게 할 수도 있다.

확언하건대 이 책의 마지막 장을 덮고 나면, 당신의 전체 유전체와 그것이 조형한 당신의 삶이 분명 이전과는 다르게 느껴질 것이다.

당신이 유전학을 새롭게 볼 준비가 되어 있다면, 나는 이 여행(우리가 공유한 과거 속에 있는 다양한 장소들을 거치고, 혼란스러운 순간들의 모임인 현재도 거쳐, 약속과 함정으로 만연한 미래에 이르기까지)에서 당신의 가이드가 되어줄 것이다.

그렇게 함으로써 당신을 나의 세계에 초대해 내가 유전적 유산을 보는 시각을 알려줄 수 있을 것이다. 그 시작으로 먼저 나는 유전학자로서 어떻게 생각하는지 알려주려 한다. 그걸 알면 이 책에서 함께 여행하게 될 세계를 이해하는 데 도움이 되기 때문이다.

이는 매우 흥미로운 기회가 될 것이다. 굉장한 발견의 시작점에서 당신은 이 책을 펼쳐 보았다.

우리는 어디로부터 왔는가? 그리고 어디로 가는가? 무엇을 가지게 되었고 무엇을 물려줄 것인가? 이 모든 질문들은 누구에게나 열려 있다.

이것이 우리가 당면한 거침없는 미래다.

이것이 바로 우리의 *유전적 유산*inheritance이다.

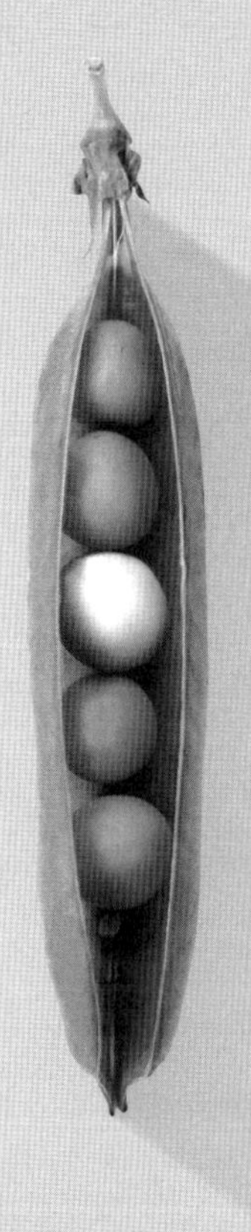

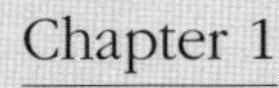

유전학자들은 어떻게 생각하는가:

왜 건강 식단이 제프에게 간암을 일으켰는가

한동안 뉴욕의 음식점들은 채식 메뉴, 글루텐 프리, 깐깐하게 인증받은 유기농 음식들로 건강식을 강조하며 손님들을 이끌려 했다.

식당의 메뉴판은 별주와 각주로 복잡했고, 음식점 종업원들은 원산지 표시와 음식 궁합, 공정거래 인증은 물론 몸 어디에는 좋다거나 어디에는 나쁘다는 뒤죽박죽 혼합된 여러 가지 지방과 복잡한 오메가에 대해서도 전문가가 되었다

하지만 제프[1]는 꿈쩍도 안 했다. 고도의 트레이닝을 받았으며, 뉴욕에서 레스토랑을 자주 찾는 고객들의 변화무쌍한 입맛을 너무나도 잘 아는 이 젊은 요리사는 건강 식단에 반대하지는 않았다. 단지 그는 몸에 좋은 메뉴가 최우선이라고 생각하지 않았을 뿐이었다. 다른 모든 사람들이 프리케freekeh나 치아씨chia seeds로 실험적 메뉴를 만들 때 제프는 군침이 돌 정도로 매혹적인 고기, 감자, 치즈 그리고 다른 동맥경화에 좋지 않은 음식들을 천국의 맛으로 푸짐하게 만들어 내놓았다.

당신의 어머니는 아마도 스스로 말한 대로 행동하라고 조언했을 것이다. 제프의 어머니는 항상 스스로 요리한 것을 먹어야 한다고

했다. 그래서 그는 그렇게 했다.

하지만 제프의 피 검사에서 LDLlow density lipoprotein 콜레스테롤심장 질환의 위험과 관련된 콜레스테롤로 흔히 LDL로 불린다 수치가 높게 나타나기 시작한 것은 식단을 바꿀 때가 되었다는 신호였다. 이 젊은 요리사에게 심혈관 질환의 가족력도 있다는 것을 알게된 담당 의사는 식단을 빨리 바꿔야 한다고 단언했다. 제프의 식습관을(과일과 채소의 섭취를 꽤 많이 늘리는 것을 포함해서) 크게 바꾸지 않고서는 미래에 찾아올 심장발작 위험을 줄이는 방법은 약물 복용밖에 없었다.

식단을 바꾸라는 것은 의사로서 어려운 판단은 아니었다. 제프의 가족력과 LDL 상태를 가진 어떤 환자에게라도 지시하도록 훈련받은 처방이었다.

제프는 처음에 곧이곧대로 듣지 않았다. 주변 사람들이 자신의 놀라운 요리 솜씨와 식습관을 묘사하기 위해 '스테이크'라는 별명까지 붙여주었는데, 과일과 채소가 많은 식단으로 바꾸는 것은 스스로의 명성을 해치는 일이라고 생각했다. 하지만 결국, 자신과 함께 늙어가기를 원하는 젊고 아름다운 약혼자의 간청으로 동의하게 되었다. 제프는 자신의 요리사 경력과 타고난 감소reduction: 요리에서 끓임으로써 수프나 소스 등을 만드는 과정 – 옮긴이에의 재능을 이용하여, 먼저 과일과 채소를 매일 식단에 올림으로써 자신의 삶에 새로운 장을 열기로 했다. 어린 자녀의 건강을 생각해 아침에 먹는 머핀 안에 애호박을 몰래 집어넣는 부모처럼, 제프는 그의 블랙앤블루 포트하우스 스테이크에 쓰이는 글레이즈와 감소에 많은 과일과 채소를 사용하기 시작했다. 얼마 지나지 않아 제프는 의사가 강조하던 균형잡힌 식단dietary balance에 대한 단순한 이론적 이해를 넘어서 실제로 그것을 실천하며 살아가기 시작했다. 붉은 고기는 적게. 과일과 채소를 훨씬 많게. 그리고 적절한 아침과 점심.

'건강 식단으로 먹기'를 3년간 실천하고 콜레스테롤 수치가 낮아지자 제프는 건강 문제를 이겨냈다고 생각했다. 자신의 건강을 식이요법을 통해 조절했다는 것이 자랑스러웠다.

그러나 몸이 훨씬 좋아질 거라는 기대와는 반대로 몸 상태는 더욱 나쁘게만 느껴졌다. 활력이 있기는커녕 부은 것 같고 어지럽고 피곤했다. 그런 증상에 대한 검사를 받았을 때 처음에는 간단한 간 기능 비정상이라는 결과가 나왔다. 곧바로 비정상 초음파와 자기공명영상 검사MRI를 하게 되었고 간 조직 검사까지 이어졌다. 결국 암으로 밝혀졌다.

그 사실은 모두에게 충격이었지만, 제프의 의사에게는 더더욱 놀라웠다. 왜냐하면 제프는 간염 바이러스 B나 C간암을 일으킬 수 있다고 알려짐에 감염되지 않았으며 술도 마시지 않았기 때문이었다. 그는 독성이 있는 어떤 화학물질에 노출되지도 않았으며, 간암을 일으킨다고 알려진 어떤 일도 하지 않았던 젊고 비교적 건강한 젊은이였다. 제프가 해왔던 것은 단지 의사의 권고에 따라 식단을 바꾼 것뿐이었다. 제프의 의사는 눈앞에 일어난 일을 믿을 수가 없었다.

대부분의 사람들에게 과당fructose은 과일들에 달콤함을 더해주는 것일 뿐이다. 하지만 제프처럼 희귀 유전병인 '*유전성 과당 불내증*hereditary fructose intolerance, HFI'을 가진 경우에는 과당을 분해할 수가 없다.• 과당 분해효소 알돌라아제 B를 충분히 만들지 못하므로, 몸속, 특히 간에 독성 물질이 쌓이게 된다. 이는 제프 같은 사람에게는 하루에 사과 한 알이 금이 아니라 독이 된다는 것을 뜻한다.

다행히도 제프의 암은 초기로 판명되었고 치료가 가능했다. 그리고 식단도 다시 바꾸어야 했다(이번에는 과당을 피하는 쪽으로). 이는 앞으로 제프가 다시 뉴욕 사람들의 입맛을 감질나게 할 것을 의미했다.

하지만 유전성 과당 불내증를 가진 모든 사람이 제프처럼 운이 좋은 것은 아니다. 이 병을 가진 많은 사람들은 과일과 채소를 많이 먹을 때마다 제프가 호소했던 것처럼 어지러움과 붓기에 대해 불평하지만 결코 그 이유를 알지 못한다. 그들 대부분의 경우, 심지어 그들의 의사조차도 이런 증상을 심각하게 생각하지 않는다. 그러고는 너무 늦은 후에야 알아차린다.

유전성 과당 불내증를 가진 어떤 사람들은 정확한 이유를 모른 채, 언제부턴가 과당을 싫어하게 되어서 높은 과당을 포함한 음식을 자연적으로 피하기도 한다. 내가 제프를 만났을 때(그가 자신의 유전적 상태를 알게 된 지 얼마 지나지 않아서) 설명한 것처럼, 유전성 과당 불내증을 가진 많은 사람들이 자신들의 몸이 말하려 하는 것을 들으려 하지 않는다. 심지어는 반대의 의학적 소견이 주어졌을 때 역행하기도 해서 결국 간질이나 혼수상태까지 가기도 하고 기관 기

• 문제는 과당뿐 아니라 몸속에 들어가면 과당으로 변하게 되는 자당과 소르비톨도 포함된다. 소르비톨은 대개 '무설탕' 껌과 같은 상품에 쓰인다.

능 장애나 암에 이르러 죽음을 초래하기도 한다.

하지만 운 좋게도 이제 상황은 빠르게 변하고 있다.

얼마 전까지만 해도 아무도, 세상에서 제일 부자라고 해도, 자신의 유전체를 볼 수 있는 사람은 없었다. 그런 과학이 아예 존재하지 않았다. 하지만 이제 당신의 DNA 염기서열을 해독하는 전장 유전체 분석whole genome sequencing이나 진유전체exome: 유전체 중 단백질을 만들어 내는 유전자 부분들의 총합 – 옮긴이 분석은 고화질 와이드 스크린 TV보다 가격이 저렴해졌다.• 게다가 그 비용은 매일 더 싸지고 있다. 전에는 결코 볼 수 없었던 유전적 데이터의 진정한 홍수가 도래한 것이다.

이 글자들에 과연 무엇이 숨겨져 있을까? 제프와 그의 의사가 유전성 과당 불내증과 높은 콜레스테롤에 대해서 좀 더 정확한 결정을 하기 위해 사용할 수 있었던 정보(우리 모두가 무엇을 먹고 무엇을 피할 것인가를 개인적으로 결정할 정보)부터 시작해보자.

이런 정보가 있으면 당신은 무엇을 먹을 것인가 그리고 나중에 말하겠지만, 어떻게 살 것인가에 대해서 지식에 근거한 결정을 내릴 수 있는 힘을 갖게 된다.

하지만 이 어떤 것도 제프의 의사가 잘못했다는 말은 아니다. 최소한 전통적 의학의 관점에서는 그렇다. 알다시피 의사들은 히포크라테스 시대부터 그 이전의 환자들이 아팠을 때 어떠했느냐에 근거해서 진단해왔다. 최근 몇 년 간, 이 개념은 의사들이 다수를 위해

• 진유전체와 전장 유전체 분석에 대한 비용이 많이 내려가기는 했지만 그 결과의 해석에 대한 시간과 비용은 아직도 상당하다.

가장 효과적인 치료 방법들을 이해하게끔 도와주는 세밀한 연구들까지 포함하도록 확장되어왔다.

그리고 사실, 이런 방법은 대다수의 사람들에게 괜찮다. 대부분의 경우[•]에 말이다. 하지만 제프는 전혀 예외였다. 그리고 당신도. 사실 우리 중 누구도 대다수의 사람이라고 할 수 없다.

인간 유전체의 염기서열이 밝혀진 지 벌써 수십 년이 지났다. 오늘날 세상 사람들은 그들 유전체의 전체 혹은 부분을 이런 식으로 밝혀내고 있으며 누구라도, 강조하지만 정말 그 누구도, '평균적'이지 않다는 것이 명확해졌다. 내가 최근 참가했던 연구 프로젝트를 보면, 유전적 기준baseline을 정하는 목적에서 '건강하다'로 분류된 사람들조차도 항상 그들 염기서열에 우리가 이전에 믿고 있던 것과는 다른 어떤 종류의 변이[••]를 갖고 있었다.

그리고 많은 경우 이런 변이는 '의학적으로 조치를 취할 수 있는', 즉 우리가 이미 무엇인지 알고 어떻게 해야 할지 어느 정도 알고 있는 것들이다.

사실 모든 사람들에게 그들이 가진 유전적 변이가, 제프처럼 삶에 심각한 영향을 끼치는 건 아니다. 그렇다고 해서 우리가 이런 변이들을 단순히 무시해도 된다는 걸 의미하진 않는다. 특히 이제 DNA 염기서열 분석으로 이런 변이들을 찾을 수 있고, 평가할 수

• 이 개념은 6장에서 훨씬 깊게 다룰 것이다.

•• 우리가 의학적 증상을 확신할 수 없는 변이들이 존재하므로 이들 변이들의 중요성은 전혀 알려져 있지 않다.

있고 점차적으로 개개인에게 맞는 치료를 할 수 있는 도구들을 가지게 된 이 시점에는 더욱 그렇다.

하지만 모든 의사들이 환자들을 위해 적절한 조치를 취할 수 있도록 훈련되었거나 도구를 가지고 있지는 않다. 과학적 발견들이 거듭되어 우리가 병을 치료하는 방법에 대한 생각을 바꾸어감에 따라, 많은 의료 봉사자들과 그들의 환자들은 아무 과실이 없음에도 불구하고 퇴보한다.

더 이상 유전학을 이해하는 것만으로는 충분하지 않다는 사실은 우리 의사들이 당면한 도전을 더욱 어렵게 만든다. 의사들은 이제 후성유전학(어떻게 유전적 특성이 한 세대 내에서 변할 수 있고 심지어 다음 세대까지 전해지는가에 대한 연구)과도 씨름해야 한다.

이에 관한 예로 '*각인*imprinting'이라 불리는 것이 있는데, 여기에서는 실제 유전자 자체보다 누구(어머니나 아버지)로부터 그 유전자를 물려받았느냐가 더 중요해 보인다. 프레더-윌리 증후군과 엔젤만 증후군11장 참고이 이런 종류의 유전이다. 이 둘은 겉으로 완전히 서로 다른 증상으로 보이며 실제로도 다르다. 하지만 유전적으로 좀 더 파고 들어가보면, 부모 중 누구로부터 각인 유전자를 물려받았느냐에 따라 둘 중 어떤 증후군을 가지느냐가 결정된다. 1800년 중반에 그레고르 멘델에 의해 확립된 단순한 이원적 유전 법칙이 오랫동안 정설로 받아들여진 세상에서, 많은 의사들은 자신들이 탄 말이 끄는 마차를 쌩 하고 지나쳐가는 초고속 열차 같은 21세기 유전학 세계의 도래에 전혀 준비가 안 되었다고 느낀다.

의약품도 결국은 유전학을 따라잡을 것이다. 항상 그래왔다. 하지만 그때까지라도(솔직히, 그 후에라도) 될 수 있으면 많은 정보를 가지고 있는 게 좋지 않은가?

좋다. 이것이 바로 내가 여러분에게 제프를 처음 만났을 때 했던 일들을 하려는 이유다. 나는 당신을 검사하려 한다.

내 경험으로는, 무언가를 배우는 최선의 방법은 그곳에 가서 직접 해보는 것이다. 소매를 걷어붙이고 시작해보자.

아니, 난 정말 단지 팔을 자세히 보려는 것뿐이다. 당신 팔의 감촉을 느껴보고 팔꿈치 굽히는 걸 지켜보려 한다. 그리고 당신 팔목을 따라 손가락을 오르락내리락 해보고 손바닥의 손금을 뚫어져라 쳐다볼 것이다.

그 외에는 아무 것도 없이 그저 그것만으로(피 검사나 침, 머리카락 샘플 따위 없이) 당신의 첫 번째 유전 검사는 시작되었다. 그리고 나는 벌써 당신에 대해 꽤 알 것이다.

때로 사람들은, 의사가 당신 유전자에 대해 관심이 있다고 하면 제일 먼저 하는 일이 당신의 DNA 검사일 거라 생각한다. 몇몇 세포유전학자들cytogeneticists, 즉 당신의 유전체가 어떻게 물리적으로 구성되었는가를 연구하는 사람들은 DNA를 보기 위해 현미경을 쓰기는 하지만 그건 단지 당신 유전체를 이루는 모든 염색체들이 맞는 수와 순서대로 있는지를 보기 위해서다.

염색체들은 조그맣지만(직경이 몇 마이크로미터밖에 되지 않는다) 적절한 환경을 만들면 관찰할 수 있다. 심지어는 당신 염색체의 작은 부분이 결실되었거나missing, 중복되었거나duplicated, 역위되었는지를inverted 알아내는 것도 가능하다. 개별적 유전자들(굉장히 작은, 아주 특정한 염기서열로 당신이 누구인지를 규정하는 DNA 부분)을 보기는 어렵다. 심지어는 아주 높은 배율에서도 DNA는 그저 실의 꼬아진 조각, 혹은 예쁘게 포장된 생일 선물 위에 있는 꼬불거리는 리본과 비슷하게만 보인다.

그 선물 포장을 풀어서 안의 작은 부분과 조각들을 모두 볼 수 있는 방법이 있다. 이 방법은 보통 특정 효소(DNA를 복제하고 나서 특정 부분에서 끝내는) DNA에 열을 가해서 가닥을 분리시키는 과정과 화학물질을 첨가해서 보이게 하는 과정을 포함한다. 거기서 재현되는 것은 어떤 사진술이나 엑스레이 혹은 자기공명영상MRI보다 더 당신을 밝힐 수 있는 당신의 사진 같은 것이다. 그리고 이는 중요하다. 당신의 DNA 깊숙이 이르는 것은 의료에서 필수적이기 때문이다.

하지만 지금 내가 관심이 있는 건 그게 아니다. 왜냐하면 일단 무얼 찾아야 할지 알면(귓불의 작은 가로 주름이나 어떤 특정 곡선 모양의 눈썹 등) 신체적 특징을 특정 유전적 혹은 선천적 조건과 관련시켜 빠른 의학적 진단을 내릴 수 있기 때문이다.

그래서 지금 내가 당신을 보고 있는 것이다.

내가 당신을 보는 것처럼 당신 자신을 보고 싶으면, 거울을 가져오거나 화장실로 가서 당신의 아름다운 얼굴을 들여다보라. 우리 모두는 우리 얼굴을 잘 안다. 아니면 최소한 그렇다고 생각한다. 그러니 거기서 시작해보자.

당신 얼굴은 대칭적인가? 당신 눈은 둘 다 똑같은 색깔인가? 움푹 들어갔는가? 입술은 얇은가 두꺼운가? 당신 이마는 넓은가? 관자놀이가 좁은가? 코는 높은가? 아주 얇은 턱을 가지고 있는가? 이제 당신 두 눈 사이를 유심히 보라. 상상의 눈을 당신의 두 눈 사이에 넣을 수 있는가? 그렇다면 당신은 전문용어로 *안간격 이상증가*orbital hypertelorism라 불리는 해부학적 특징을 가지고 있는지 모른다.

염려할 필요는 없다. 때로는 어떤 조건이나 신체적 특징을 구별해내는 과정에 있어(우리가 어떤 것에 '이즘~*ism*'이라는 이름을 붙일 때) 의사들은 환자들에게 경각심을 불러일으킨다. 하지만 당신의 두 눈 사이가 좀 멀다고 해서hyperteloric 걱정할 필요는 없다. 재키 케네디 오나시스와 미셸 파이퍼 같은 유명 인물들도 눈 사이가 멀어 보통 사람들과는 구분된 인물들 중에 속한다.

보통 우리가 얼굴을 볼 때 약간 넓은 눈 사이는 무의식적으로 매력적이라고 생각되는 특징 중 하나에 속한다. 사회심리학자들은 남녀를 막론하고 두 눈 사이가 좀 넓을 때에 기분 좋은 인상이라고 평가한다는 것을 보여주었다.[2] 사실 모델 에이전시는 새로운 사람을 뽑을 때 일부러 이런 특징을 찾았고 또 수십 년 동안 그래 왔다.[3]

왜 우리는 미인을 눈 사이가 약간 넓은 것mild hypertelorism과 연관시키는가? 글쎄, 이 설명은 19세기의 루이비통 말레티에Louis Vuitton Malletier라는 프랑스인에게서 시작된다.

아마 당신은 루이비통을 세계에서 가장 비싸고 아름다운 핸드백을 만들고 가장 값나가는 명품 브랜드의 창시자로 알고 있을 것이다. 어린 루이가 1837년 처음 파리에 도착했을 때 그의 야망은 훨씬 소박했다. 그는 열여섯 살에 튼튼한 여행 트렁크를 잘 만드는 것

으로 알려진 지역 상인 밑에서 견습하며 부유한 파리 여행자들을 위해 짐 꾸리는 일을 했다.[4]

당신은 짐을 다루는 사람들이 당신 짐들을 험하게 다룬다고 생각할지도 모르지만, 역사적으로 비교해보면 사실은 굉장히 조심스럽게 다루는 것이다. 배로 여행하던 시절에는 저가의 새 가방을 근처 백화점에서 손쉽게 살 수 없는 데다 짐 가방은 엄청나게 많은 충격들을 견뎌낼 수 있어야 했다. 루이의 트렁크 전에 다른 가방들은 방수가 아니었으며 물이 잘 빠지게 하기 위해 윗부분이 둥글었다. 따라서 가방들을 착착 쌓아놓기가 힘들었고 튼튼하지도 않았다. 루이의 기발한 혁신 중 하나는 가죽 대신 왁스를 칠한 캔버스를 사용한 것이다. 이로써 트렁크를 방수로 만들었고 옷과 안쪽의 짐들이 젖지 않게 하면서도 윗부분을 평평하게 바꿀 수 있게 되었다. 그 당시의 열악한 여행 조건을 생각하면 이는 결코 작은 업적이 아니었다.

하지만 루이에게는 한 가지 고민이 있었다. 트렁크 디자인이 당면한 도전과 그에 필요한 비용을 잘 모르는 고객들에게 자신의 가방이 정말 잘 만들어졌다는 것을 어떻게 알게 할 것인가? 입소문으로 좋은 짐 가방을 광고할 수 있는 파리에서는 큰 문제가 아니었지만 점점 커가는 사업을 파리 외곽으로 확장해서 광고하려 할 때는 문제였다.

이런 딜레마를 더 복잡하게 만들고 루이와 그의 후계자들에게 끊이지 않았던 골칫거리는 가품들이었다. 경쟁 가방 제조사들이 형편없는 품질로 그의 네모난 디자인을 카피해서 만들기 시작하자, 루이의 아들 조지는 프랑스에서 트레이드 마크가 된 첫 번째 상표의 상징인, 그 유명한 LV가 교차하는 로고를 고안해냈다.

루이는 이제 고객들이 한눈에 진짜를 알아볼 수 있을 것이라고 생각했다. 로고는 품질의 약칭 같은 것이었다.

하지만 생물학적 품질을 따지자면, 사람은 명확한 로고를 가지고 태어나지 않는다. 그래서인지, 우리 인간은 몇 백만년 동안의 진화를 통해 다른 사람에 대한 정보를 첫눈에 얻는 대강의 방법을 나름대로 발달시켜왔다. 흘낏 보고는 우리가 알아야 할 세 가지 중요한 것(친척 관계, 건강, 부모의 적합성)을 알려주는 방법이 그것이다.

우리는 친척 관계를 알려주는 얼굴이 닮은 것('어쩜, 그는 그의 아버지를 꼭 닮았어')을 넘어서 우리 얼굴이 어디서 오는가에 대해서는 거의 생각하지 않는다. 하지만 우리 얼굴의 특성이 어떻게 형성되는지에 관한 스토리는 놀라운 설화(복잡한 태내의 발레라 할 만하다) 같은 것이며 발달 과정상의 어떤 작은 한 단계라도 잘못되면 얼굴에 새겨지고 영원히 남아 모든 사람들이 보게 된다. 태아가 4주 정도 되었을 때부터 다섯 개의 불룩한 곳(swellings, 나중에 우리의 얼굴이 될 점토 조각들이라고 상상하면 된다)으로부터 얼굴의 외형이 발달하기 시작해서, 합쳐지고 주물러지고 융합되어 연속적인 표면으로 완성된다. 이들 영역들이 매끈하게 융합되고 합쳐지지 않으면 그 열린 공간은 푹 꺼진 홈으로 나타난다.

이중 어떤 홈은 다른 것들보다 심각한 문제를 나타내지만, 때로는 밖으로 나타나지 않는 턱 끝에 작게 보이는 홈으로 나타나기도 한다(벤 애플렉이나 캐리 그랜트, 제시카 심슨 같은 배우들은 이런 홈, 즉 갈

라진 턱을 가진 사람들 중 단지 몇 명일 뿐이다). 비슷한 작은 홈이 코에도 나타날 수 있다(스티븐 스필버그와 제라드 드파르디외를 생각해보라). 하지만 또 다른 경우에는 이런 홈이 피부에 커다란 틈을 남겨 근육과 조직 뼈를 노출시키고 쉽게 감염될 수 있는 경로를 제공하기도 한다.

이러한 다면성 때문에, 우리 얼굴은 가장 중요한 생물학적 트레이드 마크로 쓰인다. 마치 루이비통 LV 로고처럼, 우리 얼굴은 태아 발달에서부터 필요한 유전자들과 우리의 유전적 기량을 총체적으로 대변한다. 이런 이유로 우리 인간이라는 종은 심지어 그것이 진정으로 의미하는 것을 알기 전부터 다른 사람의 얼굴이 주는 단서에 주의를 기울이는 방법을 배웠다. 얼굴은 평가, 계급 그리고 우리 주변 사람들과 우리를 연관시키는 가장 빠른 방법을 제공하기 때문이다. 단순한 표면적 관점을 뛰어넘어서 얼굴이 어떻게 보이느냐를 우리가 그토록 중요하게 생각하는 이유는, 좋든 싫든 간에, 얼굴이 우리의 발달 과정의 역사나 유전적 역사를 잘 드러내기 때문이다. 또한 얼굴은 그 사람의 뇌에 대해서도 많을 것을 말해준다.

얼굴 형성은 뇌가 정상적인 조건에서 발달했는지 아닌지에 대해 알려주는 신호가 된다. 첫눈에 다른 사람들에 대한 정보를 얻고자 하는 유전적 게임에서는 밀리미터도 문제가 될 수 있다. 이것이 왜 우리가 문화와 세대를 막론하고 보통 사람보다 아주 약간 사이가 먼 눈에 대해 매력적이라고 느끼는지를 설명해줄 수 있다. 눈 사이의 간격은 400개 이상의 유전적 조건이 관여하는 특징이다.

예를 들어 *단일 전뇌증*Holoprosencephaly, 전전뇌증, 통앞뇌증이라고도 한다은 뇌의 두 반구가 제대로 형성되지 않은 장애다. 단지 발작이나 지적 장애를 가질 가능성이 높은 것 외에도 단일 전뇌를 가진 사람들은 안간격 이상감소orbital hypotelorism, 두 눈 사이가 아주 가까운 것일 가능성이 높다. 안간격 이상감소는 아슈케나지 유대인이나 남아프리카 흑인 자손들에게 꽤 흔한 유전적 질환인 *판코니 빈혈*Fanconi anemia과도 연관되어 있다.[5]

이 질환은 보통 점차적 골수부전을 일으키고 악성종양의 발병 위험을 높인다.

안간격 이상감소나 이상증가는 우리의 유적적 유산과 물리적 환경을 합치게 하는 발달의 고속도로developmental highway 위에 있는 표지판 중 단지 두 개일 뿐이며 찾아볼 수 있는 또 다른 표식들도 있다.

그렇다면 그런 표식들을 좀 찾아보자.

거울을 다시 보라. 당신 눈의 바깥쪽이 안쪽보다 처졌는가? 아니면 올라갔는가? 우리는 윗눈꺼풀과 아래눈꺼풀 사이의 벌어짐을 눈꺼풀 균열palpebral fissure, 안검열이라 부른다. 눈 꼬리가 올라갔으면 상향경사 눈꺼풀 균열이라고 묘사한다. 많은 아시아 사람들에게 이는 정상적이고 전형적 특징이지만, 다른 조상을 가진 사람들에게 심한 상향경사는 삼염색체성 21, 즉 다운 증후군과 같은 유전적 질환의 표식 혹은 특정 증후의 하나일 수 있다.

눈 바깥쪽이 안쪽보다 처진 경우, 하향경사 눈꺼풀 균열이라고 하며, 그 자체로는 별 의미가 없을 수 있다. 하지만 이것 역시 말판 증후군marfan syndrom, 거미 손가락증이라고도 함이라 불리는 선천성 연결조직 장애의 표식일 수 있다. 이는 영화 〈뻐꾸기 둥지 위를 날아간 새〉에서의 프레드릭슨, 또 〈리치몬드 연애소동〉에서의 고 빈센트 쉬아벨리의 경우다. 배역 에이전시들에게 쉬아벨리는 '슬픈 눈을 가진 남자'였다. 하지만 실마리를 아는 사람들에게 그 눈은, 평발이나 작은 아래턱 등의 다른 신체적 증후와 함께 치료받지 않으면 심장 질환을 일으켜 수명을 짧게 만들 수 있는 유전적 질환을 가리키는 지표다.

그만큼 몸에 악영향을 미치지는 않지만 같은 원리의 또 다른 질환으로 홍채 이색증heterochromia iridum, odd-eye이 있다. 이는 한 사람의 양쪽 눈(홍채) 색깔이 같지 않은 해부학적 특징을 일컫는다. 이 현상은 눈의 색소를 생성하는 멜라닌 세포melanocytes가 양쪽으로 균등하게 이동하지 않은 결과로 나타난다. 아마 당신은 곧바로, 놀랍게 다른 양 눈을 가졌던 데이비드 보위를 떠올릴지도 모르겠다. 하지만 유심히 보면 보위의 눈 색깔은 다른 게 아니라 한쪽 동공이 열린 것임을 알 수 있다. 고등학교 때 여자친구를 두고 싸움을 벌이다 한쪽 눈을 다쳤다고 한다.

밀라 쿠니스, 케이트 보스워스, 데미 무어 그리고 댄 애크로이드가 홍채 이색증 클럽의 멤버에 속한다. 당신이 이들 중 몇 명 혹은 모두를 안다고 해도 홍채 이색증은 많은 경우 아주 미세하므로 아마 전혀 알아채지 못했을 수도 있다.

보통 우리는 친구나 아는 사람의 눈을 오래 들여다보는 데 시간을 보내지 않는다. 그럼에도 불구하고 당신 마음에 눈동자가 새겨진 어떤 사람이 있을 것이다.

배우자를 제외하고 사람들은 보통, 눈이 놀랄 정도로 아주 새파란 사람(마치 완벽하게 커팅된 보석 아쿠아마린처럼)만 잘 기억하는데,

이는 태아 발달 과정 중에 색소 세포가 가야 할 곳으로 가는 데 실패함으로써 나타난 아름다운 결과다.

그리고 파란 눈이 하얀 앞머리white forelock, 백색이마갈기와 같이 나타나면 나는 바로 *바르덴부르크 증후군*Waardenburg syndrome, 부분 백색증의 하나을 떠올린다. 누군가 부분적으로 하얀 머리카락이 좀 있고, 홍채 이색증과 넓은 콧등 그리고 청각 이상이 있으면 이 증후군일 가능성이 크다

바르덴부르크 증후군에는 몇 가지 다른 종류가 있는데 가장 흔한 것은 '타입 1'이다. 이 종류의 바르덴부르크 증후군은 *PAX3*라 불리는 유전자(세포들이 태아의 척수에서 이동할 때 아주 중요한 역할을 하는 유전자다)가 변이되어 나타난다.[6]

바르덴부르크 증후군을 가진 사람들에게서 유전자가 어떻게 작동하는지 연구함으로써 좀 더 흔한 다른 질환들을 이해할 수 있는 통찰력을 얻을 수 있다. *PAX3* 유전자는 피부암 중 가장 무서운 흑색종melanomas과도 관련이 있다. 이는 희귀한 유전 질환을 통해 그동안 알려지지 않았던 우리 몸속의 기능working: 여기서는 유전자의 작용을 일컫는다 - 옮긴이이 어떻게 밝혀지는지를 보여주는 하나의 예다.

이제 속눈썹으로 옮겨보자. 우리 중 누군가는 당연하게 여기지만 실제로 이쪽 방면으로 우리를 더 낫게 만들어보려는 산업이 성행한다. 더 풍성한 속눈썹을 가지고 싶다면 속눈썹 연장술을 하거나 라티스Latisse라는 브랜드 이름의 속눈썹 향상 약물을 쓰는 걸 생각해 볼 수 있다.

하지만 그렇게 하기 전에 나는 당신이 속눈썹을 잘 들여다보고

거기에 한 줄 이상이 있는지 보기를 권한다. 만약 원래 속눈썹 한 줄 위에 추가된 몇몇 속눈썹이나 아예 한 줄이 더 있는 걸 발견한다면 당신은 첩모중생distichiasis, 이중 속눈썹이라 불리는 조건을 가지고 있는 것이다. 유명한 사람 중에서는 엘리자베스 테일러가 첩모중생을 가진 유일한 예다. 흥미롭게도 이렇게 추가로 속눈썹을 한 줄 더 가진 것은 *림프부종-첩모중생 증후군*lymphedema-distichiasis syndrome, LD이라는 증상인데, 이는 *FOXC2*라는 유전자의 돌연변이와 연관되어 있다.

이 증후군 이름에 있는 림프부종lymphedema은 체액의 배수가 정상보다 적게 일어날 경우에 일어나는 현상(긴 비행 동안 앉아 있어 발이 신발에 들어가지 않는 경우와 같이)을 일컫는다. 이런 림프부종은 특히 다리에 심하게 드러난다.

하지만 속눈썹을 한 줄 더 가진 사람들이 모두 다 붓는 증상이 있는 것은 아닌데 정확히 왜 그런지는 확실치 않다. 당신 혹은 당신이 사랑하는 누군가가 속눈썹을 한 줄 더 가지고 있을 수 있지만 당신이 지금까지 전혀 알아차리지 못했을 수도 있다.

이런 식으로 사람들을 바라보기 시작하면 어떤 것을 발견할지 아무도 예측할 수가 없다. 실제로 내게도 바로 이런 일이 작년에 아내와 저녁 식탁 앞에 앉았을 때 일어났다. 나는 항상 아내의 윗 속눈썹이 풍성해 보이는 것은 마스카라를 사용하기 때문이라고 생각해 왔다. 하지만 내가 틀렸다. 아내는 첩모중생이었다.

아내는 림프부종-첩모중생 증후군과 연관된 다른 증상들이 없긴 했지만, 내가 이를 알아차리는 데 결혼 후 5년이나 걸렸다는 사실을 믿을 수가 없었다. 이 일은 심지어 결혼 후 몇 년이나 지나서도 배우자에게서 새로운 특징을 발견할 수 있을지 모른다는 가능성이라는 새로운 유전적 국면을 보여주었다. 아내에게 속눈썹이 한 줄 더 있는 것을 실제로 내가 놓칠 수 있다고 그전에는 결코 상상하지 못했다.

이 예는 우리의 얼굴이 넓고 탐험되지 않은 유전적 경관landscape임을 증명해준다. 단지 어디를 보아야 하는지만 알면 되는 것이다.

지금쯤 당신은 스스로의 얼굴에서 유전적 상태와 연관 있는 하나의 특징 정도는 발견했을지 모른다. 하지만 사실, 당신은 그런 상태를 갖지 않았을 확률이 크다. 모든 사람들이 어떤 면으로든 '비정상적'이어서 하나의 신체적 특징을 그것과 관련 있는 유전적 상태와 연결시키기는 힘들다. 그런 특징들이(눈 사이 거리나 눈의 경사, 코의 모양, 속눈썹이 몇 줄 있는가 등) 한 조각씩 분석되고 조합되면 사람들에 대한 엄청나게 많은 양의 정보를 얻을 수 있다. 그리고 이런 윤곽gestalt이 우리 의사들을 유전적 진단(당신의 유전체를 전혀 들여다보지 않고도 할 수 있는)에 이르게 한다. 실제로 이런 의학적 소견에 대한 확인은 대부분의 경우에 직접적 유전 검사를 통해 이루어지는 게 사실이지만, 한 사람의 전체 유전체를 특정 목표물 없이 훑는 것은 그저 약간 다른 알갱이 한 알을 찾기 위해 백사장 전체의 모래를 채치는 것과 같다. 이는 분명 수학적으로도 벅차고 고된 업무다.

따라서 간단히 말하자면, 무엇을 찾고 있는지 아는 게 도움이 된다는 것이다.

최근에 나는 한 번도 만나본 적 없는 아내의 친구들과 함께 저녁 파티에 갔다. 그런데 그 집주인을 쳐다보는 것을 멈출 수가 없었다.

수잔의 눈은 단지 겨우 알아볼 수 있을 정도로만 사이가 약간 멀었고hyperteloric 콧날은 대부분의 사람들보다 약간 납작한 정도였다. 그녀의 베르밀리온 경계vermillion border, 의사들이 윗입술 모양을 묘사할 때 쓰는 전문용어는 약간 특이하고 넓은 봉우리를 가지고 있었으며 키가 좀 작은 편이었다.

그녀의 머리카락이 어깨에서 출렁거릴 때 나는 그녀 목을 훔쳐보는 데 열중해 있었다. 벽에 걸린 프랑수아 트뤼포의 1959년 영화 〈400번의 구타The 400 blows〉의 구하기 힘든 프렌치 포스터를 감상하는 척하면서 눈치채지 않을 정도로 최대한 목을 빼서 그녀의 목을 슬쩍 보려고 했다.

이렇게 노골적으로 빤히 쳐다보는 걸 아내가 알아차리는 데는 그다지 오래 걸리지 않았고, 조용히 나를 복도로 불러냈다.

"제발 여보, 또 그렇게 보는 거야?" "수잔을 그렇게 보는 걸 멈추지 않으면 사람들이 오해할 거야."

"나도 어쩔 수가 없어. 지난번 당신 속눈썹 건 기억해?" 내가 말했다. "때로는 나 스스로도 그만둘 수가 없어. 그리고 진지하게 말해서, 난 수잔이 누난 증후군Noonan Syndrome이라고 생각해."

아내는 상황이 어떻게 될지 너무나 잘 알아차리고는 눈을 치켜떴다. 그날 저녁 내내 나는 우리를 초대한 집주인의 외모가 주는 여러 가지 진단 가능성에 대해 심사숙고하기만 하는, 지독히 좋지 못한 동반자가 될 것이 뻔했던 것이다.

실상은 이렇다. 어디를 보아야 하는지 한번 배우고 나면 그 습관을 쉽게 창밖으로 던져버릴 수 없을 뿐 아니라, 보지 않는 것 자체가 불가능하다. 아마도 많은 의사들이 누군가 당장 의사가 필요할 때(예를 들어 사고 현장에 구조대가 도착하기 전과 같은 때) 멈춰서 도움을 주는 것을 도덕적 의무로 생각한다고 들어본 적 있을 것이다. 그러면 그런 의사들이 보통 사람들에게는 전혀 이상해 보이지 않는 특징으로부터 심각하거나 심지어는 생명까지 위협하는 질환의 가능성을 진단할 수 있도록 훈련되었다면 어떨까?

나는 수잔의 특징들을 더 연구하면서 심각한 도덕적 딜레마에 봉착했다. 집주인과 다른 손님들은 분명 내 환자들이 아니었고, 그들이 가지고 있을지도 모르는 어떤 유전적 혹은 선천적 질환에 대한 진단을 부탁하려고 나를 초대한 것도 아니었다. 그리고 내가 처음으로 만난 사람이었다. 어떻게 그 주제를 꺼낼 것인가? 하지만 그녀의 특정적인 외모(그녀의 눈, 코, 입술 그리고 익상경webbed neck, 물갈퀴목이라 불리고 트레이드 마크라 할 수 있는 그녀의 목과 어깨를 잇는 피부)로 보면 유전 질환을 가지고 있을 가능성이 높다고 말해버리고 싶은 것을 어떻게 멈출 것인가? 미래의 자녀에게 끼칠 영향은 제외하더라도 누난 증후군은 심장병, 학습 장애, 혈액응고 장애 그리고 다른 여러 가지 문제 증상들의 발병 가능성과도 관련이 있었다.

관련된 특성들이 정상인들에게서도 흔히 볼 수 있는 것들이어서 진단이 쉽지 않은 유전병은 소위 '숨겨진 질환'이라고 하는데 누난 증후군은 많은 숨겨진 질환들 중 하나일 뿐이다. 이중 속눈썹의 경우와 같이 찾아보려 노력할 때까지 사람들이 알아채지 못하는 경우가 태반이다. 그냥 그녀에게 다가가서 '우리 부부를 저녁 식사에 초대해줘서 고맙습니다. 템페가 정말 맛있었습니다. 그런데 혹시 본인 생명을 위협하는 상염색체 우성 유전병autosomal dominant disorder을 가지고 있을 가능성이 큰 것을 알고 계십니까?' 라고 말할 수 있는 상황이 아니었다.

그래서 나는 대신, 결혼 사진이 있는지 물어보기로 결정했다. 보통 누난 증후군은 부모로부터 유전되므로 그녀가 정말 누난 증후군을 가졌는지를 확실히 하는 데 도움이 될 거라 생각했다. 두 개의 앨범과 신부와 그 어머니의 사진들을 본 후에 그들이 많은 신체적 특징을 공유했다는 것이 명확해졌다.

'맞아. 누난이 틀림없어' 나는 생각했다.

"와." 나는 말하고자 하는 주제를 꺼내기 위해 조심스럽게 말을 시작했다.

"어머니랑 '정말' 많이 닮으셨네요."

"네, 그런 말 자주 들어요"가 그녀의 첫 반응이었다. "사실, 아내분이 뭐 하시는 분인지 조금 말해주셨는데요…."

그 순간에 나는 대화가 어떤 방향으로 가고 있는지 전혀 감을 잡을 수 없었다. 그런데 고맙게도 수잔이 나를 구해주었다.

"어머니와 나는 유전 질환을 가졌는데 누난 증후군이라고 불립니다. 들어보신 적 있으세요?"

나중에 알았지만 다른 많은 사람들과 달리 수잔은 자신의 질환을 잘 알고 있었다. 그리고 나보다 훨씬 오래전부터 수잔을 알아왔던 파티에 온 그녀 친구들은 그들이 거의 알아채지 못했던 작은 신체적 차이로부터 내가 첫눈에 그녀의 질환을 진단해냈다는 것에 감탄했다.

하지만 이런 종류의 일에 꼭 의사가 필요한 것은 아니다. 누구라도 할 수 있다. 지난번 다운 증후군 환자를 보았을 때 당신도 이렇게 판단했을 것이다. 당신의 눈이 다운 증후군의 전형적 특징들(상향경사 눈꺼풀 균열, 짧은 팔과 손가락, 낮은 위치의 귀, 납작한 콧등)을 찾고 있을 때 의식적으로 생각하지 않았을 수도 있지만 당신은 빠른 유전적 진단을 행했던 것이다. 그동안 다운 증후군을 많이 보았다면, 당신은 무의식적으로 의학적 결론에 도달할 체크리스트를 속으로 훑어가고 있을 것이다.•

우리는 몇 천 가지의 질환에 대해 이렇게 할 수 있다. 그리고 진단을 점점 더 잘할수록 멈추기가 힘들다. 이는 짜증나고 귀찮을 수도 있고(내 아내가 때로 그렇듯이) 저녁 파티를 망칠 수도 있지만, 중요한 일이다. 왜냐하면 때로는 한 사람의 외양이 유전적 혹은 선천적 질환을 가졌는지 진단하는 유일한 방법이기 때문이다. 믿거나 말거나, 다음에서 금방 보게 되듯이 어떤 경우에는 우리에게 다른 믿을 만한 검사 방법이 없다.

다시 돌아와서 당신 코와 윗입술 사이를 쳐다보자. 두 수직의 선이 당신의 인중을 나타내는데 이는 초기 발달 과정에서 마치 대륙판들이 서로 부딪혀서 산맥을 형성한 것처럼, 몇 개의 세포 조각들

• 태어나는 아이 800명 중 약 한 명이 다운 증후군이다.

이 이동해서 만난 지점이다.

내가 우리의 얼굴에 대해 루이비통 로고와 많이 비슷하다고 했던 것(우리 유전적 품질과 발달 역사를 나타내는 징표로서)을 기억하는가? 만약 당신이 인중의 선을 확실히 보는 게 힘들고 그 부분이 부드럽다면, 또 당신의 눈이 작거나 좀 멀리 떨어져 있다면, 그리고 코도 들창코라면, 당신 어머니가 당신을 임신한 기간 동안 술을 마셔서 *태아알콜스펙트럼 장애*fetal alcohol spectrum disorder, FASD의 나쁜 상황을 유발했을 수 있다. 우리는 이 용어를 듣고 움츠러들 수 있는데 태아알콜스펙트럼 장애가 보통 매우 심각한 질환들을 떠올리게 하기 때문이다. 물론 그럴 수 있다. 하지만 때로는 단지 몇 가지 얼굴의 실마리 외에는 약하게 표현될 수도 있다. 우리가 지난 몇 십 년 동안 경험했던 의학과 유전학의 모든 놀라운 혁신에도 불구하고, 아직은 방금 전 당신이 스스로에게 했던 육안 검사 말고는 결정적인 검사가 없다.[7]

이제 다시 손을 살펴보자. 당신은 어떻게 특정 형질과 그 형질들의 조합이 어떤 사람의 유전적 구성에 대한 정보를 제공하는지 알게 되었으므로, 내가 보는 방식으로 자신의 손을 검사해볼 수 있다. 당신은 손바닥에 얼마나 많은 굵은 금들을 가지고 있는가? 나는 엄지손가락 맞은 편에 커다란 곡선 모양의 금이 하나 있고, 다른 네 손가락들 밑 쪽에 수평으로 커다란 금이 두 개 있다.

당신은 네 손가락 아래로 굵은 손금이 두 개가 아니라 하나만 있는가? 이는 태아알콜스펙트럼 장애와 삼염색체성 21Trisomy 21과 연관되었지만, 인구의 10퍼센트는 최소한 한쪽 손의 손금이 비정상이며 유전 질환에 대한 다른 징후는 없다.

손가락은 어떤가? 당신은 손가락이 아주 긴가? 만약에 그렇다면 당신은 '지주상손arachnodactyly'•이라는 말판 증후군이나 다른 유전적 질환들과 연관된 손가락이 긴 질환을 가진 것일 수도 있다.

그리고 손가락을 보는 동안 손가락이 손톱 쪽으로 가면서 점점 가늘어지는지도 보자. 손톱은 깊이 박혀 있는가? 이제 새끼손가락을 잘 보자. 이들은 아주 똑바른가 아니면 다른 손가락들 쪽으로 안쪽을 향해 약간 휘어져 있는가? 만약 새끼손가락이 특정 곡선을 그리고 있으면 당신은 측만지clinodactyly라 불리는 상태를 가지고 있을 수 있다. 이것은 60개 이상의 유전적 증후군과 연관되었을 수도 있지만, 독립된 증상으로 완전히 무해할 수도 있다.

참, 엄지손가락을 잊지 말자. 당신의 엄지손가락은 넓은가? 당신의 엄지발가락과 비슷하게 생겼는가? 만약 그렇다면 그건 *단지증 D형*brachydactyly type D으로 불리는데, 이런 엄지손가락을 가지고 있다면 당신은 배우인 메간 폭스와 같은 유전 그룹에 속한다. 이 때문에 그녀가 캐스팅된 2010년 모토로라의 슈퍼볼 광고에서 감독이 그녀의 엄지손가락 대신 대역을 쓴 것으로 유명하다.[8]

단지증 D형은 또한 장이 제대로 작동하지 못하게 영향을 끼치는 질환인 '선천성 거대결장Hirshsprung's disease'의 증상일 수도 있다.

다음 검사를 위해서 혼자 있기를 권한다. 이 책을 집이나 다른 사람 눈을 신경 쓸 필요가 없는 곳에서 읽고 있다면, 신발과 양말을

• 거미손가락증이라고도 불린다.

벗고 당신의 두 번째와 세 번째 발가락을 가만히 벌려보아라. 만약 거기에 물갈퀴와 같은 여분의 피부가 있다면 당신은 2번 염색체 긴 팔 쪽 합지증 타입 1(syndactyly type1) 증상에 관여한다에 변이가 있을 가능성이 있다.[9]

초기 발생 단계에서 우리는 모두 야구 글러브 같은 모양의 손으로부터 시작한다. 하지만 발달이 진행되면서 우리의 유전자가 손가락과 발가락의 피부 세포에게 지시함에 따라 손가락 사이의 그물 같은 구조가 없어지게 된다.

하지만 때로는 세포들이 없어지기를 거부한다. 이것이 우리의 손이나 발에서 일어나면 그렇게까지 심각하지는 않다. 드물게 일어나는 심각한 합지증도 보통 외과적 수술로 고칠 수가 있다. 그리고 많은 사람들이 발가락 사이의 여분의 피부에 창의성을 발휘해서 문신을 하거나 뚫는 등 보통 사람들이 갖지 않은 이 여분의 영역에 히피 같은 관심을 쏟는다.

만약 이런 상태를 가진 당신의 아이가 문신 등을 하기에는 아직 어리다면, 수영을 더 잘할 수 있게 해준다고 말할 수도 있다. 오리처럼 말이다. 오리는 물갈퀴 달린 발을 이용하여 물에서 균형을 잡고 노젓기를 하고, 물밑에서 먹이를 찾을 때 제트엔진처럼 추진력을 얻는다.

그러면 오리들은 어떻게 물갈퀴를 유지하는가? 그들 발가락 사이의 조직은 그렘린Gremlin이라는 유전자의 발현 덕분에 죽지 않고 살아남는데, 이 유전자는 오리 발가락 사이의 세포들에게 사람이나 다른 종의 새들처럼 자살하지 말라고 확신시켜주는 위기 시의 세포

상담사와 같은 역할을 한다. 그램린이 없다면 오리도 닭과 같은 발을 가지게 되며, 물에서 별로 쓸모가 없을 것이다.

이제 엄지손가락을 굽혀 손목에 닿게 해보자. 할 수 있는가? 그리고 새끼손가락을 뒤로 90도로 젖힐 수 있는가? 그렇다면 당신은 아마도 굉장히 흔하지만 진단받지 않은 *엘러스-단로스 증후군*을 가진 사람 중 한 명일 수 있다. 그래서 어쩌면 안지오텐신 수용체 2 차단제angeiotensin II receptor blocker라는 약을 먹기 시작해야 할지 모른다. 이는 극적으로 들릴지 모르지만 사실이다. 간단히 손을 보는 진단만으로 당신이 심혈관 합병증의 위험이 큰지 구별할 수 있다.

이것이 일부 내과의사들이 진단에 유전학을 이용하는 방법이다. 물론 때로는 당신의 유전적 변화를 보기 위해 고도 기술의 도구를 사용하기도 한다. 의사들은 마치 컴퓨터 프로그래머가 복잡한 코드를 디버깅debug하는 것처럼 당신의 유전자 서열을 온라인 데이타베이스에서 찾아보며 밤을 새기도 한다. 하지만 종종 우리 의사들은 아주 초보적 기술을 결합해서 유전병을 진단한다. 그리고 때로는 간단하고 미묘한 단서들이 고도 기술의 분석과 결합되어, 우리의 깊숙한 곳에서 작게 일어나고 있는 우리가 가장 잘 알아야 할 필요가 있는 것들에 대해 말해준다.

실제로 유전병 진단은 어떻게 이뤄지는가? 나는 환자를 보기 전에 보통 다른 의사로부터 소개referral를 받는다. 운이 좋은 날에는 그 의사가 왜 내게 그 환자를 보냈는지 그리고 그의 특정한 우려가 무엇인지에 대해 자세히 설명한 편지를 받는다. 때로는 경험에서 우러난 추측을 보태주기도 하지만 흔한 일은 아니다.

보통 나는 '발달 지체'와 같은 짧고 애매한 용어부터 시작한다. 어떤 때는 '다모증이나 피부에 브라스코Blaschko 라인을 따라 여러 색깔로 나타나는 패치' 같은 메시지를 받기도 한다. 최근 컴퓨터가 의사들의 악명 높은 필체를 해독해야 하는 문제를 많이 해결하기는 했지만, 우리 의사들은 아직 복잡하고 난해한 용어를 쓰는 데 자부심을 느끼는 것 같다.

물론 더 나쁜 경우도 있다. 과거에 어떤 의사들은 차트에 F. L. K 라 쓰기도 했는데 이 말은 '웃기게 생긴 아이Funny-Looking Kid'라는 부적절한 뜻이었다. 이 말은 의학적으로 '뭐가 잘못 되었는지는 모르겠지만 뭔가 잘못되었다'를 나타내는 속기법 같은 것이다. 대부분 이런 약칭들이 이제는 좀 더 의학적이고 정확하면서 배려가 있는 '이형증적dysmorphic'과 같은 말로 대체되기는 했으나 그래도 여전히 모호한 묘사다.

내가 단서를 얻고 마음속으로 진단을 시작하기에는 단지 몇 개의 짤막한 단어만이 필요하다. 이형증으로 묘사된 환자가 소개되면 나는 심지어 만나기 전에 벌써 내가 알고 있는 모든 알고리즘을 마음속으로 훑어보기 시작하고 환자와 그 가족에게 물어봐야 할 중요한 사항들에 대해 생각해놓는다. 그리고 내가 가진 몇 가지 안 되는 단서들을 고려한다. 환자의 이름이 때로는 많은 유전병에서 중요한 요인이 되는 인종적 배경에 대한 힌트를 주기도 한다. 그리고 어떤 문화에서는 근친 결혼의 긴 역사가 있어서 이름들이 환자의 부모가 어떻게 친척 간인지에 대한 단서를 제공하기도 한다.• 나이는 환자가 그 유전병의 어떤 단계에 있는지를 말해주며, 어느 과에서 소개장이 왔는지는 환자의 질병 발달 과정에서 어떤 증상이 가장 눈에 띄는지에 대한 실마리를 준다.

이것이 내가 하는 첫 번째 단계다.

두 번째 단계는 검사실에 들어가자마자 시작한다. 새 직장에 지원한 후보자들을 인터뷰하는 사람들이 처음 몇 초 동안에 엄청나게 많은 정보를 얻는다는 것을 들어본 적이 있을 것이다. 의사들도 이와 같아서, 문을 들어서는 즉시 나는 당신이 거울을 보며 스스로의 얼굴을 분석했듯이 환자의 얼굴을 분석하기 시작한다. 환자의 눈, 코, 인중, 입, 턱 그리고 다른 지표들을 확인하고 다시 그것들을 한 조각씩 다시 놓아 재배열한다. 환자에게 어떤 것도 묻기 전에 내 스스로에게 질문한다. 이 사람은 어떻게 다른가?

'기형학Dysmorphology'은 상대적으로 새로운 영역의 학문으로 얼굴과 손, 발 그리고 몸의 다른 부분들을 사용해 개인의 유전적 상속에 대한 단서를 준다. 이 분야의 제자들은 유전이나 감염으로 전해진 질병을 드러낼 수 있는 신체의 단서들 찾아내려 하며, 이 과정은 미술 감정가들이 그림이나 조각의 진품 여부를 밝히려 지식과 도구를 사용하는 것과 그다지 다르지 않다.[10]

기형학은 또한, 새 환자를 만났을 때 내가 도구함에서 꺼내는 첫

• 인척 간의 결혼은 유전병의 발병 비율을 두 배 혹은 그 이상으로 증가시킨다. 이는 그 가족의 민족, 인종적 배경에 달렸다.

번째 도구다. 물론 여기서 끝나지 않는다. 진료가 끝나기 전에 나는 당신에 대해 훨씬 많이 알고 싶어 할 것이다.

바로 이것이 나를 다른 의사들과 약간 다르게 만드는 것이다. 이미 알고 있듯이 많은 의사들은 당신의 일부분만 알게 된다. 심장병 전문의는 당신 심장을 피 토할 정도로 잘 알고 있을 것이다. 알레르기 전문 의사는 어떻게 당신이 꽃가루와 환경오염 그리고 다른 개별적 독성들에 반응하는지를 잘 알고 있다. 정형외과 의사는 당신의 주요한 뼈들을 책임지며, 발 전문 의사는 당신의 소중한 발을 위해서 존재한다.

하지만 나는 유전학에 특별한 관심을 갖는 의사로서 당신에 대해 훨씬 많이 알게 될 것이다. 당신의 모든 부분을 다 볼 것이다. 모든 곡선, 모든 틈, 모든 작은 멍, 그리고 모든 비밀들까지.

당신 세포들의 핵 속에는 자물쇠로 꽉 잠긴, 당신이 누구인가에 대한 그리고 어디로부터 왔는가에 대한 백과사전이 있다. 여기에는 또 당신이 앞으로 어디로 갈 것인가에 대한 단서도 있다. 물론 어떤 자물쇠는 다른 것들보다 열기가 쉽겠지만 어쨌든 모두 다 거기에 있다.

따라서 당신은 단지, '어디'를 '어떻게' 보아야 하는지만 알면 되는 것이다.

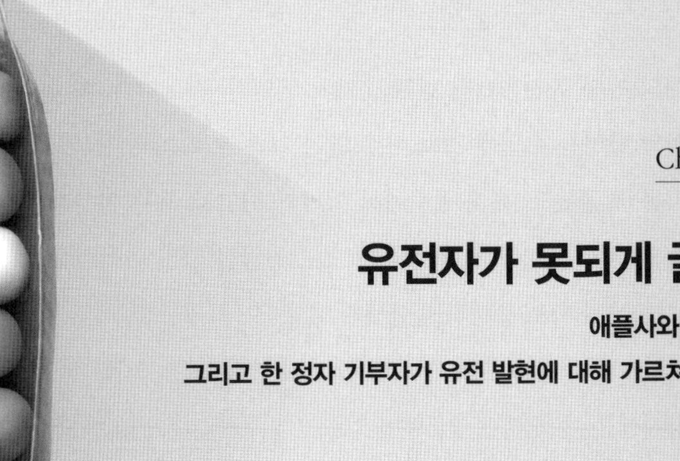

Chapter 2

유전자가 못되게 굴 때:

애플사와 코스트코,
그리고 한 정자 기부자가 유전 발현에 대해 가르쳐주는 것들

현대의 전통 유전학에서 랄프는 마치 멘델의 콩과 같다. 이 놀라운 덴마크 남자는 수년에 걸쳐 아주 인기 있는 정자 기부자로 기초 유전자를 제공했고, 세계 곳곳에서 엄마가 되고자 하는 열성적인 여인들의 유전 물질과 결합되어 키 크고 건강한 금발의 아이들을 예상 가능한 숫자로 충분히 출산하게 했다.

그리고 한동안은, 모두가 그의 한 조각을 원하는 것처럼 보였다.

당시에는 한 샘플에 500덴마크 크로네한화로는 9만 원 정도만 주면 알맞은 재료(보통 원하는 외모와 지적 능력을 겸비하고, 높은 정자 수를 가진)를 가진 많은 덴마크 젊은이들이 기꺼이 정자를 기부했다. 이는 덴마크 사회가 정자 기부에 관대했기 때문이기도 했으며, 바이킹의 기세는 그런 정액들을 인기 있는 해외수출 품목으로 만들었다.[1]

하지만 스칸디나비아 기준으로도 랄프는 터무니없는 다산이었다.

자신도 모르는 형제자매로 살아가다 우연히 서로 만나게 되거나 연인이 되는 경우를 방지하기 위해 랄프와 같은 한 명의 기부자가 25명의 아이들을 태어나게 한 이후에는 정액 기부를 멈추도록 했다. 하지만 기부자가 그 한계에 도달했는지 알 수 있는 방법은 없었다. 그리고 랄프(아디다스 반바지와 빨간 조끼를 입고 세발자전거를 타고 있는 맵시 있는 모습의 사진)는 너무나 인기가 있어 그가 정자 기부를 멈췄을 때 부모가 되고자 하는 열망이 몹시 강했던 어떤 이들은 그의 유전자에 집착해서 랄프의 얼린 정액을 한 병 얻고 싶다며 인터넷 게시판을 도배했다.

결국 기부자 7042로 알려진 랄프는 여러 나라에서 최소한 44명 아이들의 생물학적 아버지가 되었다. 하지만 랄프가 단순히 북유럽 인종의 외모만을 퍼뜨린 것이 아니라는 게 드러났다.

그는 자신도 모르게 나쁜 씨를 뿌리고 다녔다. 몸에 과다 조직을 형성해서 심지어 생명을 위협하는 결과를 초래할 수 있는 유전자를 퍼뜨리고 다녔다. 이 질환은 엄청나게 축 처지는 피부와 심각한 얼굴 기형 그리고 종기처럼 새빨갛게 온몸을 뒤덮으며 피부에 돋아나는 증상들을 동반한다. 또 *제1형 신경섬유종증*neurofibromatosis type 1, NF-1이라 불리는 종양을 일으킬 수 있으며 학습 장애와 시각 장애, 간질도 일으킬 수 있다.

기부자 7042와 그의 운 없는 아이들의 이야기는 대중의 관심을 끌었고 덴마크는 재빠르게 정자 기부로 가질 수 있는 아이의 수를 제한하는 법을 만들었다.[2] 하지만 어떤 가족들에게는 아무 쓸모없고 너무 늦은 조치였다.

DNA는 건네졌고 아이들은 이미 태어났다. 유전자가 벌써 전해진 것이다. 현대 유전학의 아버지인 그레고르 멘델에 의해 1800년대 중반에 처음 확립된 원칙은 살아 있었지만 21세기에 그다지 건재하지 않았다.

그러면 왜 랄프의 아이들은 랄프에게는 없어 보이는 질병을 가지게 된 걸까?

멘델은 콩에 별 관심이 없었다. 최소한 처음에는 그랬다. 대신 이 탐구심 많은 젊은 수도승은 생쥐로 실험을 해보고 싶었다.

하지만 안톤 에른스트 샤프고치라는 시무룩한 늙은이에 의해 멘델은 방향을 바꾸게 되었고, 그것으로 샤프고치는 역사를 바꾸었다.

만약 당신이 멘델이 살았던 시대의 예술적인 시도와 과학적 발견에 관심을 두고 있었다면, 지금은 체코 공화국인 부륀의 언덕받이에 있는 성 토마스 수도원보다 더 좋은 곳은 없을 것이다.

성 토마스의 수도승들은 악동과도 같은 성직자 무리들로 오랫동안 알려져 있었다. 물론 그들은 자신들의 주요 임무가 신을 섬기는 일임을 알고 있었지만, 수도원의 무너져가는 벽돌담 안에서 탐구에 대한 집단 문화를 발전시켰다. 기도와 함께 철학이 있었다. 명상과 함께 수학이 있었다. 음악, 예술, 시가 있었다.

그리고 물론 과학도 있었다.

심지어는 오늘날도 그들의 전반적 발견들, 통찰력 있는 비전, 시끌벅적한 논쟁은 교회 리더들에게 골칫거리를 안겨준다. 하지만 권위주의적이었던 교황 파이어스 9세가 재임했던 멘델의 시대에 수도승들의 공적은 전반적으로 체제 전복적이라고 여겨졌고, 샤프고치 주교는 그들의 노력들을 전혀 흥미롭다고 생각하지 않았다.

사실 그는 수도원의 정식학과 외의 활동들을 참아주고 있을 뿐이었다. 멘델의 일기에서 말했듯이, 그것은 단순히 주교가 과외 활동들의 대부분을 이해하지 못했기 때문이다.

생쥐의 짝짓기 습관에 관한 멘델의 작업은 처음에는 아주 단순해 보였다. 하지만 샤프고치가 보기에 너무 멀리 간 일이었다.[3] 예를 들어 넓은 돌바닥 구역의 우리 안에 있던 생쥐들이 악취를 풍기기 시작하자, 샤프고치는 아우구스티누스의 교리를 따라야 하는 수도승들의 청결한 삶과 생쥐는 공존할 수 없다고 생각했다.

그리고, 짝짓기가 있었다.

멘델은 성 토마스의 다른 수도승처럼 순결 서약을 했는데, 털을 가진 작은 생물들이 어떻게 짝짓기를 하는지에 너무 강박적으로 관심을 보이는 것 같았다.

이 모든 일은 샤프고치가 보기에는 도리를 벗어난 행동이었다.

이 시무룩한 주교는 탐구심 많은 어린 수도승에게 생쥐들의 매춘가를 폐지하라고 명령했다. 멘델의 주장처럼, 그가 단순히 살아있는 생명체에서 형질들이 한 세대에서 다음 세대로 어떻게 전달되는지에만 관심이 있다면, 덜 자극적인 생명체를 사용해서 실험해도 된다고 생각했기 때문이었다. 예를 들어 콩 같은 것으로. 하지만 멘델은 이것도 충분히 재미있어 했다. '식물들도 짝짓기를 한다'는 사실을 주교는 이해하지 못한다고 멘델은 악동처럼 생각했다.

그래서 8년 동안 멘델은 거의 3만 개에 달하는 콩나무를 키우고 충실한 관찰과 기록으로 식물의 어떤 형질(예를 들어 줄기의 굵기와 콩깍지 색깔과 같은)은 특정 패턴을 따라 한 세대에서 다음 세대로 전해진다는 것을 발견했다. 이 발견들은 유전자가 쌍으로 춤을 추어서 그중 한 유전자가 우성이면(혹은 둘다 열성이어서 탱고를 춘다면) 특정한 형질을 발현한다는 우리의 이해에 기본이 되었다.

만약 멘델이 생쥐로 계속 실험을 했다면 어떤 일이 있어났을까? 상상하기가 힘들다. 행동이 훨씬 복잡한 생물로 실험했다면 아마도 그가 매끈한 녹색의 긴 줄기 콩이 어떻게 교배되는지 이해하려던 중 알게 된 그 모든 발견들을 이루지 못했을지 모른다. 하지만 이 꼼꼼한 수도승에게 생쥐의 수염이 어떻게 섞이는가 볼 수 있는 더 긴 시간이 주어졌다면, 어쩌면 훨씬 혁신적인 무언가를(너무 혁신적이어서 그 추종자들도 한 세기 이상 지난 후에야 알아챘던) 발견했을지도 모르는 일이다. 멘델이 그의 발견들을 처음으로 무명의 저널인 〈부룬 자연과학회보〉에 공표했을 때, 당시 과학 학계는 이를 전반적으로 시시하다고 평했다. 그의 발견이 재조명되었던 것은 멘델이 시의 중앙 묘지에 묻힌 후 오랜 시간이 지난 20세기 즈음이었다.

하지만 죽은 후에야 그 업적이 알려지게 되는 많은 선지자들처럼, 멘델의 발견은 길이 남았다. 처음에는 염색체와 유전자 확인, 그리고 나중에는 DNA의 발견과 염기서열 해독에 이용됐다. 모든 단계에서 하나의 근본 개념은 계속 이어졌다. 우리가 누구인지는 전 세대에서 이어받은 유전자에 의해 확고하게 예상 가능하다는 것이다.

멘델은 그가 발견한 법칙을 유전inheritance[4]이라고 불렀으며 시간이 지남에 따라 이는 우리가 유전적 유산을 생각하는 방법이 되었다. 이는 한 세대에서 다음 세대로 전해지는 이원적 방법으로 마치 상속자가 늘 원하지는 않지만 그렇다고 버릴 수는 없는 오래된 가보 같은 것이 되었다.

아니면 랄프의 비극적인 유전적 유산genetic legacy과 같은 것이라고도 할 수 있겠다. 정말 그렇다면 왜, 랄프는 멘델의 콩에서 벗어나서 그의 많은 아이들에게서 명백하게 나타난 증상들을 보이지 않았던 것일까?

랄프의 피를 타고 전해진 유전병은 상염색체 우성인 패턴을 따른다. 이는 단지 하나의 변이된 유전자만으로도 그 특정 질병에 걸린다는 것이다. 그리고 당신이 변이 유전자 하나를 가지고 있다면 아이에게 50퍼센트 확률로 유전된다. 이것이 우리가 멘델의 법칙을 오랫동안 이해해온 방식이다. 불행하게도 당신이 이런 유전 법칙을 따르는 변이된 유전자를 물려받는다면 그 질병의 증상을 나타내게 된다.

이것이 당신이 학교에서 배운 유전학일 것이다. 교과서에는 가계도가 너무도 쉽게 그려져 있다. 또한 우리를 우리 자신으로 만드는 미시적인 분자적 마술이 있고, 그걸 우리 스스로가 잘 알고 있다고 믿는 것은 솔직히 매혹적이다. 물론 시간이 지남에 따라 좀 복잡해지긴 했지만 모두 같은 개념, 즉 유전자가 쌍으로 있고 한 유전자가 우성이면 특정 형질을 발현한다는 가설에서 시작해서 곧 정설이 되었다. 갈색 눈에서부터 혀를 말 수 있는 능력, 손가락 뒤에 털이 자라는 것, 그리고 동그란 귓불 모양까지, 모든 것은 우성인 유전자가 지배한 결과로 보인다. 또한 그 법칙에 따라서 두 개의 열성 유전자가 쌍으로 존재하면 푸른 눈이나 히치하이커의 엄지손가락 같은 훨씬 덜 흔한 형질이 나타나게 된다.

하지만 유전적 유산이 항상 이런 방식으로 나타난다면 어떻게 랄프 자신, 그리고 그가 정자를 기부한 여러 병원에서 그를 본 모든 사람들까지 모두 그에게 그런 생명을 위협하는 질병이 있음을 모를 수 있었을까? 그건 멘델이 사명을 다 바친 그의 과학적 발견에서 아주 중요한 뭔가를 빠뜨렸기 때문이다. 바로 유전 발현의 다변성• 이다.

다른 많은 유전병처럼 신경섬유종증 타입 1은 온갖 다른 방법으로 표현되며 때로는 아주 약하게 표현되어 알아보기가 힘들다. 그래서 아무도(심지어 랄프 자신도) 이 끔찍한 비밀을 알지 못했던 것이다.

랄프의 질병은 발현의 다변성 때문에 숨겨져 있었고, 이것이 한 유전자가 우리의 삶을 아주 다르게 바꿀 수 있는 이유다. 같은 유전자라고 해서 모든 사람들에게 같게 행동하지 않는다. 심지어는 완전히 똑같은 DNA를 가진 사람들에게조차도 그러하다.

예를 들어 아담과 닐 피어슨을 보자. 이 두 형제는 일란성 쌍둥이로 신경섬유종증 타입 1을 일으키는 유전 변화를 포함해서 구별할 수 없이 똑같은 유전체를 가지고 있다. 하지만 아담의 얼굴은 부어있고 너무 일그러져 있어 어느 술 취한 나이트클럽 손님이 마스크로 착각해 찢어버리려 한 적이 있을 정도였다. 반면에 닐은 어떤 각도에서 보면 톰 크루즈로 보이기도 할 만큼 외모에는 드러나지 않지만 기억 상실이나 간질 발작에 고통받고는 한다.[5]

같은 유전자지만 완전히 다른 발현인 것이다. 그렇다면 내가 1장

• 발현의 다변성이란 유전적 변이나 유전병에 의해 한 사람이 영향을 받는 정도의 측정단위다.

에서 설명한 그 모든 신체적 조짐들은 무엇인가? 그것들은 일반적 발현이고 보통 어떤 유전병의 조짐을 내비치는 것이지만 그런 신체적 특징들이 그 유전병의 모든 발현 범위를 망라하는 것은 아니다.

이 모든 것은 우리에게 왜 발현이 이렇게 다른지를 묻게 만든다. 그 이유는 유전자가 우리 삶에서 단순히 이원적으로 반응하지 않기 때문이다. 앞으로 알게 되겠지만 멘델의 발견과는 반대로, 우리가 물려받은 유전자가 마치 돌에 새겨진 것 같다고 해도 그것이 발현하는 방법은 전혀 그렇지 않다. 우리가 처음에는 유전을 흑백의 멘델 렌즈를 통해 이해했을지 몰라도 오늘날 우리는 유전 발현을 유전학적 총 천연 색으로 보는 힘을 이해하기 시작했다.

그래서 의사들은 이제 새로운 도전을 맞이했다. 환자들은 우리가 깔끔하게 분리된 해답을 주기를 기대한다. 양성이냐 악성이냐, 치료 가능하냐 희망이 없느냐. 환자에게 유전학을 설명하는 데 어려운 부분은 우리가 알고 있다고 생각했던 모든 것이 고정되어 있거나 이원적이지 않다는 데 있다. 오늘날 환자에게 이를 설명해주는 좋은 방법을 찾아내는 것이 훨씬 중요해졌다. 환자들이 그들 삶에 가장 중요한 결정들을 내리는 데 필요한 최선의 정보가 제공되어야 하기 때문이다.

당신의 행동이 당신 유전자의 운명을 '결정할 수 있고' 또 '결정하기 때문'이다.

이것이 지금부터 내가 케빈에 대해 말하려는 이유다.

케빈은 20대였다. 키가 크고 건강했으며, 잘생긴 외모에 매력이 넘치고 똑똑하기까지 했다. 그때 내 주변에 배우자를 찾는 사람이 있었다면(그리고 지독한 직업 윤리가 없었다면) 기꺼이 케빈을 소개시켜주었을 것이다.

그가 나와 비슷한 나이와 성장환경을 가졌기 때문인지도 모른다. 혹은 우리 둘 다 건강과 관련한 일에 종사하고 있기 때문인지도 모른다. 그는 동양, 나는 서양 의학의 끝에서. 그게 무엇이었든지 간에 우리는 서로 잘 맞는 것 같았다.

내가 케빈을 만난 건 그의 어머니가 길고 용감한 전이성 췌장 신경내분비종양과의 싸움 끝에 돌아가신 직후였다. 어머니가 돌아가시기 전 종양 전문의는 그의 어머니에게 유전자 검사를 제의했다. 그리고 그 검사는 어머니의 히펠린도 종양억제 유전자가 중앙에 보란듯이 자리잡은 변이를 밝혀냈다.

히펠린도 증후군von Hippel-Lindau syndrome, VHL은 사람들의 뇌, 눈, 내이inner ear, 신장 그리고 췌장을 종양과 암에 취약하게 만드는 유전병이다. 어떤 연구자들은 악명 높은 햇필드 맥코이 가족 간의 반목•이 어느 정도는 히펠린도 증후군 때문에 빚어졌을지 모른다고 암시했다. 많은 맥코이 후손들이 동시에 부신에 종양이 있어 나쁜 성질을 가지게 되었을 수 있기 때문이다.[6]

• Hatfield-McCoy feud: 미국에서 실제로 있었던 두 집안 간의 악명 높은 싸움으로, 사소한 다툼에서 시작되어 복수에 복수를 거듭해 수십 명의 사상자를 내는 전쟁 수준으로 이어졌다. 남북 전쟁 직후 1800년대 말에 시작되어 2000년 대에 이르러서야 공식적으로 막을 내린 이 두 집안 간의 불화는 '햇필드 맥코이 가족 간의 반목'이라는 표현을 낳았고 이를 소재로 한 영화나 연극, 책 그리고 TV 시리즈까지 만들어졌다.

물론 히펠린도 증후군을 가진 모든 사람들이 이런 증상을 보이는 것은 아니다. 또 다른 발현 다변성의 예다.

그리고 랄프가 퍼뜨리고 다녔던 변이된 유전자인 NF-1과 마찬가지로 히펠린도 증후군을 일으키는 유전자도 상염색체 우성 방식으로 유전된다. 이는 부모로부터 단 하나의 잘못된 복사본만 물려받아도 병을 가질 수 있다는 의미다. 히펠린도 증후군이 상염색체 우성 장애이므로 우리는 케빈이 50퍼센트 확률로 그의 어머니에게서 잘못된 유전자를 물려받을 수 있다는 걸 알고 있었다. 그래서 케빈은 그 변이가 있는지를 검사받기로 했고 그 결과, 실제로 그 유전자를 물려받은 것을 확인했다.

히펠린도 증후군에 완치법은 없지만 일단 누군가 그 유전자를 가졌다는 것을 안다면 종양이 증상을 나타내기 전에 검사를 자주 해서 발견할 수 있다. 케빈의 경우도 그럴 수 있을 거라고 예상했다. 최소한 초기에는, 변이되거나 없어진 히펠린도 증후군 유전자를 가진 사람들 대부분도 다른 하나의 정상 복사본에 의지해서 세포 성장을 제어하고 종양이나 암 생성을 막는다.

우리는 이를 *크누드손 가설*Knudson hypothesis이라 부르는데, 이는 유전자에 둘 이상의 변이가 일어나야 암을 일으킨다는 이론이다. 이에 따르자면, 케빈이 유전 검사로 발견한 것처럼 자신에게 변이된 유전자가 이미 하나 있어서 암 발병 확률이 높음을 알게 된다면 자신의 유전자를 대하는 데 좀 더 조심해야 한다. 방사선, 유기용매, 중금속 그리고 식물이나 곰팡이 독성 등은 유전자를 나쁜 쪽으로 변화시키고 손상시키는 방법 중 일부분이다.

문제는 히펠린도 증후군이 한 사람의 일생에 걸쳐 아주 다양한 방법으로 증상을 나타내기 때문에 언제 어디서 병이 튀어 나올지 모른다는 것이다. 따라서 이는 거의 모든 것을 감시해야 한다는 것을 의미한다. 환자는 여러 의료진들로부터 끊임없이 검진과 치료 계획을 받으며 남은 일생 내내 연합군 동맹을 맺어야 한다.

케빈은 당연히 앞으로 무엇을 기대해야 하는지 알고 싶어 했지만 히펠린도 증후군은 너무나 많은 다른 방법으로 나타나기 때문에, 나로서는 어떤 종양과 암에 가장 큰 위험이 있는지와 감시 계획을 반복해 말해주는 것 외에는 답해줄 수 있는 게 없었다.

"그러니까 결국" 케빈이 말했다. "그러니까 결국 내가 무엇으로 죽을지 모른다는 거네?"

"히펠린도 증후군이 일으키는 많은 종양에는 치료법이 있어. 특히 일찍 발견하기만 하면." 나는 대답했다. "우리는 네가 히펠린도 증후군로 죽을지 전혀 알 수 없어."

"누구나 죽어." 케빈이 혀를 찼다.

"물론이지. 하지만 치료는…." 나는 얼굴을 붉혔다.

"내 남은 일생동안 계속."

"그래. 그럴 거야. 하지만…."

"항상 예약과 확인, 끊임없는 검사, 피 검사, 결코 알지 못하는…."

"그래, 많아. 하지만 대안은…."

"언제나 대안은 많아." 케빈은 미소 지으며 말했다. 그걸로 나는 그가 어떤 선택을 했는지 알았다.

몇 년 후 나는 그가 신장암 일종인 전이성 투명신세포암clear cell

metastatic renal carcinoma에 걸렸음을 알고 많이 슬퍼했다. 케빈은 또다시 어떤 일반적 치료도 받기를 거부하고 그 후 얼마 지나지 않아 세상을 떴다.

왜 케빈이 발현 다변성의 예가 되는지 궁금할 것이다. 결국 케빈은 그의 어머니처럼 일찍, 비극적으로 죽었지만 어머니와는 다른 종류의 암이었고, 어머니보다도 일찍 죽었다. 불행히도 발현의 다변성은 선대나 같은 세대에서 유전자가 다르게 행동한다는 것을 보여준다. 케빈은 의학적 감시 기술들을 이용해서 진단 후의 시간들을 신장암 조기 치료를 하는 데 쓸 수도 있었다. 하지만 케빈은 그 길을 선택하지 않았다. 그의 유전적 유산을 고려해보면, 케빈이 단순히 어떤 종류의 영상 감시가 병을 예방하는 데 필요하냐고 묻고 그것들에 충실했다면 그렇게 일찍 죽지 않았을지도 모른다. 하지만 이런 건강과 삶에 대한 중요한 선택들은 우리가 직접 해야 한다. 우리가 어떤 질문을 해야 하는지, 그리고 그 답으로 무엇을 해야 하는지를 안다면, 우리 스스로가 우리의 유동적 유전적 운명을 결정할 수 있을 것이다.

유동적인 유전의 개념적 기초를 더 잘 이해하기 위해 프랑스 낭트의 쟝 레미 도서관으로 짧은 여행을 떠나보자. 그곳은 바로 몇 년 전에 사서들이 오래된 파일들을 꼼꼼히 살펴 오랫동안 잊혔던 시트뮤직한 장의 악보로 발행되는 음악 – 옮긴이의 한 부분을 찾아낸 곳이다.

종이는 부스러지기 쉽고 노랗다. 잉크는 오래된 종이 안으로 스며들어 바래져버렸다. 하지만 표기들은 아직 선명했다. 음률은 아직 그 자리에 있었다. 연구자들은 이 작은 종잇조각이(파일로 분류되어 도서관 기록 보관소 안에 100년 이상 잊혀졌던) 볼프강 아마데우스 모차르트가 그의 손으로 직접 쓴 굉장히 희귀하고 진정한 작품이었음을 알아내는 데 그다지 오래 걸리지 않았다.[8]

600여 개가 넘는 다른 모차르트의 모든 작품들과 마찬가지로 D 메이저로 쓰인 이 여러 마디는 그가 죽기 몇 년 전에 쓰였으며, 세기를 초월하여 클래식 작곡가부터 다른 모든 장르의 음악가들에 이르기까지 교훈이 되는 멜로디였다. 모차르트는 앞꾸밈음(주 음에 짧은 불협화음을 붙여 넣어 아델의 가슴이 미어지는 발라드 곡 '너 같은 사람someone like you'의 조용하고 특이한 매력을 자아내는)의 팬인 것처럼 보인다.[9]

대부분의 현대 작곡가들이 앞꾸밈음 대신 16분음표를 사용하는데 이는 음악이 진화된 작은 단계일 뿐이다. 그래서 오스트리아 잘츠부르크 모차르트 재단장인 울리히 라이징거Ulrich Leisinger와 같은 피아니스트는 이 악보를 사용해 오랫동안 잊혔던 음율을 되살려냈다. 그리고 정말 운이 좋게도 라이징거는 220년 전 모차르트가 대부분의 협주곡을 작곡했던 바로 그 61 건반 피아노를 사용해서 그렇게 할 수 있었다.[10]

연주가 시작되면 음악은 마치 〈닥터 후Dr. Who〉의 시간 여행을 하는 낡은 전화박스처럼 시간과 공간을 넘어서 장난스럽지만 성대하게 현대 세계에서 물질화된다. 라이징거의 훈련된 귀에는 그 음표들이 연주될 때 나타나는 곡조는 분명히 신경credo, 미사에서 사용되는 음률이었다. 모차르트가 어렸을 때 많은 종교음악을 썼지만 생애 후반에는 종교적 믿음이 그에게 어떤 역할을 했는지 학자들이 의문시했기 때문에, 이 음악은 병 속의 메시지message in a bottle 같은 것이 되었다.

종이와 필적으로부터 연구자들은 이 악보가 1787년에 쓰였다고 결론을 내렸는데, 이 시기에는(그리고 그 후 오페라를 지속적으로 쓰며 즐긴 시기에는) 모차르트가 종교음악을 써야 할 경제적 이유가 없었다. 라이징거는 이 악보가 모차르트가 생애 후기에도 신학에 적극적 관심을 가졌다는 것을 밝혀준다고 믿었다.

이 모든 것은 단지 수십 개의 음표로부터 추론되었다.

이것이 우리가 DNA를 이해하는 방식이다. 현대의 음악가들이 모차르트의 지시를 읽고 거의 완벽하게 재현하는 것과 같은 방식으로, 우리는 DNA 속에 감추어진 복잡성을 밝혀냄으로써 우리의 유전적 유산이 우리 삶의 음악이 쓰인 악보가 되기를 기대한다.

하지만 이것이 이야기의 전부는 아니다. 우리는 이제 깨어나서 우리의 유전적 자아와 진화적 계보를 새롭게 이해하려 한다. 단순히 우리의 DNA 안에 코딩된 운명의 노예(끝없이 진혼곡만을 재생하는 오래된 아이팟과도 같은)에서 벗어나 우리는 우리 안에 상당한 유동성이 있음을 알아내고 있다. 곡조를 바꿀 수 있는 타고난 능력으로 우리의 음악을 다르게 연주할 수 있고, 그렇게 함으로써 이원적인 멘델식 유전 운명에 관한 기존의 이해 방식을 극복할 수 있다.

이는 삶과 그것을 지탱하는 유전학이 너덜너덜한 종잇조각이 아니라 조명이 어두운 재즈 클럽과 같다는 사실에 기인한다. 아마도 이디오피아의 수도 아디스아바바, 온 세계의 사람들이 술 마시고 담배 피우고 웃고 욕망을 해소하러 오는 도시의 한복판에 있는 타이투 호텔의 재즈바 라운지와 같은 것이다.

들어보자.

쨍하고 부딪히는 잔들, 움직이는 의자들, 속삭이는 목소리들.

그리고 그때 그늘진 무대에서 들려오는 베이스 소리.

붐-붐-붐 바다. 붐-붐 바다.

그리고 작은북을 붓질하는 듯한 나직한 속삭임.

샤-스 샤-스 샤-스 샤-샤-스.

컵으로 소리 죽여진 오래된 트럼펫.

우--야 바다 바아아아. 하이야 하이야 하이야 바다-야하.

단지 기초 베이스 라인이다. 그리고 삶의 모든 웅장함과 비극이 그 위에 덧대어져 있다.

우리는 발달적 이정표developmental milestone의 거친 바다를 지나서 성인이 되며 이를 위해서는 상당히 정교한 유전적 조율이 필요한 것이 사실이다. 우리는 모두 모차르트보다 오래된 악보로 시작한다. 음표의 어떤 부분은 지구의 나이만큼이나 오래된 것이다.

하지만 우리의 삶에는 즉흥연주를 할 만한 충분한 여유가 있다. 박자, 음색, 톤, 음량, 강약. 미세한 화학 과정을 통해 당신의 몸은 음악가가 악기를 다루듯이 당신 유전자를 이용한다. 이는 시끄럽거나 부드럽게 연주될 수 있다. 빠르거나 느리게 연주될 수 있다. 그리고 필요에 따라서 여러 다른 방법으로 연주될 수도 있는데, 이는 요요마가 1712년산 스트라디바리우스 첼로로 브람스에서 컨트리 음악까지 모두 연주할 수 있는 사실에 비유할 수 있다.

이것이 바로 '유전적 발현expression'이다.

저 밑, 깊고 작은 우리 몸속에서 같은 일이 일어난다. 삶의 요구에 반응하여 우리 유전자가 발현되는 방법을 바꾸는 데 필요한 적은 양의 생물학적 에너지를 끊임없이 생산해내는 것이다. 음악가들에게 그들의 삶에서 마주한 경험과 굴곡, 그리고 매 순간 처한 상황들이 그들의 연주 방식에 영향을 주는 것처럼, 우리 세포들도 매 순간 주어지는 상황에 의해 안내되고 발현된다.

이를 고려하여 작은 실험을 해보자. 몸을 스트레칭해보자. 몸을 움직여보자. 좀 편안하게. 그리고 이제 숨결에 집중해보라. 들이쉬고 내쉬어라. 몇 번 해본 후, 스스로에게 지금 하고 있는 일이 당신과 주변 사람들에게 아주 중요한 일이라고 크게(혹은 속삭임이라도) 말해보자. 그리고 이제 이렇게 하는 것이 얼마나 자신감을 주는지(혹은 어리석게 생각되는지) 느껴보자.

그리고 당신이 몸을 스트레칭한 순간부터 당신의 유전자가 방금 한 일에 대해 반응하고 있다. 의식적인 운동은 뇌에서부터 보낸 신호가 신경계를 통해서 운동뉴런motor neuron과 근섬유까지 전달되어 일어난다. 그 근섬유 안에는 액틴actin과 마이오신myosin이라 불리는 단백질들이 생화학적 키스를 나누어 화학 에너지를 기계적 운동으로 바꾼다. 이를 위해서 당신의 유전자는 뇌가 한 동작 혹은 여러 동작의 명령을 내릴 때마다 그에 필요한 화학적 구성 요소들을 조달하도록 일해야 한다. 리모컨의 볼륨 증가 버튼을 누르는 것에서부터 울트라 마라톤을 뛰는 것까지.

또한 당신은 당신의 유전자에 끊임없는 영향을 끼치고 있어 유전자는 시간이 지남에 따라 움직이고 변화해 스스로 세운 기대와 경험들에 맞추어서 당신의 세포 기구들을 조정한다. 기억을 생성하고, 감정과 기대도 생성한다. 이 모든 것이 오래된 책의 여백에 있는 주석처럼 모든 세포 속에 코딩된다. 이 모든 일을 일어나게 하는 것은 당신 뇌 속에 있는 수십 억 개에 달하는 시냅스synapse다. 시냅스는 단순히 뉴런들과 세포들 사이의 접합부이며, 서로 간의 통신에는 적은 양의 화학물질을 신호로 이용한다. 이들 화학물질은 당신 몸속에서 생성되는데, 시간이 지나면서 계속 새로이 대체되어야 한다. 그리고 뉴런들 중 많은 수는 몇 십 년 된 연결들을 유지함과 동시에 새로운 연결들을 모색하고 있다.

이 모든 것들이 당신 삶이 요구하는 것에 반응하여 일어나는 일들이다.

그리고 그 일들은 당신을 바꾼다. 아마도 이는 단지 앞꾸밈음과 16분 음표의 차이인지도 모른다. 어쩌면 심지어는 그보다 더 무시해도 될 만한 차이인지도 모른다.

하지만 방금 당신 삶은 발현의 차이를 통해 유전적 곡조를 바꾸었다.

특별하게 느껴지는가? 그래야 한다. 하지만 계속 겸손하라. 뒤에서 더 이야기하겠지만, 이런 종류의 변화는 크고 작은 모든 종류의 생명체에서 볼 수 있기 때문이다. 심지어는 살아 있지 않은 것들도 삶의 도전에 반응해 조정을 한다. 많은 기업들이 판매 시장이나 생산을 조정하기 위해 같은 전략을 쓰고 있다.

앞으로 보겠지만, 이런 전략 중 어떤 것은 당신이 태어나기도 전에 짜여진 것이지만 아직도 사람들이 프로포즈하러 무릎 꿇었을 때 사용된다. 이제 유전 발현의 유연성을 이해하는 다른 방법을 제안할 시간이다.

당신이 첫 번째 '반짝이는 돌'을 장만하려고 찾는 중이거나 아니면 업그레이드를 하고자 한다면 어쩌면 다이아몬드 사업의 작은 비밀을 알고 있을지 모른다. 많은 다른 종류의 보석들과는 달리 다이아몬드는 사실 그렇게 희귀하지 않다.

사실이다. 다이아몬드는 풍부하다. 그것도 아주 풍부하다. 큰 것들, 작은 것들, 파란색, 분홍색 그리고 까만색. 수십여 개의 나라에서 채굴되고 남극을 제외하고는 모든 대륙에 있다. 그것도 최근 호주 연구자들이 남극 근처에 킴벌라이트(다이아몬드가 많이 함유된 화산암)가 많이 있다는 것을 발견하면서 아마도 시간이 지나면 모든 대륙에서 남김없이 채굴될지도 모른다.[11]

당신이 몇 달치 월급을 다이아몬드에 써 본 적이 있다면, 그리고 수요와 공급의 법칙에 대해 안다면 이건 도무지 말이 되지 않는다. 다이아몬드가 그렇게 많이 존재한다면 왜 그토록 비싼 걸까?

이건 드비어스 때문이다.

1988년에 창설된 이 논란 많은 회사는 룩셈부르크라는 나라에 본부가 있으며 전 세계에서 가장 크고 반짝이는 돌들의 재고를 가지고 있는데, 대부분이 숨겨져 있다. 드비어스는 광산 채굴에서부터 생산, 공정 그리고 제조에 이르기까지 모두를 조정하고 적절한 시기에 딱 적절한 양만큼만 다이아몬드를 시장에 풀어 그 가격을 높고 안정적으로 유지한다. 그러면서 수 세기 동안 다이아몬드 산업의 세계적 독점권을 쥐고 있으면서 상대적으로 흔한 돌들이, 보는 사람들 눈에(그리고 지갑에도) 귀하게 보이도록 확실하게 보장하고 있다.[12]

요령 있는 판매전략 기술이 나머지를 맡았다. 제2차 세계대전 이전에는 사람들이 거의 약혼반지를 주고받지 않았다. 다이아몬드는 약혼반지일 수 있는 많은 종류의 돌들 중 하나일 뿐이었다. 하지만 1938년 드비어스는 메디슨 거리의 광고 전문인인 제롤드 록이라는 사람을 고용하여, 이 단단하게 압축된 반짝이는 탄소 덩어리가 젊은이들이 장래 배우자와 결혼을 약속하기 위한 유일한 방법이라고 설득했다. 그리하여 1940년대 초에 이르러서는 록의 광고 전략 마술이 세계의 많은 서양 사람들에게 다이아몬드가 정말 여자들의 가장 좋은 친구라고 확신시켰다.[13]

기업가 헨리 포드도 판매 시장을 이런 식으로 몰고 갈 수 있었다면 대환영이었을 것이다. 충분히 의도적으로 그렇게 하고 싶었을 테지만 당시 포드의 제품과 그 생산은 너무 복잡해서 많은 공급책을 쓸 수밖에 없었다.

그것이 포드를 끝없이 좌절시켰다. 재계의 거물로 알려진 그는 아마도 산업 효율성에 대해 역설한 세계적으로 유명한 첫 번째 사도였을 것이다. 이런 효율성은, 오늘날 우리가 이해하듯이, 우리의 유전체가 유전 발현을 통해 도용하는 많은 전략들에 뿌리를 두며 닮아 있다.

당연히 포드는 공정의 능률화에 많은 시간을 할애했다.

"재료들을 당장 필요한 이상으로 사는 건 쓸모없는 짓이라는 걸 알아냈다"라고 포드는 그의 책인《나의 삶과 일》(1922)에 썼다. "당시의 운송 상태를 고려해서, 단순히 생산 계획에 딱 맞는 정도만 사야 한다"[14]

포드는 비통해했다. 운송 수단의 상태 고려는 완전한 것과는 거리가 멀었기 때문이다. 그가 말하기를, "만약 이를 완벽히 고려할 수 있다면, 재고를 쌓아놓는 것이 전혀 불필요할 것이다. 원자재가 계획한 주문 그대로 정확하게 제 시간에 열차 가득히 도착해서 거기서부터 바로 생산으로 들어갈 수 있다면, 이는 회전율을 빠르게 하여 자재 관련 비용을 줄임으로써 전체 생산 비용를 상당히 절감할 수 있을 것이다"

포드의 말에는 선견지명이 있었지만 그는 이 문제를 해결하지 못하고 죽었다. 결국 나중에 일본의 자동차 생산업자들이 공급라인을 바로 수요가 있는 곳에 연결시킴으로써 생산 시스템에 큰 발전을 가져올 수 있었다. 지금은 이런 과정을 JIT just in time; 딱 적절한 시기에 생산이라 부른다.

산업 설화에 따르면 토요타의 경영진들은 미국에 있는 동안 JIT를 알게 되었다고 하는데, 그들이 방문한 미국 자동차 회사에서가 아닌, 예정에 없이 가게된 피그리 위그리라는 셀프서비스 식료품점을 방문하면서였다고 한다. 이 식료품 체인점의 새로운 접근 방법 중 하나는 가게 선반에서 제품이 없어지자마자 자동으로 물품을 들여오는 것이었다.[15]

이런 종류의 방법을 사용하는 데는 많은 이점이 있는데 무엇보다 비용 절감과 이윤 창출을 주도할 수 있다. 물론 이에 따른 위험이 없는 것은 아니다. 가장 큰 위험은 전체 생산 과정이 공급충격supply shock에 민감하게 된다는 것이다. 자연재해나 노동자들의 파업 같은 예기치 않은 사건들이 모두 원자재의 배달에 저해가 될 수 있으므로 공장을 완전히 무력화시키고 소비자들은 물건을 살 수 없게 된다.

애플사는 JIT와 관련된 또 다른 단점을 경험하게 된다. 전례를 찾아볼 수 없는 아이패드 미니의 구매 열풍 때문에 구매 속도에 맞추어 공장까지 재료들을 빠르게 조달할 수 없었던 회사는 제품을 생산하는 능력이 상실되어버린 것이다.

이런 예처럼, 회사들이 어떻게 유전 발현과 비슷한 특정 전략들을 도용하는지 아는 것은, 대부분의 우리 세포가 살아가는 비용을 절약하기 위해 쓰는 생물학적 전략을 이해하는 데 도움이 된다. 이런 기업들과 똑같이 우리의 몸은 양보할 수 없는 최전선을 쓴다. 그렇게 함으로써 우리가 지속적으로 생존할 가능성을 높이는 것이다.

그리고 그런 점에서 볼 때 우리는 월마트 모델보다 코스트코 모델을 더 선호한다. 우리가 필요한 무엇이든지, 만들 때마다 생물학적 비용이 들어가므로, 우리는 우리가 만든 것을 최대한 이용하고자 하는 것이다. 코스트코가 그들의 고용인들에게 하듯이 우리의 생물학은 노동 생산력을 높이고자 한다. 이는 꼭 해야 하는 일을 하기 위한 효소 고용인의 수를 최소화한다는 뜻이다. 효소는 우리 유전자에 코딩된 구조물의 한 예이며 미세한 분자 기계처럼 작동한다. 어떤 효소들은 화학 작용의 속도를 빠르게 할 수 있고 펩시노젠 같은 또 다른 효소들이 활성화되면 단백질이 많은 음식을 소화시키도록 도와준다. P450 효소군에 속하는 어떤 효소들은 우리가 알게 모르게 섭취하는 독성 물질을 해독하는 작용을 한다.

전반적으로 우리는 무언가 필요할 때 우리가 필요한 것만을 만듦으로써 우리가 저장해야 하는 양을 최소화하려고 노력한다. 그리고 이것은 유전적 발현을 통해 이루어진다.

다이아몬드가 만들어지기 위해 엄청난 압력과 백만 년이라는 시간이 필요한 것처럼, 효소들을 만들어내려면 생물학적 비용이 많이 든다. 생산 비용을 절감하기 위해, 많은 효소들은 항상 만들어지는 게 아니라 유도가 되어야만 만들어진다. 즉 우리가 어떤 효소가 필요하게 되면 우리 몸이 먼저 그 효소를 더 만들기 위한 재료들을 준비한 다음, 아이패드 미니의 생물학적 동격들을 증가된 소비량(즉, 효소의 필요량)에 맞추어 대량생산할 수 있게 하는 것이다. 당신이 필요한 효소의 유전자를 물려받았을지는 모르지만, 그것만으로는 당신 몸이 그 효소를 사용할 수 있다는 걸 보장해주지는 않는다.

아마 당신도 분명히 삶의 어느 시점에 이런 일을 겪었을 것이다. 이 과정에 당신이 능동적으로 참여했다는 것을 의식하지 못한 채로 말이다. 만약 당신이 술을 과하게 마신 적이 있다면(아마도 주말을 낀 긴 연휴 같은 때) 그것이 바로 그런 경험이다. 당신이 파티를 벌인 데에 대한 반응으로 당신의 간세포는 예상치 못한 마가리타의 폭음을 처리하기 위해 필요한 모든 효소를 만들어내려고 연장 업무를 했음이 분명하다.

필요를 충족시키기 위한 생산 증가의 수단은 이 경우는 에탄올을 분해시키기 위한 알콜 탈수소효소(dehydrogenase) 당신의 간세포에 잠재하여 항상 존재함으로써 당신이 만취할 때를 대비한다. 하지만 많은 양이 저장될 수 없을지도 모른다. 왜냐하면 공장 바닥에 쌓인 채 먼지를 뒤집어쓴 여분의 부품들처럼 효소도 공간을 차지할 뿐 아니라 당신이 만취하지 않았을 때 생산하고 유지하기에는 비용이 너무 많이 들기 때문이다.

대부분의 생물 세계는 이처럼 살아가는 비용을 최소화하는 방법을 쓴다. 그리고 그래야만 한다. 지금 당장 필요하지 않은 효소를 만드는 데 에너지를 다 써버리면 일상의 다른 중요한 문제들(예를 들어 끊임없이 계속 되어야 하는 뇌의 가소성 같은)을 해결하는 데 필요한 귀중한 자원들이 그쪽으로 쓰여 고갈되기 때문이다.

우주 비행사들이 좋은 예를 제공해준다. 국제 우주 정거장에 도착하면 그들 심장은 본래 크기의 4분의 1까지 줄어든다.[16]

300마력의 초강력 엔진의 무스탕을 반 조랑말힘마력 대신 썼다–옮긴이 엔진의 미니 쿠퍼로 바꾸면 주유소에서 많은 돈을 절약할 수 있는 것처럼, 우주 공간의 무중력 상태에 있는 우주 비행사들에게는 큰 심장 엔진이 필요 없다.• 하지만 또한 이 때문에 우주 여행자들이 지구로 돌아와 중력을 다시 경험하게 되면, 많은 경우 어지럼증을 느끼고 어떤 경우는 기절까지 한다. 그들의 심장이, 마치 미니 쿠퍼

• 우리의 심장은 중력이 잡아당기는 힘에 반해 피를 운반하려고 많은 에너지를 사용한다. 우리가 우주의 궤도 안에 있다면 피는 무게가 없어지게 되므로 훨씬 작은 힘으로 같은 피의 순환을 해낼 수 있다. 그래서 우주에서는 훨씬 작은 심장으로도 살아갈 수 있다.

가 가파른 산길을 올라가려 하는 것처럼 충분한 피(그리고 그가 운반하는 중요한 산소를)를 뇌까지 운반할 수가 없기 때문이다.

심장을 줄어들게 하려고 우주 정거장까지 여행할 필요도 없다. 단지 침대에 꼼짝않고 몇 주간 누워있기만 해도 이런 수축이 시작되게 할 수 있다.[17]

하지만 우리 몸은 회복 능력도 놀랍다. 우리는 단지 그 힘이 필요하다고 몸에게 확신시키기만 하면 된다. 또한 그렇게 하는 것이 늘 어려운 것도 아니다. 우리의 세포들은 믿기 어려울 만큼 가단성이 있기malleable 때문이다. 우리가 매일 일상적으로 하는 일들은 우리 유전자가 세포들에게 시키는 일에 커다란 차이를 가져온다. 이는 우리에게 늘 의자에 퍼져 있으면 안 된다는 또 하나의 유전적 동기유발을 한다.

유전 발현에 대해 끝내기 전에 우리가 함께 짚고 넘어갔으면 하는 것이 하나 더 있다.

얼핏 보기에 라눈쿨루스 프라벨라리스Ranunculus flabellaris는 별 것 아닌 것 같아 보인다. 이 이름은 미국과 캐나다 남부의 수목으로 덮인 습지대에서 많이 자라는 노란 미나리아재비꽃yellow water buttercup의 학명이다. 하지만 이를 통해 당신이 볼 수 있는 것은 이엽성heterophylly이라 부르는 현상이다. 얼마나 물가에 가까운지에 따라 이 식물은 그 외형을 완전히 바꾼다.

미나리아재비는 대개 강둑을 따라 자라는데, 강이 계절에 따라 범람할 수 있으므로 식물이 자라기에는 위태로운 장소다. 이는 미나리아재비처럼 연약하고 작은 꽃에게는 치명적일 수도 있지만 서

식지 가장자리에 산다는 것이 이 식물을 저지하지는 못한다. 오히려 미나리아재비는 아주 번창했는데 이는 유전적 발현이 잎의 모양을 완전히 바꾸는 능력을 주어서다. 동그스름한 풀잎 모양에서 실 같은 가닥으로 바뀌어 강이 둑을 넘치면 뜰 수 있게 된다.[18]

이런 변화가 일어날 때 미나리아재비의 유전체는 그대로다. 지나가는 행인들에게는 완전히 다른 식물로 보이지만 그 안 깊숙하게 자리잡은 유전자는 변하지 않았다. 단지 발현된 표현형, 즉 보이는 외형만이 바뀐 것이다.

어느 조건에서 살아가느냐에 따라 우주 비행사의 몸이 무스탕에서 미니쿠퍼로 바뀌었다 돌아오는 것과 똑같이, 미나리아재비는 또 다른 환경의 변화(변하는 계절에 따라 강 수위가 높아지거나 낮아지는)가 오면 다시 그전 잎 모양으로 자라게 된다. 이 모두가 다 살아남기 위한 것이다.

발현은 식물, 곤충, 동물 그리고 심지어는 사람들도 살아가면서 맞닥뜨리는 어려움을 극복하고 살아남기 위해 사용하는 많은 전략들 중 하나일 뿐이다. 하지만 그 모든 전략들에는 하나의 비결이 있다. 바로 유연성이다.

지금 우리가 배우고 있는 것은 우리 유전자가 더욱 거대하고 유연한 네트워크의 일부라는 사실이다. 그리고 이는 우리가 유전적 자아에 관해 들었던 것과는 반대다. 우리의 유전자는 우리가 배워온 것만큼 엄격하고 고정되어 있지 않다. 만약 그랬다면, 우리는 늘 변화하는 삶의 요구에(노란 미나리아재비가 하는 것처럼) 적응할 수 없었을 것이다.

멘델이 그의 콩들에서 볼 수 없었던 것(그리고 그가 죽은 후에도 몇 세대의 유전학자들이 다 놓쳤던 것)은 유전자가 우리에 주는 것만 중요한 것이 아니라, 우리가 우리 유전자에게 주는 것도 중요하다는 사실이다. 왜냐하면 양육이 본성을 능가할 수 있으며 또 정말 능가하기도 한다는 사실이 밝혀지고 있기 때문이다.

그리고 다음 장에서 볼 수 있듯이 이런 일은 항상 일어난다.

Chapter 3

유전자 바꾸기:

스트레스와 왕따, 그리고 로열젤리는 어떻게 유전적 운명을 바꾸는가

많은 사람들은 멘델이 콩으로 이루어낸 일을 알고 있다. 또 어떤 사람들은 그가 생쥐를 가지고 하다 만 일에 대해 들어본 적이 있을 것이다. 하지만 멘델이 꿀벌로도 일했다는 사실은 대부분 모를 것이다. 그는 꿀벌들을 '내가 사랑하는 작고 귀여운 동물'이라고 불렀다.

누가 멘델의 말이 과찬이었다 할 것인가. 벌들은 끝없이 놀랍고 아름다운 창조물들이다. 그리고 그들은 우리 인간에 대해서도 많을 것들을 가르쳐준다. 예를 들어 벌집의 모든 벌들이 다 몰려들어 이사를 가는 놀랍고도 무서운 광경을 목격한 적이 있는가? 그 천상의 회오리 같은 중간쯤에 벌집을 떠나는 여왕벌이 있다.

이처럼 놀라운 퍼레이드가 격에 맞는 그녀는 누구일까? 여왕벌을 보자. 먼저 그녀는 자매인 일벌들에 비해 패션모델과 같은 긴 몸과 다리를 가지고 있으며, 더 호리호리하고 털이 없고 매끈한 배도 가졌다. 그리고 왕좌를 빼앗으려 드는 더 어리고 새로운 왕가 혈통들의 쿠데타로부터 스스로를 보호하기 위해 재사용이 가능한 벌침(일벌들은 침을 한 번 사용하면 죽는다)을 가졌다. 어떤 일벌들은 단지 몇 주밖에 못 사는 데 반해 여왕벌은 몇 년을 살 수 있다. 그리고 불임의 일벌•들에게 여왕으로 대접받으면서 하루에 몇 천 개의 알을 낳는다. 따라서 당연히 그녀는 거물이다.

이런 믿기 어려운 차이들을 고려하면 여왕벌이 일벌들과 유전적으로 다를 거라고 생각하기 쉽다. 그러면 맞아떨어진다. 결국 여왕벌의 신체적 특성은 자매인 일벌들과 많이 다르기 때문이다. 하지만 더 깊이 들어가보면 아주 다른 이야기가 된다. 여왕벌과 일벌들은 같은 부모로부터 태어나며 심지어는 완전히 동일한 DNA를 가졌을 수도 있다. 하지만 그들 간의 행동적, 생리학적 그리고 해부학적 차이는 매우 현저하다. 왜일까?

그건 유충 상태의 여왕벌이 훨씬 좋은 음식을 먹기 때문이다. 단지 그뿐이다. 먹는 음식이 여왕벌과 일벌의 유전자 발현에 차이를 가져온다. 이 경우는 특정 유전자가 꺼지거나 켜지게 되는 기작으로서, 우리는 이를 후성유전학epigenetics이라 부른다. 꿀벌 군집이 새 여왕을 정해야 할 시기가 되면 몇 마리의 운 좋은 애벌레들을 선택해서 로열젤리를 잔뜩 먹인다. 로열젤리는 어린 일벌들의 입에 있는 분비선에서 생산되는 단백질과 아미노산이 풍부한 분비물로, 처음에는 모든 애벌레들이 그 맛을 보게 되지만 일벌 애벌레들에게서는 금방 끊어버린다. 하지만 어린 공주들의 경우는 로열젤리를 먹고 또 먹어 고귀한 혈통을 가진 우아한 여왕벌 유충들이 된다. 그리고 그중에서 가장 빨리 자라 나머지 어린 공주들을 없애버린 새끼

• 꿀벌의 일꾼들은 때때로 수벌이 되는 알을 낳기도 한다. 하지만 그들 생식 유전학의 복잡성을 고려하면 일벌들은 다른 일벌인 암벌을 낳지는 못한다.

가 여왕이 된다.

여왕벌의 유전자는 다르지 않다. 하지만 그녀의 유전적 발현은 왕족인 것이다.[1]

벌을 치는 사람들은 로열젤리를 많이 먹는 애벌레가 여왕벌이 된다는 사실을 이미 여러 세기 동안(어쩌면 더 오래일지도 모른다) 알고 있었다. 하지만 2006년에 서양 꿀벌인 '아피스 멜리페라Apis mellifera'의 전체 유전체 염기서열이 알려지고 2011년에 그 계급 변화의 특정한 세부 사항들이 밝혀지기 전까지는 아무도 그 이유를 알지 못했다. 이 지구상의 다른 모든 생물들과 마찬가지로 꿀벌도 다른 동물들과 많은 부분의 유전자 염기서열을 공유한다. 심지어는 우리 인간과도 공유한다. 그리고 연구자들은 이런 공유된 유전자 염기서열 중 하나가 DNA 메틸전달효소DNA methyltransferase, Dnmt3라는 것을 알아차렸는데, 이 효소는 후성유전학적 기작을 통해 포유류에서 다른 몇몇 유전자들의 발현을 바꿀 수가 있다.

연구자들이 화학물질을 이용해 DNA 메틸전달효소를 억제시켰을 때 수백 마리의 애벌레는 모두 여왕벌이 되었다. 그리고 다른 그룹의 애벌레들에게서 DNA 메틸전달효소를 활성화시켰을때 그 애벌레들은 모두 일벌이 되었다. 이는 여왕벌이 유전적으로 일벌들보다 뛰어날 거라는 우리의 막연한 기대와는 사뭇 다른 결과였다. 여왕벌이 많이 먹는 로열젤리는 단지 일벌로 만드는 유전자의 발현을 줄이도록 도울 뿐이다.[2]

물론 우리의 식사는 벌들과 다르다. 하지만 이 벌들은(그리고 이 벌들을 연구한 뛰어난 연구자들은) 우리의 유전자가 우리 삶의 요구에

따라 어떻게 다르게 발현되는지에 관한 많은 놀라운 예들을 보여준다.[3]

살아가면서 일련의 정해진 역할을 하는 사람들처럼(학생에서 일꾼으로 그리고 사회의 연장자로) 일벌들도 태어나서 죽을 때까지 예상 가능한 패턴을 따른다. 먼저 가정부와 청소부로 벌집을 깨끗이 하고, 질병에서 군집을 보호하고자 필요하면 죽은 형제들을 버리는 일도 한다. 그러고 나면 대부분은 육아벌nursing bee이 되어 다함께 벌집의 애벌레들을 하루에도 몇 천 번씩 돌보는 역할을 한다. 그러다가 다 성장한 2주의 나이가 되면 꿀을 모으러 나선다.

존스 홉킨스 대학과 애리조나 주립대에서 한 팀을 이룬 과학자들은 육아벌들이 더 많이 필요한 경우에는 때때로 채집벌들이 그 역할로 되돌아가는 것을 알고 있었다. 그 이유를 알고 싶어 했던 과학자들은 유전자들을 억제할 수 있는 화학적 표지tag를 찾음으로써 유전 발현의 차이를 알아보았다. 육아벌과 채집벌들을 비교했을 때, 실제로 150개 이상 되는 유전자들의 여러 군데에서 그런 표지들이 발견되었다.

그래서 과학자들은 작은 속임수를 써서, 채집벌들이 꿀을 찾아 나섰을 때 육아벌들을 숨겨버렸다. 어린 애벌레들을 모른 체할 수 없었던 채집벌들은 돌아오자마자 육아벌 역할로 되돌아갔으며, 그 즉시 그들의 유전적 표지 패턴이 변해버렸다.[4]

그 전에 발현되지 않았던 유전자가 발현되었으며, 발현되었던 유전자가 발현되지 않게 된 것이다. 채집벌들은 단순히 다른 일을 하고 있는 게 아니었다. 벌들은 다른 유전적 운명을 수행하고 있었다.

물론 우리는 벌들과는 다르게 생겼다. 그리고 벌들처럼 느끼지 않을지도 모른다. 하지만 벌들과 놀랄 만큼 많은 유전적 유사점을 가지고 있으며 DNA 메틸전달효소도 거기에 포함된다.[5]

그리고 벌들과 똑같이 우리의 삶은 매 시각, 좋게든 나쁘게든 유전 발현에 의해 영향을 받는다.

시금치를 예로 들어보자. 그 이파리에는 베타인betaine이라는 화학 복합물이 풍부하다. 자연 상태나 농장에서 베타인은 가뭄이나 높은 염도, 극한 온도와 같은 환경적 스트레스를 잘 견디도록 도와준다. 하지만 몸속에서 베타인은 메틸 공여체methyl donor로 작용할 수 있다. 즉, 당신의 유전자에 자국을 남기는 화학적 변화를 일으키는 역할을 할 수 있다는 것이다. 오리건 주립대의 연구자들은 시금치를 섭취한 많은 사람들에게서 일어난 후성유전학적 변화가 어떻게 그들의 세포로 하여금 요리된 고기 속의 발암물질로 인해 일어나는 돌연변이에 대항하는 데 도움을 주는지 발견해냈다. 실제로 동물을 이용한 실험에서 연구자들은 결장암 발병률을 반으로 줄일 수 있었다.[6]

로열젤리가 벌들에게 다른 방향으로 발달하라고 지시하는 것처럼 시금치 속의 복합물들은 우리 몸속의 세포들에게 다르게 행동하라고 단호하게 가르친다. 그러니 맞다. 시금치를 먹는 것은 우리 유전자 자체의 발현을 변화시킬 수 있는 것으로 보인다.

앞에서 내가 멘델에 대해 한 이야기 중, 샤프고치 주교가 멘델이 생쥐를 가지고 하던 일을 멈추게 하지 않았다면 그가 발견했던 유전 법칙보다 좀 더 혁신적인 무언가를 맞닥뜨릴 수 있었을지도 모른다고 했던 말을 기억하는가? 이제 나는 어떻게 그 혁신적인 무언가가 빛을 보게 되었는지 말하려 한다.

먼저, 그건 시간이 좀 걸렸다. 멘델이 죽은 후 90년이 넘는 시간이 흐른 1975년에, 유전학자 아서 릭스와 로빈 홀리데이는 각각 미국과 영국에서 거의 동시에, 유전자가 고정되어 있기는 하지만 일련의 자극에 반응해 다르게 발현되어서 다양한 특징(보통 유전법칙과 관련되어 나오던 판에 박힌 특징이 아니라)들을 보인다는 이론을 내놓았다.

이로써 유전자가 유전되는 방식은 엄청나게 느린 과정인 돌연변이를 통해서만 바뀔 수 있다는 기존의 생각은 즉각적인 논쟁 속으로 던져졌다. 하지만 멘델의 이론이 한동안 대대적으로 무시되었던 것과 마찬가지로 릭스와 홀리데이가 제안했던 이론도 같은 취급을 받았다. 또다시 시대를 앞섰던 유전학 이론이 힘을 얻지 못했던 것이다.

이들의 이론과 그 심오한 암시들이 세상에 폭넓게 받아들여지는 데에 4세기 반이 넘는 시간이 걸렸다. 천사와 같은 얼굴을 한 과학자 랜디 저틀의 놀라운 업적과 함께. 멘델과 마찬가지로 저틀도 유전에는 눈에 보이는 것 이상의 무언가가 있다고 의심했다. 그리고 또한 멘델처럼 저틀은 그 해답을 생쥐에서 찾을 수 있다고 생각했다.

마치 머펫〈세서미 스트리트〉에 나오는 손가락 인형 – 옮긴이처럼 확연하고 밝은 주황색의 아구티 생쥐를 이용한 실험에서 저틀과 듀크 대학의 동료들은 당시로서는 아주 충격적인 발견을 했다. 암컷이 임신하기 전에 콜린이나 비타민 B_{12}, 엽산과 같은 몇몇 영양소들을 음식에 넣어 먹이는 것만으로 그 새끼들은 더 작고 얼룩덜룩한 갈색이 되면서 전반적으로 외형이 더 생쥐처럼 보이게 되었다. 연구자들은 나중에 이 생쥐들이 암이나 당뇨병 같은 질환에도 덜 민감하다는 것을 발견했다.

완전히 같은 DNA. 완전히 다른 생물체. 차이는 단순히 발현의 문제일 뿐이었다. 어미의 식이 변화는 그 새끼들의 유전자 코드에 표지를 해서 아구티 유전자를 억제하도록 신호를 보냈고, 그 억제된 유전자가 유전되어 다음 세대로 이어진 것이다.

하지만 이건 단지 시작일 뿐이었다. 21세기, 유전학이 급변하는 세상에서 저틀의 머펫은 뻔한 이야기가 되어버렸다. 매일 우리는 생쥐, 그리고 사람의 유전자에서 유전 발현을 바꾸는 새로운 방법들을 배운다. 문제는 우리가 거기에 개입할 수 있는가 하는 것이 아니다. 그건 벌써 주어져 있다. 이제 우리는 사람들에게 써도 된다고 인증받은 새로운 약물들을 사용해서 실제로 어떻게 개입할 것인가 하는 문제를 검토해야 한다. 우리와 우리 아이들에게 길고 건강한 삶을 가져오는 쪽으로 말이다. 릭스와 홀리데이가 이론화했던 것(그리고 저틀과 그 동료들이 대중적 승인을 받게 한 것)은 이제 우리에게 후성유전학으로 알려져 있다. 넓게 보면 후성유전학은, DNA 자체에는 변화가 없이 삶의 조건에 따른(로열젤리에 담긴 꿀벌 애벌레의 경우처럼) 유전자 발현의 변화를 연구하는 학문이다. 후성유전학에서 가장 급성장하고 있으며 가장 흥미진진한 분야는 유전력inheritability, 유전 가능성으로 어떻게 삶의 조건에서 비롯된 유전자 발현의 변화들이 다음 세대나 그 이후 모든 세대에 영향을 줄 수 있는지를 연구하는 것이다.

유전자 발현을 바꾸는 흔한 후성유전학적 방법들 중 하나는 메틸화methylation다. 염기서열을 바꾸지 않고도 DNA를 변화시킬 수 있는 많은 방법들이 있는데, 그중 메틸화는 수소와 탄소가 세 잎 클로버 모양으로 만들어진 화학물을 사용해서 일어난다. 그 화학물이 DNA에 붙음으로써 세포가 무엇이 되어야 하는지, 무엇을 해야 하는지 혹은(그 전 대에) 무엇이었는지를 프로그램하는 유전적 구조를 변경한다. 즉, 이런 메틸화 '표지'는 유전자를 켜거나 끔으로써 암과 당뇨, 선천적 장애를 일으킬 수 있다. 하지만 절망할 필요는 없다. 그 표지들은 또한 우리에게 더 나은 건강과 장수를 주는 유전자 발현에도 영향을 줄 수 있기 때문이다.

그리고 이런 후성유전학적 변화들은 우리가 전혀 예상치 못한 다른 곳에도 영향을 줄 수 있다. 다이어트 캠프를 예로 들어보자.

유전학 연구자들은 10주간 뱃살과의 전쟁을 하기로 한 200여 명의 스페인 청소년 그룹을 살펴보기로 했다. 그리고 실제로 캠프에 참가한 아이들의 DNA를 역으로 분석해서 다이어트 결과를 미리 짐작할 수 있었다. 즉, 캠프가 시작하기도 전 아이들 유전체의 다섯 군데의 메틸화 패턴(유전자가 켜지고 꺼지는 방식)에 근거해서 실제 캠프에서 어떤 아이가 가장 많이 다이어트에 성공할 것인지 예상해 볼 수 있다는 것이다.[7] 모든 아이들이 캠프에서 식이요법을 엄수했지만, 어떤 아이들은 이미 후성유전학적으로 살을 뺄 준비가 되어 있었고 다른 아이들은 그렇지 못했다.

이제 우리는 이런 연구들로부터 얻어진 지식들을 개개인의 독특한 후성유전학적 조성에 어떻게 적용할지를 배우고 있다. 캠프에 참가했던 아이들의 메틸화 표지가 가르쳐주는 것은 우리들 각자의 독특한 후성유전체epigenome가 다이어트나 다른 문제들에 있어 대단히 중요하다는 사실이다. 이 캠프 아이들에게서 배운 사실에 비추어 우리는 각자에게 가장 적절한 다이어트 전략에 필요한 정보를 얻기 위해 스스로의 후성유전체를 들여다보려 노력할 수 있다. 우리들 중 누군가는 다이어트 캠프의 비싼 비용을 대기 위해 저금을 해봤자 전혀 소용없는 유전적 운명일 수 있다.

하지만 우리의 후성유전체는 우리가 물려받은 DNA와 마찬가지로 전혀 정적이지 않으며 우리 스스로가 유전자에 하는 일에 의해 영향을 받는다. 메틸화와 같은 후성유전학적 변화는 우리가 영향을 끼치기가 놀랍도록 쉽다는 것이 빠른 속도로 발견되고 있다. 최근 몇 년간 유전학은 메틸화된 유전자를 연구하는 방법, 심지어는 재프로그램reprogram하는 많은 방법들을 고안해냈다. 이는 유전자를 켜거나 끄거나, 혹는 그 발현량을 조절하는 방법들을 뜻한다.

유전자 발현량을 변화시킨다는 것은 양성 종양이냐 악성 종양이냐가 결정될 만큼의 큰 차이를 의미할 수도 있다.

그리고 이런 후성유전학적 변화는 우리가 먹는 알약들, 우리가 피우는 담배, 우리가 마시는 음료수, 우리가 하는 운동, 그리고 우리가 찍는 엑스레이에 의해서도 일어날 수 있다.

또한 스트레스로도 일어날 수 있다.

취리히의 과학자들은 저틀의 아구티 생쥐 연구를 기반으로 어린 시절의 정신적 외상이 유전자 발현에 영향을 줄 수 있는지를 알아보려 했다. 그래서 그들은 앞이 안 보이고 귀도 안 들리고 털도 없는 아주 어린 새끼들을 어미 생쥐로부터 세 시간 동안 떼어놓았다가 어미 곁으로 돌려주기를 14일 동안 반복했다. 나중에 다른 모든 생쥐들처럼 이 작은 새끼들도 앞을 보게 되고 듣게 되고 털이 나고 어른 생쥐가 되었다. 하지만 2주간의 고통을 겪은 새끼들은 다른 쥐들에 비해 훨씬 환경에 잘 적응하지 못하는 어른 생쥐가 되었다. 특히 잠재적으로 위험이 있는 곳을 가늠하는 데 문제가 있었다. 안 좋은 상황에 놓이게 되면 다른 생쥐들처럼 싸우거나 헤쳐나가는 대신에 포기해버렸다. 그리고 더욱 놀라운 사실은 그들의 이런 행동을 그 새끼들에게 물려주었다는 것이다(그리고 그 새끼의 새끼에게도). 심지어 그 다음 새끼들은 아무런 스트레스가 없는 환경에서 자랐음에도 불구하고 말이다.[8]

다시 말하면, 한 세대에서의 정신적 외상은 유전적으로 그 다음 두 세대까지 이어질 수 있다. 놀라운 발견이었다.

여기서 생쥐의 유전체가 우리의 유전체와 약 99퍼센트가 같다는 사실은 분명히 짚고 넘어갈 만하다. 그리고 취리히 연구에서 영향을 받은 두 유전자(*Mecp2*와 *Crfr2*라 불리는)는 생쥐와 사람에게서 모두 발견된다. 물론 생쥐에게 일어난 일이 사람에게도 일어나리라는 것을 우리가 직접 볼 때까지 확신할 수는 없다. 이를 실제로 사람에게서 확인하기란 어려운 일이다. 사람은 수명이 길어 세대를 넘어서는 변화를 테스트하기 힘들 뿐 아니라 본성과 양육의 영향을 구분하는 것도 어렵기 때문이다. 하지만 그렇다고 해서 우리가 사람에게서 스트레스와 관련된 후성유전학적 변화를 발견한 적이 없다는 것을 의미하지는 않는다. 우리에게도 분명 이런 변화가 발견되었다.

앞에서 내가 중2 때로 돌아가보라고 했던 것을 기억하는가? 우리 중 누군가는 그것이 그다지 다시 생각하고 싶지 않은 불쾌한 기억들이나 사건을 떠올리게 하는 일일 수도 있다. 정확한 수치를 말하기는 힘들지만 대다수의 아이들은 학창 시절의 어떤 시점에서 집단 따돌림bullying, 왕따을 당한다고 알려졌다.

아주 최근까지도 우리는 이런 집단 따돌림의 심각한 장기 후유증에 관해 주로 정신적인 측면에서만 말해왔다. 집단 따돌림이 아주 큰 정신적 외상을 남길 수 있다는 데에 모든 사람들이 동의한다. 아이들이 겪는 어마어마한 정신적 고통의 경험은 심지어 스스로를 해하려는 생각과 행동의 충동을 일으키기도 한다.

하지만 집단 따돌림의 경험이 그 정신적 고통이나 부담감을 넘어서는 더 심오한 의미를 가졌다면? 영국과 캐나다에서 한 그룹의 연구자들은 이 질문에 대답하기 위해 일란성 쌍둥이들을 다섯 살 때부터 연구하기로 했다. 이들은 완전히 동일한 DNA를 가졌고 연구가 시작되기 전에는 괴롭힘을 당한 적이 없었다.

연구자들은 물론, 스위스 생쥐들을 다룬 것처럼 아이들을 일부러 정신적으로 괴롭히지 않았다. 하지만 대신 다른 아이들이 안 좋은 일을 하도록 내버려두었다. 참을성 있게 몇 년을 기다린 후 과학자들은 한 명만 따돌림을 당한 쌍둥이를 다시 분석해서 다음과 같은 사실을 발견했다. 쌍둥이가 열두 살 되었을 때, 다섯 살 때에는 보이지 않았던 놀랄 만한 후성유전학적인 차이를 발견했다. 쌍둥이 중 집단 따돌림을 당한 한 명에게 의미 있는 후성유전학적 변화가 일어난 것이다. 이는 집단 따돌림이 단지 어린 시절이나 사춘기 시절의 자해 성향을 높이는 면에서만 위험한 것이 아니라, 실제로 유전자들이 작동하는 방식과 삶을 좌우하는 방식까지 변화시키며, 또한 우리가 다음 세대로 물려주는 것까지 변화시킬 가능성이 크다는 것을 의미한다.

유전학적으로 그 변화는 어떻게 보일까? *SERT* 유전자는 신경전달물질인 세로토닌serotonin을 신경세포 속으로 전달되도록 도와주는 단백질을 만든다. 따돌림을 당한 쌍둥이에게는 이 *SERT*라는 유전자의 프로모터 영역에 평균적으로 DNA 메틸화가 훨씬 더 많이 되어 있었다. 이 변화는 *SERT* 유전자로부터 만들어지는 단백질의 양을 줄인다. 즉, 메틸화가 많이 될수록 유전자가 '꺼진다'는 뜻이다. 이 발견이 중요한 이유는 이런 후성유전학적 변화가 우리가 사는 동안 지속될 수 있기 때문이다. 당신 스스로는 집단 따돌림을 당했던 경험을 세세히 기억하지 못해도, 당신의 유전자는 분명히 기억한다는 것을 의미한다.

하지만 이것이 연구자들이 발견한 전부가 아니다. 그들은 쌍둥이 간의 정신적인 변화도 유전적 차이와 일치하는지 보고 싶었다. 이를 테스트하기 위해 연구자들은 쌍둥이들에게 상황 검사(대중 앞에서의 연설과 암산을 포함한 우리 대다수가 피하고 싶어하는 스트레스를 주는 상황)를 했다. 그리고 쌍둥이 중 따돌림을 당한 경험이 있는(후성유전학적 변화가 있는) 아이가 불쾌한 상황에 노출되었을 때 훨씬 낮은 코티솔 반응을 보인다는 것을 발견했다. 집단 따돌림의 경험은 그 아이들의 *SERT* 유전자 발현을 낮게 조절했을 뿐 아니라 스트레스 상황에서 분비되는 코티솔 수치를 낮췄다.

이는 처음 짐작한 것과 반대되는 결과처럼 보인다. 코티솔은 '스트레스' 호르몬으로 알려져 있으며 보통 사람들이 스트레스받는 상황에서 수치가 올라간다. 그런데 왜 이 호르몬이 집단 따돌림을 당했던 아이에게서만 무뎌졌을까? 그 아이들이 긴장된 상황에서 '더' 스트레스받는 것이 자연스럽지 않은가?

이야기가 복잡해지지만 잠시 기다려라. 지속적인 집단 따돌림의 정신적 외상에 대한 반응으로 그 아이들의 *SERT* 유전자는 시상하부-뇌하수체-부신Hypothalamic-pituitary-adrenal, HPA 축(보통 우리가 스트레스와 일상의 실수들에 대처하도록 도와주는)을 변화시켰다. 그리고 과학자들이 집단 따돌림을 당한 쌍둥이에게서 발견한 바에 따르면, 메틸화 정도가 클수록 *SERT* 유전자는 더 억제되며, 이 유전자가 억제될수록 코티솔 반응은 둔화되었다. 이 유전학적 반응을 잘 이해하려면 이런 종류의 둔화된 코티솔 반응이 '외상 후 스트레스 장애PTSD'를 가진 사람들에게 자주 발견된다는 것을 알아야 한다.

코티솔 수치의 갑작스런 증가는 우리가 힘든 상황을 뚫고 나아가는 걸 도와준다. 하지만 너무 오랫동안 과량의 코티솔이 있게 되면 우리의 생리적 반응을 저해한다. 스트레스에 둔화된 코티솔 반응은 매일매일 집단 따돌림을 당한 아이들의 후성유전학적 반응이었다. 다시 말해 그런 후성유전체 변화는 장기간 과량의 코티솔로부터 스스로를 보호하기 위한 것이다. 이런 절충은 이 아이들이 지속적 집단 따돌림을 견디는 것을 도와준다는 점에서 이로운 후성유전학적 적응이라 할 수 있지만, 이것이 주는 암시는 정말로 충격적인 것이다.

우리 삶에 대한 유전적 반응은 많은 경우 이런 방식(장기간보다는 단기간에 대한 대처를 선호하는 방식)으로 일어난다. 지속적 스트레스에 대처하기 위해 그 반응을 둔화시키는 것은 짧게 보면 쉬운 해결책이다. 하지만 만성적으로 둔화된 코티솔 반응을 유발하는 후성유전학적 변화는 길게 보면 우울증이나 알콜중독 같은 심각한 심리학적 질병을 유발할 수 있다. 또한 그런 후성유전학적 변화는, 독자들에게 너무 겁을 주고 싶지는 않지만, 한 세대에서 다음 세대로 전달될 가능성이 크다.

이런 변화가 집단 따돌림을 당한 쌍둥이 같은 개인들에게 발견된다면, 많은 사람들에게 악영향을 주는 끔찍한 사건들은 어떨까?

그 비극적 사건은 상쾌하고 맑은 화요일 아침 뉴욕 시에서 시작되었다. 2001년 9월 11일, 뉴욕 세계무역센터에서 2천6백여 명 이상의 사람들이 죽었다. 사고 현장 가까이 있었던 많은 뉴욕 거주민들은 정신적으로 큰 충격을 받아 몇 달 혹은 몇 년 후까지 외상 후 스트레스 장애를 겪기도 했다.

이 끔찍한 비극은 뉴욕의 마운트 시나이 의학센터의 정신의학과 뇌과학 외상 스트레스 연구 분과 교수인 레이첼 예후다에게 독특한 과학적 기회를 제공해주었다.

예후다는 외상 후 스트레스 장애를 가진 사람들 대부분이 낮은 코티솔 호르몬 수치를 가진 것을 오래전부터 알고 있었다. 1980년 후반에 연구했던 전쟁 참전 군인들에게서 처음 발견했던 것이다. 그래서 그녀는 9월 11일에 쌍둥이 타워 근처에 있었던 임신한 여자들의 타액 샘플을 연구할 때 어디서부터 시작해야 하는지 잘 알고 있었다.

실제로 사고 후에 외상 후 스트레스 장애로 발전하게 된 여성들은 코티솔 수치가 상당히 낮은 것으로 나타났다. 태어난 그녀들의 아이도 그러했는데, 특히 9·11 당시 임신 후기third trimester, 세 번째 삼분기였던 아기들의 경우에 더욱 코티솔 수치가 낮게 나타났다. 그 아이들은 이제 성장했고 예후다와 동료들은 그 아이들이 9·11 사고에 의해 어떠한 영향을 받았는지 아직도 연구 중이다. 그리고 벌써 연구진은 이 아이들이 다른 아이들보다 더 쉽게 스트레스받는 경향이 있다고 밝혀냈다.[9]

이런 결과들은 무엇을 의미하는가? 현재까지 밝혀진 실험동물 연구들과 함께 고려해보면, 우리가 치료를 마치고 이제 다 잊어버리고 괜찮아졌다고 느끼고 난 오랜 후에도 우리의 유전자는 그 경험을 잊지 않고 있다는 것이다. 우리의 유전자는 충격적 사건들을 그대로 기록하여 보관하고 있는 것이다.

따라서 아주 주목할 만한 질문이 남는다. 우리가 겪은 끔직한 경험들은(집단 따돌림이나 9·11 테러나) 다음 세대로 전해지는가, 전해지지 않는가? 이전에는 우리가 유전자 서열에 남긴 대부분의 모든 후성유전학적 표지나 주석들(마치 악보 여백에 있는 표시들처럼)은 임신 전에 깨끗이 지워져서 제거된다고 생각했다. 하지만 이제 우리는 멘델을 뒤로하고 떠날 준비를 하면서 이런 생각은 틀릴지도 모른다는 것을 배우고 있다.

또한 태아 발달 중에 실제로 후성유전학적으로 민감한 시기가 존재한다는 것이 점점 분명해지고 있다. 이 중요한 시기에 영양 부족과 같은 환경적 스트레스 요인은 어떤 유전자가 켜지거나 꺼지는지에 영향을 주어 결국 우리의 후성유전체에 영향을 끼친다. 그렇다. 우리의 유전적 유산은 우리가 아직 태아인 중요한 시기 동안에 각인되는 것이다.

정확히 언제가 그 순간인지는 아직 아무도 모르기 때문에, 엄마들은 음식과 스트레스 수치를 임신 기간 전반에 걸쳐 일관되게 조심해야 할 유전적 동기를 가진다. 최근의 연구들은 임신 기간 중 엄마의 비만과 같은 요소들이 아이에게서 대사적 재프로그램을 일으켜 당뇨와 같은 병의 발병 위험을 높일 수 있다는 것도 보여주었다.[10] 이 결과는 모태 의학과 산과 내에서 점점 활발해지고 있는 운동(임신한 여자들이 2인분 먹는 것을 반대하는 것 등)에 좀 더 힘을 실어준다.

그리고 스트레스 받은 스위스 생쥐의 예처럼 우리는 후성유전학적 변화들이 한 세대에서 다음으로 전해질 수 있다는 것을 보았다. 이는 다가올 가까운 미래에, 사람에게서도 이런 종류의 후성유전학적 정신적 외상의 유전에 관한 증거가 많이 쌓일 것이라는 짐작을 하게 한다.

그렇지만 그런 증거가 쌓이기 전에도, 유전이 정말로 무엇인가에 대해, 그리고 스스로의 유전적 유산에 영향을 줄 수 있는 것이 무엇인가에 대해, 좋은 쪽으로든(시금치처럼) 나쁜 쪽으로든(스트레스처럼) 간에 이미 알게 된 엄청난 양의 정보를 생각해본다면, 우리는 전혀 무기력하지 않다. 우리가 물려받은 유전적 유산으로부터 완전히 자유로울 수는 없을 것이다. 하지만 점점 더 배우면 배울수록, 우리가 일상에서 하는 선택이 이 세대나 다음 세대 그리고 아마도 그 다음의 자손 모두에게까지 큰 차이를 낳을 수 있다는 것을 이해하게 되는 것이다.

우리가 아는 것은, 우리는 우리 자신의 삶의 경험은 물론 우리 부모가 겪었던 모든 일과 예전에 살았던 모든 조상들의 경험(가장 즐거운 순간부터 가장 마음 아픈 순간까지)의 유전적 결정체라는 사실이다. 우리가 하는 선택을 통해서 유전적 운명을 바꾸는 능력을 알아봄으로써, 그리고 그런 변화들을 세대를 넘어 전달함으로써, 이제 우리는 한동안 소중히 여겨왔던 멘델의 유전에 관한 믿음에 전면적으로 도전하는 시점에 서 있다.

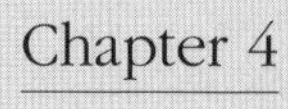

사용하지 않으면 잃어버린다 :

우리의 삶과 유전자는 어떻게 공모하여 뼈를 만들거나 부수는가

의사들과 마약 밀매 상인들. 이들만이 아직도 무선 호출기를 들고 다니는 유일한 사람들이다. 그래서 나는 사람이 많은 식당이나 극장에 들어가기 전에 무선 호출을 확인할 때면 다른 이들이 나를 어떻게 보는지 종종 궁금해하곤 했다.

어느 날 아침, 무선 호출이 울렸을 때 나는 병원 로비에 있는 번잡한 스타벅스 앞에서 길게 줄을 서 있었다. 내 순서가 다가오고 있었고, 내가 서 있는 곳은 거의 컵이 손에 닿을 만한 거리였다. 그런데 내 바로 앞 사람이 정말 오래 주문하고 있었다. 벤티 더블 샷 두유 모카 어쩌구 저쩌구 하면서. 아주 가까웠지만, 그래도 너무 멀었다.

무선 호출에 답하려면 줄에서 나가야 했다. 전화는 여러 군데에 뼈 골절상을 입은 어린 환자를 치료해야 하는 소아팀 여의사에게서 온 것이었다. 그녀는 환자에 대한 소견이 필요하니 입원실로 와줄 수 있느냐고 물었다. 지금 막 진료를 끝내는 중인데, 15분 정도 후에 나를 만날 수 있을 것 같다고 했다. 나는 냅킨에 입원실 번호를 적은 후 내가 서 있던 줄보다 꽤 길어진 줄에 다시 가서 섰다.

더 오래 기다려야 했지만 괜찮다고 생각했다. 기다리는 동안 내 생각들을 정리할 수 있었기 때문이다. 어린아이에게서 반복되는 골절상 케이스를 떠올리며 진단에 도움이 될 만한 알고리즘을 짚어갔다. '이거면 저거고, 저거면 이거고' 하면서.

플라스틱으로 만든 할로윈 마당 장식에서부터 〈캐리비안의 해적〉 영화에 이르기까지 우리는 해골들과 접할 기회들을 많이 가져왔다. 뼈에 대한 익숙함(당신이 206개 뼈들 중 단 하나의 이름조차 모른다 해도 아마 골격의 기본구조는 그릴 수 있을 것이다)은 우리 몸이 계속 변화하는 삶의 요구에 따라 어떻게 변화하는지 말할 때 눈앞에 쉽게 그려볼 수 있도록 도와줄 것이다.

우리 몸에 있는 대부분의 다른 기관들과 마찬가지로, 뼈대도 '사용하지 않으면 잃어버린다'는 모든 살아 있는 것들에 적용되는 법칙을 따른다. 우리가 어떤 행동을 하거나 안 하는 데에 대해 반응하여, 강하고 가소성 있는 뼈, 혹은 분필처럼 구멍이 많고 부러지기 쉬운 뼈를 만드는 과정이 시작된다. 이렇게 우리 삶의 경험은 유전자에 영향을 준다.

하지만 우리 모두가 생존에 필요한 유연성 있는 뼈대를 만들기 위한 유전적 비결을 물려받는 것은 아니다. 이것이 마침내 내가 손에 뜨끈뜨끈한 얼그레이 차를 받아들고 병원 7층으로 가는 엘리베이터에서 내려 환자 방문을 두드릴 때까지 생각하고 있던 것이다. 내 눈앞의 침대에는 아주 작은 환자복을 입고 검은 머리를 땋아 내린 그레이스라는 조그맣고 귀여운 세 살짜리 소녀가 있었다.

골절상으로 인한 고통 때문인지 아이의 이마에는 땀이 맺혀 있었다. 나는 아이를 빠르게 훑어보면서 그 땀을 숙지했다.

그리고 바로 아주 중요한 특징에 집중했다.

그 아이의 눈.

리즈와 데이비드는 불임이어서 아이를 가질 수 없었다. 그 사실은 오랫동안 부부에게 별 문제가 아니었다.

리즈는 재능 있는 그래픽 예술가였고, 데이비드는 자신의 회사를 가진 회계사였다. 둘은 그들의 시간을 일에 쏟고 서로에게 집중하는 데 아주 만족했다. 휴가 동안은 온 세계를 돌아다녔고, 집에서는 모든 것을 최고급으로 즐겼다.

그들은 아이를 가진 친구들이 매주 카풀 계획을 짜기 위해 엄청나게 많은 에너지를 소비하는 것을 지켜보았다. 아이 학교도 고려해야 했고, 선생님과의 면담에도 가야 했다. 음악 레슨, 운동 연습, 여름캠프. 아이를 가진 친구들은 새벽 2시에 깨기도 했고 6시면 일어나야 했다. 그 모든 것들은 너무나 힘들어 보였다.

그렇기에 어느 날 갑자기 자신들의 생각이 바뀌었다는 걸 깨달았을 때 매우 놀랄 수밖에 없었다.

세상에는 부모를 필요로 하는 아이들이 많았지만 중국 고아 소녀들의 비극적인 사망률을 알게 되었을 때 리즈는 마음을 결정했다.

세계에서 가장 인구가 많은 나라인 중국은 1979년, 한 자녀 낳기 정책을 펼쳤다. 그때는 중국이 세계 최초로 인구 10억을 막 넘으려하던 때였고, 많은 사람들이 임시 대피소, 음식, 일자리 등을 찾고 있었다. 정부의 의학 관계자들은 피임약을 나누어주었지만, 그럼에도 피임에 실패하면 낙태를 선택하게 했다.• 중국은 불임인 자국 내 커플들이 입양할 수 있는 수를 훨씬 넘은 고아들, 특히 여자아이들의 과잉이 되었다. 논란이 분분한 한 자녀 정책을 실시한 지 5년이 지나자 중국은 '아이들을 입양 보내는' 주요 나라가 되어버렸다.

2000년에 이르러서는 중국이 미국과 캐나다 가족들에게 가장 많은 입양아들을 보내는 나라가 되었다. 최근 그 수가 줄기는 했지만 아직도 중국은 북아메리카 부모들에게 가장 많은 입양아를 보내는 나라로 남아 있다.

리즈와 데이비드는 중국에서 입양 수속을 거치는 데, 많은 난관에 부딪칠 것을 알고 있었다. 입양 수속은 때로 부정부패에 의해 지연되었으며 심지어 제대로 진행되어도(부모들이 입양 기관을 찾고 수속을 시작한 때부터 아이를 집에 데려오기까지) 몇 년이나 걸릴 수 있었다. 하지만 일부 신체적 장애가 있는(대개 구순구개열처럼 수술로 고칠 수 있는) 아이를 입양하려는 부부의 경우는 혜택을 받을 수 있어 수속이 빨라지기도 했다.

선천성 고관절이형성congenital hip dysplasia은 그런 경우 중 하나였다. 고관절이형성은 아이가 자꾸 탈골이 되는 고관절(엉덩이 관절)을 가지고 태어나는 흔한 장애다. 소아과 의료체계가 잘 갖춰진 대부분의 선진국에서 고관절이형성은 어릴 때 치료를 시작하면 나아질 수 있다. 하지만 의료 자원이 부족한 나라에서 이 아이들은 꽤 큰

• 둘째나 심지어 셋째를 낳은 부모들은, 특히 도시의 경우, 정부가 운영하는 고아원 문 앞에 아이들을 버리는 수밖에 없다.

장애를 가지고 살아가게 된다. 이 장애가 리즈와 데이비드 부부가 들었던 그레이스의 문제였다.

하지만 리즈와 데이비드는 그레이스의 사진을 처음 보았을 때부터 바로 사랑에 빠져버렸고, 자신들의 딸이라고 믿었다. 그레이스의 서류들을 입양 기관에서 모아 소아과 의사에게 소견을 얻었고 그레이스가 미국에 도착만 하면 쉽게 치료할 수 있을 것이라고 들었다.

그레이스가 받아야 할 치료를 해줄 수 있다는 것이 아이의 부모가 되기 위해 넘어야 할 장애물을 좀 더 쉽게 넘도록 해주는 것 같았다. 그래서 그들은 중국으로 가는 비행기 표를 예약하고 집에 유아 보호 장치를 설치했다.

리즈와 데이비드는 딸이 될 아이에 대해 아는 게 별로 없었다. 그들이 들은 건 그레이스가 그전 해에 고아원 앞에 버려졌고 한두 살 정도 되어 보인다는 것이 전부였다. 중국 서남부 도시 쿤밍에 있는 고아원에 딸을 데리러 도착했을 때에야 훨씬 더 많은 것들을 알게 되었다.

그들은 허리에서 시작해 다리까지 지탱해주는 석고붕대를 감은 아이를 볼 것이라는 걸 미리 알고 있었다. 다만 그 석고붕대가 얼마나 큰지, 그에 반해 그레이스는 얼마나 작은지에 놀랐다. 마치 6킬로그램도 안 나가는 이 조그마한 아이가 커다란 석고붕대 괴물에게 거의 삼켜진 것처럼 보였다.

하지만 소아과 의사로부터 들은 말이 있었기 때문에 그들은 그레이스의 상태가 단지 일시적이며 완전히 치료할 수 있다는 자신감을 가졌다. 그들이 이 작은 아이의 상태에 대해 전혀 개의치 않는 모습을 보이자, 고아원에서 일하는 한 여자가 그들을 밖으로 불러내어 그레이스가 그들 집으로 가게 되어 얼마나 다행인지 모른다고 말했다.

"당신들은 그 아이의 운명입니다"라고 여자는 말했다.

정말 절대적으로 그랬다.

미국으로 돌아오고 소아과 의사를 방문해 짧은 검사를 받은 며칠 후, 그들은 그레이스의 석고붕대를 벗기고 고관절이형성 치료를 위한 다음 스케줄을 잡았다.

하지만 석고붕대에 숨겨진 소녀의 허리와 다리는 너무도 앙상하게 말라 있었다. 석고붕대를 푼 지 24시간이 채 되기도 전에 그레이스는 다시 대퇴골과 오른쪽 정강이뼈가 부러졌다.

그 당시에는 석고붕대가 고관절이형성 치료를 돕기는커녕, 그레이스의 뼈를 약하게 만들어 유리같이 부서지기 쉽게 모든 것을 더 악화시킨 것처럼 보였다.

몇 달이 지난 후, 그레이스는 석고붕대를 벗고 엄마 품에 안겨 캠핑 여행을 위한 카누를 사러 스포츠 용품점에 갔다. 그레이스는 자기 마음에 드는 분홍색 카누를 가리키려고 몸의 위치를 바꾸었다.

그 순간 났던 소리, 나중에 리즈는 그건 거의 총소리 같았다고 말했다. 리즈는 몸서리를 쳤고 그레이스는 놀라 울음을 터뜨렸다. 얼마 후 제정신이 아닌 초보 엄마와 악을 쓰며 우는 어린아이는 다시 병원으로 왔다. 그레이스의 다리가 또다시 부러진 것이다.

그레이스의 부모로부터 무슨 일이 있었는지를 듣기도 전에 그레이스 경우 단순히 선천성 고관절이형성 이상의 무언가가 있다는 것이 내 눈에는 분명히 보였다.

답은 그레이스의 눈에 있었다. 사람의 눈은 다른 동물들과 달리 공막sclera, 보통 '눈의 흰자위'라 부르는 것이 보인다는 점에서 특이하다. 다른 동물들은 대부분 피부나 동공 뒤에 감추어져 있다. 이 사실은 덤으로 이형성 전문가dysmorphologist에게 환자의 유전자 안에서 무슨 일이 일어나고 있는지 알 수 있는 기회를 준다.

그레이스의 동공은 하얗지 않고 약간 푸른색이 섞여 있었는데, 이는 그레이스의 많은 골절상 전력과 함께 내게 다른 사실을 말해주었다. 아마도 그레이스는 골형성 부전증osterogenesis imperfecta, OI, 즉 유전적 결함으로 인해 튼튼한 뼈에 필수적인 콜라겐의 생성이나 품질을 저해하는 장애의 한 종류를 가지고 있을지 모른다는 예상이었다. 콜라겐 부족은 뼈를 쉽게 부서지게 할 뿐 아니라 공막을 약간 푸르게 보이게 한다. 또한 그레이스의 치아를 보건대(같은 이유로 끝이 반투명해 보였다) 내 생각은 거의 틀림없었다.

얼마 전까지만 하더라도 골형성 부전증은 의학적으로 진단될 수도 없었다. 하지만 최근 몇 년 사이에 많은 주목을 끌었다. 이는 너무나도 사랑스러운, 어린이 대통령으로 더 잘 알려진 로비 노박이라는 아이 덕택이다. 로비 노박의 "지루하게 지내지 말자"라는 격려 연설 비디오를 전 세계 수천만의 사람들이 보면서부터다.

로비는 열 살이 되기 전에 70군데의 뼈가 부러졌고 열세 번의 수술을 해야 했지만 골형성 부전증으로 사람들에게 주목받는 것을 원치 않았다. "나는 많이 부서뜨리는이중적 의미로 쓰였다 – 옮긴이 아이가 아니라는 걸 모든 사람이 알았으면 좋겠다"라고 2013년 봄, 로비는

CBS 뉴스에서 말했다. "나는 단지 재미있게 지내고 싶어 하는 아이일 뿐이다."[1] 로비의 이야기는 많은 사람들이 골형성 부전증을 되돌아보게 했고, 그 병을 가진 사람들을 돕기 위해 어떤 일이 진행되고 있는지 관심을 갖게 만들었다.

이 유전병은 또한 많은 이유들로 뉴스에 오르내렸다. 수천 가지의 아동 학대 조사대상 사건의 요인이 되었기 때문이다. 예를 들어 에이미 갈렌드와 폴 크룸이의 경우를 보자. 이 영국인 부부는 어린 아들(태어난 지 얼마 안 되어 팔과 다리에 여덟 군데의 골정상을 입은 채 발견)을 학대한다고 사회복지사들에 의해 고발당했다. 아동 학대 혐의로 체포된 후 에이미와 폴은 감시자 없이는 아이들을 못 보게 되었다. 모유를 먹는 갓난아이를 떼어놓을 수가 없었던 법정은, 대신 에이미를 늘 감시할 수 있는 곳으로 이사하라고 명령했다. 관계 당국은 이 가족을 폐쇄회로 카메라를 통해 24시간 감시할 수 있는 집에 머물도록 해서 마치 TV의 리얼리티 쇼를 보는 것 같았다.

사회복지사들과 관계자들이 자신들의 엄청난 실수를 아는 데까지는 18개월이나 걸렸다. 에이미와 폴의 아이는 아동 학대가 아닌 골형성 부전증을 앓고 있었던 것이다.

골형성 부전증을 앓는 아이의 엑스레이는 아동 학대의 증거처럼 보이기 쉽다. 사진상으로 여러 골절상이 각기 다르게 아물어가고 있는 상태가 보이기 때문이다. 이처럼 사회복지사와 의사들이 좋은 부모를 학대 부모로 오해한 경우들이 있었기 때문에(단지 아이들을 위험으로부터 보호하려고 한 것뿐이지만) 이제 대부분의 법정에서는 아동 학대 사건 조사의 일부로 골형성 부전증의 가능성을 물어본다.

이런 검사가 점점 보편화되었지만, 아동 학대로 의심되는 사건들의 경우, 문제는 골형성 부전증 가능성을 배제하는 데에만 꽤 시간이 걸린다는 것이다. 어떤 사람의 DNA를 읽어낸다는 건, TV의 경찰 드라마에서처럼 단순히 병원 검사실로 가서 현미경을 들여다보는 것으로 끝나지 않는다. 부서지기 쉬운 뼈를 가지고 있는 이유는 여러 가지일 수 있기 때문에, 생화학적 혹은 유전학적 검사로 그 원인을 찾아내는 데 몇 주, 심지어는 몇 달이 걸릴 수도 있다. 골형성 부전증의 가능성에 대한 인식이 늘고 있기는 하지만, 그에 비할 수 없이 엄청나게 늘고 있는 아동 학대 케이스(미국에서 한 해에 10만 명이 넘는 신체 폭력 건과 1,500여 명의 사망 건이 발생)[2]에 비해, 이 유전병은 상대적으로 희귀하기 때문에(미국에서 한 해에 약 400여 건), 많은 사회복지 기관이나 법 기관들은 나중에 후회하기보다는 아이들의 안전을 위해서 일단 가족과 떼어놓는 마음 아픈 결정을 내린다.

다행스럽게도 그레이스의 경우는 전력을 보아 복합 골절상의 원인이 아동 학대일 수가 없었다. 그래서 곧바로 그레이스의 양부모와 손을 잡고 무슨 일이 일어나고 있는지에 집중할 수 있었다. 아이에게 건강하고 행복한 삶을 줄 수 있는 해답과 치료를 찾기 시작한 것이다.

얼마 전까지만 해도 생명에 치명적이지 않은 골형성 부전증에 대해 우리 의사들이 해줄 수 있는 일이란 별로 없었다. 지금도 이 병을 치료하기는 어렵지만 그레이스를 보자마자 한눈에 전혀 대처할 수 없는 게 아니라는 건 알 수 있었다.

물론 어떤 한 가지의 치료만으로 유전자 깊은 곳에서부터 뻗어

나오는 복잡한 문제들에 대처하기는 쉽지 않다. 하지만 약들과 물리요법, 의학 기술적 개입 등 모두를 잘 짜맞추어 적절한 조합으로 사용하면 실질적인 효과를 볼 수 있다. 이런 도구들(그리고 그레이스의 용기와 끈기, 헌신적인 부모)로 그레이스는 작고 연약한 어린아이에서 강하고 모험심 있는 소녀로 성장할 수 있었다. 그레이스가 새로운 단계에 내디딜 때마다 그녀가 겪은 경험들이 그녀의 유전자 코드를 조형하고 또 그에 반항하기도 했다.

그레이스의 경우는 리즈와 데이비드가 만들어준 삶의 환경이 어떻게 그 아이에게 강한 뼈들을 갖게 해주었는지를 보여주는 인상적인 예다.

그레이스가 자신의 유전적 운명을 정복할 수 있었다면 우리도 그렇게 할 수 있다. 우리 스스로는 잘 모르겠지만 우리의 뼈는 그레이스와 마찬가지로 늘 부서지고 있다. 여기에 작은 금, 저기에 작은 균열. 우리의 뼈는 끊임없는 건설과 붕괴를 지속하고 있다. 우리 모두는 그런 방식으로 더 완벽한 골격을 갖게 되는 것이다.

어떻게 우리 DNA가 뼈를 만들고 부수는 일에 관련되었는지를 이해하려면 먼저 뼈가 어떻게 작동하는지부터 이해해야 한다. 우리 뼈는 많은 사람들이 뼈를 떠올릴 때 보통 상상하는 단단하고 죽어 있는 바위와 같은 물질과는 딴판으로 생생하게 살아 있다. 그리고 변화하는 우리 삶의 요구에 부합해서 끊임없이 다시 발달하고 있다. 뼈의 이러한 재생과 변형 과정은 두 종류의 세포들 간의 미시적 전쟁의 결과로 일어난다. 파골세포osteoclast와 조골세포osteoblasts

는 디즈니가 비디오 게임에서 영감을 얻어 만든 영화 〈주먹왕 랄프Wreck-It Ralph〉의 두 주인공 관계와 비슷하다.

파골세포는 주먹왕 랄프의 뼈대 버전으로 뼈들을 부수고 녹인다. 이는 그냥 이 세포들이 그렇게 하도록 프로그램되어 있기 때문이다. 조골세포는 '다 고쳐 펠릭스Fix-It Felix'처럼 뼈들을 다시 붙이는 어려운 작업을 한다. 단순히 랄프가 없다면 튼튼한 뼈를 가질 수 있을 거라고 생각할지 모르지만 사실은 그렇지 않다. 이 귀여운 영화에서 등장인물들이 알아가는 것처럼, 하나는 다른 하나 없이는 존재할 수 없다.

이 파괴와 보수의 동업으로 우리의 뼈대는 매 십여 년마다 완전히 새롭게 바뀐다. 쇠를 겹겹으로 접고 또 접어서 탄력 있는 칼을 벼리는 대장장이처럼, 뼈 재생성의 깨짐-고침-깨짐-고침의 순환은 우리가 일생 동안의 뜀박질, 점프, 등산, 자전거 타기, 비틀기 그리고 춤추기까지 모두 견뎌낼 수 있는 완전히 개인화된 골격을 선사한다.

물론 음식으로 칼슘을 좀 더 섭취하면 도움이 된다. 만약 당신이 많은 사람들처럼 아침에 시리얼 먹는 걸 좋아한다면, 이미 거의 매일 아침 그 도움을 받고 있는 것이다.

혹 당신이 콘 프로스트나 후르트 링 또는 라이스 크리스피를 먹어보았다면 윌리엄 K. 켈로그에 의해 창립된 켈로그 회사 제품에 익숙할 것이다. 사실 대중에게는 윌리엄의 형제인 존 하비 켈로그 박사가 더 잘 알려져 있다. 그는 브랜드에 이름을 빌려준 것 이상으로 많은 공헌을 했기 때문이다. 당시에 켈로그 박사는 건강 전문가로 알려졌지만 현재라면 아마 좀 유별나게 알려져 있을 것이다(무엇보다 그는 성행위가, 심지어 결혼으로 이루어진 것이라 하더라도, 위험하다고 믿었다).

켈로그 박사는 또한 파동요법vibration therapy 분야의 개척자였다. 그의 악명 높은 요양원에서는 건강을 증진시킬 수 있다는 희망으로 환자들에게 진동 의자와 발판을 쓰도록 했다. 그는 진동으로 질병을 환자에게서 떨어내버릴 수 있다고 주장했다.

파동요법은 백년이 훨씬 지난 지금도 여전히 의심의 눈초리를 받고 있다. 몇몇 의료 전문가는 대다수 사람들이 특히 장기간의 진동에 노출되는 것에 반대하는 의견을 내었다. 하지만 지금 연구자들은 어떤 특정 그룹의 환자들에게는 진동이 파골세포와 조골세포가 협력해서 뼈를 부수고 보수하는 과정을 촉진시킬 수 있을지 모른다는 가능성을 예측하고 있다. 즉, 오래전에 기이하다는 이유로 거부된 치료 방식이 오늘날 골형성 부전증을 가진 환자들에게 사용될 수 있는지 연구되고 있다는 것이다. 또한 이런 연구는 파동요법이 더 강한 뼈를 만들 수 있는 유전자 발현을 촉진함으로써 골다공증osteoporosis(수백만 사람들에게 영향을 끼칠)에 사용될 가능성에 대한 새로운 시각을 가져왔다.

심지어는 완벽한 유전적 유산을 가진 사람들이라고 해도, 오랜 미사용, 노화, 건강치 못한 식습관, 호르몬 변화 등의 원인으로 우리 안에 숨겨진 구조를 형성하는 정교한 균형에 큰 혼란을 초래할 수 있다. 우리가 점점 더 배우고 있는 사실은, 골격 시스템이 우리의 무분별한 생활 습관에 관해 관용을 베풀지는 않는다는 것이다.

우리가 발견해가고 있듯이, 관용이 없기는 유전 변이도 마찬가지다. 어린 알리 맥퀸을 예로 들어보겠다. 이 아이는 내피세포endothelial cells가 조골세포고치는 펠릭스와 같은 뼈 생성 세포로 바뀌는 희귀 유전병을 앓고 있다. 다른 말로 하자면 아이의 세포가 근육을 뼈로 바꾸는 것이다. 그리고 이는 상상하는 만큼 끔찍하다.

*골화성 이형성증*fibrodysplasia ossificans progressiva, FOP, 돌사람 증후군stone man Syndrome이라고도 불린다의 가장 유명한 사례는 해리 이스트랙이라는 필라델피아 사람의 경우다. 그의 몸은 다섯 살 때부터 굳어지기 시작해서 서른아홉 살의 나이로 사망했을 때 완전히 굳어버려 입술을 움직이는 것 외에는 아무것도 할 수 없었다. 오늘날 이스트랙의 뼈는 필라델피아 의과대학의 무터 박물관에서 볼 수 있다. 이곳에서는 아직도 골화성 이형성증의 미스터리를 밝혀내기 위한 연구가 계속되고 있다.

골화성 이형성증의 발생률은 200만 명 중에 한 명 꼴로 예측되고, 외상에 의해 더 나빠진다. 알리가 멍이 들거나 혹이 생길 때마다 그 아이의 몸에서 상처가 난 곳으로 조골세포를 보내 뼈를 만들게 한다는 뜻이다. 과다한 뼈 조직을 제거하려고 수술을 한다면 심지어는 더 많은 뼈 조직이 다시 자라나게 될 것을 의미한다.

최근 몇 년 사이에 *ACVR1*이라 불리는 유전자에 돌연변이들이 생겨 골화성 이형성증를 유발할 수 있다는[3] 사실이 발견되면서 이에 관한 연구에 박차가 가해졌다. 이중 몇 가지 돌연변이들은 *ACVR1* 유전자로부터 만들어지는 단백질이 필요 여부에 상관없이 항상 단백질이 생성되도록 스위치를 켜주는 역할을 한다. 이런 돌연변이는 뼈가 정상적으로 적재적소에서 자라지 않고 과도한 뼈 생성을 유도한다.

하지만 이 유전자의 발견은 아직 알리 같은 병을 가진 사람들을 치료하기에는 갈 길이 먼 시작에 불과하다. 조기 발견이 가장 중요하고, 부모나 돌보는 사람들에게는 환자의 외상을 최대한 피하라는 주의가 주어진다. 안타깝게도 의사들은 알리가 다섯 살이 될 때까지 무엇이 잘못되었는지 알아채지 못했다. 한창 자라는 어린아이들에게 멍이나 혹이 흔하다는 걸 생각해보면 이런 뒤늦은 진단이 알리의 장기적 건강에 얼마나 악영향을 미쳤는지 쉽게 짐작할 수 있다.

게다가 의사들이 무슨 병인지 알아내기 위해 알리에게 행했던, 득보다는 실만 많았던 의료 과정들은 말할 것도 없다.

ACVR1 유전자에 일어나는 변이는 대개 부모로부터 물려받는 것이 아니라 *신규 변이*de novo라 불린다. 이런 사실은 진단을 더 어렵고 늦어지게 할 뿐이다. 가족 중에 아무도 골화성 이형성증을 가진 사람이 없기 때문이다.

하지만 슬프게도, 굉장히 미묘해서 놓쳐버린(이해가 되기는 한다) 실마리가 있었는데 바로 알리의 커다란 엄지발가락이었다. 굉장히 짧고 다른 발가락들을 향해 휘어 있었다.[4] 이 특징이 알리의 다른 증상들과 함께 고려되었더라면 올바른 진단을 향해 가는데 도움이 되는 경고 사인이 될 수도 있었을 것이다.[5]

생각해보라. 놀랄 만큼 복잡한 유전병에 맞닥뜨렸을 때 그에 대한 가장 비침습적least invasive이면서 기술적으로 가장 정교한 접근(즉 알리의 엄지발가락을 오랫동안 뚫어져라 쳐다보는 것)이 그 질병을 진단하는 가장 좋은 방법일 수 있었다는 사실을 말이다.

우리가 세상에서 사라지고 난 먼 훗날에도 우리의 뼈는 남아서 유전자가 영향을 끼쳤던 우리 삶의 수많은 경험에 대해 단서를 제공할 수 있다. 해리 이스트랙의 잘 연구된 골격 구조는 명백한 실례를 보여준다. 무터 박물관을 방문하는 사람들은 그의 질병이 그의 골격을 마치 거미가 파리를 거미줄로 싸버리듯 융합시켜버렸음을 명확히 볼 수 있다. 하지만 훨씬 미묘한 다른 예들도 존재한다.

예를 들어, 프랑스에서 쳐들어온 함대들과 싸우다가 1545년 7월 19일에 침몰한 16세기 영국 헨리 8세 때의 해군 기함인 '메리로즈호'에서 승무원들의 뼈가 발견되었다고 치자. 이 뼈들은 과연 우리에게 무엇을 말해줄 수 있을까?

아직도 '메리로즈호'가 왜 침몰했는지에 대해서는 많은 추측성 설명들이 있지만 확실히 밝혀진 것은 없다. 영국 해협의 와이트섬Isle of Wight 바로 북쪽에 있는 솔렌트 해협 바닥에 가라앉아 버린 선원들의 신원에 대해서도 알려진 바가 별로 없다. 하지만 현대의 골학적 분석osteological analysis이라 부르는 과학적 과정을 이용하면 선원들의 뼈가 어떻게 사용되었는지 해독해볼 수 있다. 그리고 메리로즈호의 선원들은 커다란 힌트를 남겼다. 그들은 왼쪽 어깨뼈가 유난히 컸다.[6]

연구자들은 선원들이 체력을 요구하는 대부분의 일들에 양손을 거의 똑같이 사용했을 것이라고 믿는다. 단 하나의 과제를 제외하고는 말이다. 튜더 시대의 뱃사람들에게 긴 활쏘기는 필수였고 메리로즈호는 250개의 활을 싣고 있었다(그중 대부분은 적군의 함대에 불화살을 쏘는 데 쓰인 것으로 보인다).

현대의 탄소섬유로 된 경기용 활(올림픽에서 보았을 복잡한 기계식 활)과는 달리 16세기 영국의 활은 아주 무거웠다. 그리고 메리로즈호가 침몰한 후 수세기 동안 많은 것이 변했지만 하나는 변하지 않았다. 당신이 대부분의 사람들처럼 오른손잡이라면 활은 왼손으로 잡을 것이 거의 확실하다.[7]

물론 우리는 이미 한쪽 팔을 다른 팔보다 많이 사용하면 근육의 모양과 크기, 강도가 달라진다는 것을 알고 있다. 테니스를 치거나 아주 가까이서 지켜보면 선수들이 라켓을 쥐는 팔이 다른 쪽 팔보다 훨씬 발달된 근육을 가지고 있다(왼손잡이인 스페인의 라파엘 나달이 좋은 예다. 그의 우세한 팔은 거의 헐크의 팔처럼 보인다).

하지만 끊임없는 사용과 긴장 그리고 무게가 단지 근육만을 탄력 있게 만드는 것이 아니다. 이는 또한 조골세포와 파골세포들이 일을 시작하게 만들어 더 강한 뼈들을 만들게 도와주는 유전적 변화를 야기한다. 그래서 우리 뼈가 존재하는 한 계속될 우리 삶의 이야기를 엮어가게 되는 것이다.

사실 가단성 있는 골격들이 작동하는 예를 보기 위해서 몇 백 년이나 뒤돌아볼 필요도 없다. 당신이 건막류bunion, 무지외반증를 본 적이 있다면 이미 같은 현상의 결과를 목격한 것이다. 모든 사람들이 샌들을 신는 한여름에 뉴욕 지하철에 앉아 있으면 건막류를 관찰

할 좋은 기회를 얻을 수 있다. 당신 발에 건막류가 하나 있거나 전에 있었다 해도 뼈를 비난하지 말라. 뼈는 단지 꽉 조이는 신발들을 신는 삶에 어쩔 수 없이 반응한 것뿐이다. 물론 운이 없게도 유전적 성향이 준비를 다 해놓았다는 걸 빼면 말이다.[8] 그러니 건막류가 생겼다고 자책하지 말라. 대신 이는 당신 부모님과 유행하는 멋진 신발들을 동시에 탓할 수 있는 유일한 순간일지도 모른다.

우리가 보았듯이, 유전적 소인genetic predisposition에 관계없이 우리 모두는 가단성 있는 골격을 허용하는 유전자를 물려받았다. 우리의 행동 양식이 뼈의 변화를 야기하는 다른 예는 우리 아이들에게서 볼 수 있다. 벌써 수년 동안 우리는 무거운 배낭을 메고 다니는 초등학교 아이들 등뼈의 곡선이 휘어가며 변하는 것을 보아왔다.[9]

이 문제에 대한 의식이 증가하면서 많은 부모들은 공항에서 흔히 볼 수 있는 여행 가방과 비슷하게 바퀴가 달린 가방을 사주었다.

많은 아이들이 바퀴 달린 가방을 끌고 학교에 가는 것을 싫어했다. 중학생인 내 친구의 아들 녀석은 "바보같아 보여요"라며 질색했다. 따라서 이 문제에 대한 한 회사의 창의적인 대응(트랜스포머 스타일로 바퀴가 접히는 스쿠터 형식의 가방)은 노다지가 되어 막대한 수입을 올렸다. 온라인에서 이 제품을 시판한 지 2년 후 그라이드 기어Glyde Gear라는 이 회사는 주문이 넘쳐 한 달 반 이상을 기다려야 물건을 받을 수 있었고 일시적으로 새 주문을 받을 수 없는 지경까지 이르렀다.

하지만 좋은 의도라고 해서 늘 대가없이 지나가지는 않는다. 전통적 가방은 아이들 자세에 안 좋다. 바퀴 달린 가방은 발이 걸려 넘어지기 쉽고 학교에서는 유지 보수에 골치다(학교 바닥과 벽에 흠집내기 쉽기 때문이다).

안됐지만 이런 경우가 의학에서도 나타난다. 다음에서 보게 되듯, 오래된 문제에 대한 새 해결책은 또 다른 새로운 문제를 일으켜 더 새로운 해결책이 필요하게 만든다. 그리고 때로는 우리의 뼈가 발달 초기에 그렇듯이 융통성이 지나치면 영구적인 기형을 일으킬 수 있다.

이와 같은 예가 2000년 중반 국립 아동 건강 및 발달 보건소ational Institute of Child Health and Human Development의 올바로 누워 자기 운동back to sleep campaign에서 일어났다. 성공적인 운동의 전파로 아이들을 등이 바닥에 닿게 눕혀 재우는 부모의 비율이 몇 년 전 10퍼센트에서 70퍼센트로 치솟았다.

이 캠페인은 천 명 당 한 명 꼴로 아이들 목숨을 앗아간 유아 돌연사sudden infant death syndrome, SIDS를 줄일 방법을 찾던 미국 소아과 의사 협회American Academy of Pediatrics에서 아이들을 엎드려 재우는 습관을 바꾸자고 권고함에 따라 일어났다.

캠페인이 시작된 지 10년이 넘는 기간 동안 유아 돌연사 비율은 약 반으로 줄었다. 이런 성공은 다른 몇몇 의학적 혁신들과 마찬가지로 예상치 못했던 부작용을 수반했다. 이 경우는 다행히 많이 해롭지는 않은 것이었다. 등과 머리의 뼈 판들이 아직 형성되고 결합되는 동안 등으로 누워 잤던 아이들은 머리 모양이 약간 변하는 경향이 있었다. 예외라 하기에는 이런 머리 모양을 가진 아이들이 너

무 많았다. 등으로 누워 자는 것이 정석이 된 기간 동안 이런 사례가 다섯 배나 늘었다.[10]

전문적인 용어로 이 무해한 현상을 자세에 의한 사두증positional plagiocephaly이라고 하며 의학적으로는 별로 대수롭게 여기지 않는다. 하지만 우리 사회가 점점 더 신체의 완전함에 강박증을 보임에 따라 많은 부모들은 보정의(뼈와 근육의 기능이나 구조적 특징을 변화시키도록 디자인된 외적 보조장치에 관한 전문가)를 찾게 되었다. 보정의들은 두개골 리모델링 헬멧이라 불리는 것을 써서 아이 머리 모양을 고쳐줄 수 있다. 사두증은 우리 몸이 발달적 진공 상태에서 기능하는 것이 아니라 삶의 상황에 반응해서 어떤 식으로 영구적 변화를 유도할 수 있는지 보여주는 예다.

처음 내가 그런 헬멧을 맞닥뜨린 건 한 10년 전, 뉴욕 맨해튼의 센트럴 파크를 걷고 있을 때였다. 당시 나는 그것이 무엇인지 정확히 몰랐고 단지 아이의 안전에 집착한 부모들이 유모차를 태울 때 헬멧을 씌우는 새로운 유행 정도로 추측했다.

나중에야 그 헬멧이 무엇을 위한 것인지 알게 되었다. 헬멧의 목적은 편편해진 부분에 압력을 제거하여 두개골이 그쪽으로 자라도록 해줌으로써 아이의 두개골 모양을 바꾸는 것이었다. 이런 장치는 4개월에서 8개월 사이의 아이에게 효과가 좋았다. 하루에 23시간 동안 쓰고 있어야 하며 2주마다 교정을 받아야 한다. 최대 2천 달러까지 들 수 있으며 대개 그 비용은 보험으로 충당되지 않는다.

하지만 아이들 머리는 정말 꽤 가단성이 좋기 때문에 연구에 의하면 이런 장치 없이도 스트레칭 운동과 특수 베개만 사용해도 아

이의 머리 모양이 나아지는 것을 볼 수 있었다.[11]

하지만 길게 보면 중요한 건 모양이 아니라 강도다. 종으로 보면 우리 인간은 참 어설프다. 우리 뇌의 중요성과 그 상대적 연약함을 생각해보면 두개골이 그 구조적 온전성을 유지하는 일은 꼭 필요하다.

하지만 강도가 꼭 재료의 단단함의 문제는 아니다. 우리의 뼈와 유전체를 생각하면, 진정한 강도는 유연성에 있다. 이것이 내가 미켈란젤로의 '다비드'에 대해 이야기하려는 이유다.

그건 마치 에드워드 버틴스키의 사진 속으로 걸어 들어가는 것과 같았다. 산업 풍경 사진으로 칭송받는 이 사진작가는 이탈리아 카라라의 대리석 채석장에서 사진을 찍는 데 많은 시간을 보냈다. 이곳은 전 세계의 건축가와 조각가들이 사용하는 아름답고 풍부한 하얗고 파란 대리석들이 모이는 곳이다.

몇 년 전, 이탈리아 알프스를 여행하던 중 그런 채석장 중 한 곳에 들렀을 때, 나는 채석 작업의 엄청난 스케일에 놀라움을 금치 못했다. 거대한 트랙터는 좁은 산길을 마구 돌아다니며 미니벤 크기나 되는 대리석 덩어리들을 지구 깊은 곳에서부터 근처 토스카나로 옮기려고 준비 작업을 하고 있었다. 토스카나에서부터는 기차, 배 그리고 트럭 등으로 전 세계 어느 곳으로든지 가게 된다.

대리석은 조개껍질들이 몇 백만 년 전 깊은 바다 속에 가라앉아 형성된 침전 탄산염암이 변형되어 생긴 것이다. 이런 침전물은 결국 석회암이 되었다가 백만 년 또 백만 년의 열기와 압력에 의한 구조지질학적 과정을 거친 후에 마침내 카라라에서와 같은 작업으로 채굴될 수 있는 것이다.

카라라의 대리석은 상대적으로 부드러운 암석이다. 끌로 새기기 쉬워서 조각가와 예술가들이 많이 찾는다. 이 대리석은 동시에 아주 강하기도 해서 미켈란젤로의 다비드상과 같은 조형물이 500년 이상 그대로 보존될 수 있었다.

정확하게는 '대부분 그대로'라고 해야겠다. 나중에 밝혀지지만 다비드 조각상의 발목이 좋지 않아서 시간이 지남에 따라 플로렌스 아카데미아 갤러리를 방문하는 수많은 관광객들의 종종거리는 발걸음들에 의해 안전을 위협당했기 때문이다. 어떻게 보면 다비드의 강점이 바로 약점이 되었다. 대리석의 단단함이 다비드를 금 가기 쉽게 한 것이다.

이와 똑같은 일이 우리에게도 일어났을 것이다. 만약 우리의 골격과 거기에 구조를 주는 콜라겐과 같은 물질들을 만들어내는 유전자에 재생력이 없었다면 말이다.

사람들에게서 콜라겐 생성은 DNA에 의존해서 일어나며 우리 삶에서 생기는 요구에 반응해서 생성이 일어난다. 미켈란젤로의 다비드와는 달리 우리 발목은 삐끗한 후에도 나을 수 있는데 이는 유전 발현을 통해서 콜라겐이 증가하는 덕택이다.

사람에게 콜라겐은 24종류가 있고 건강한 뼈에 필수적일 뿐만 아니라 연골, 머리카락 그리고 치아 등 많은 곳에서 발견된다. 다섯 가지 주요 타입 중에 가장 풍부한 타입 1은 몸에 있는 콜라겐 중 90퍼센트 이상을 차지한다. 이 콜라겐은 또한 동맥의 혈관벽에도 존재해서 심장이 수축해 심실 안의 모든 피를 뿜어낼 때 혈관이 터지지 않게 탄력성을 준다.

우리 몸 중 콜라겐이 실패해 탄력성을 잃게 되는 부위를 한 군데만 대라면 그건 바로 콜라겐이 피부에 구조를 제공하는 우리의 얼굴이다. 그래서 콜라겐이라는 말을 들으면 많은 사람들이 젊어 보이려고 얼굴에 주사하는 물질을 떠올릴지 모른다.

그리고 이건 꽤 괜찮은 시작이다. 콜라겐이 구조적으로 지지하는 단백질로 역할을 한다는 사실을 이해하기 쉽게 해주기 때문이다. 어찌 됐든 콜라겐이 모양을 유지해줄 수 없다면 아무도 팽팽한 얼굴이나 풍부한 입술을 만들기 위해 콜라겐을 사용하지 않을 것 아닌가.

콜라겐이라는 말은 고대 그리스어의 풀을 의미하는 'Kolla'에서 비롯되었다. 풀이 현대에 와서 공업적으로 생산되기 전에는 사람들이 자신들만의 방법에 의지해서 물건들을 붙여야 했다. 그리고 'Kolla'는 콜라겐이 풍부한 동물 힘줄과 가죽을 끓여서 만들어 붙이는 과정에서 힘의 원천으로 썼던 것을 지칭했다(영어 표현 중에 '말을 풀공장으로 보낸다'라는 표현은 이 때문에 나온 것이다).

장선catgut은 클래식 음악에 사용되는 현을 만들 때 사용되는데, 염소나 양 그리고 다른 가축의 내장벽에서 나오는 콜라겐으로 만들어진다. 이는 또한 수년 동안 테니스 라켓을 만드는 데도 사용되었다. 단지 라켓 하나의 줄을 만들기 위해 세 마리의 소가 필요했다. 동물 내장 막이 장선에 쓰인 것은 막의 콜라겐으로부터 나오는 장력tensile strength, 인장 강도 때문이었다. 장력은 물질이 손상되기 전에 얼마나 늘어날 수 있는지 측정할 수 있는 힘이다. 부서지기 쉬운 물질의 반대라고 생각하면 된다.

콜라겐은 또 어떤 음식들을 씹는 걸 아주 재미있게 만든다. 당신이 소시지를 좋아하거나 여름에 바비큐를 할 때나 테일게잇 파티스테이션 왜건 같은 차의 뒷판을 펼쳐 음식을 차리는 간단한 야외 파티 – 옮긴이에서 핫도그 굽는 걸 좋아한다면, 프랑크 소시지를 만들 때 사용되는 여러 부분과 조각들이 콜라겐의 강력한 힘에 의해 합쳐진다는 사실을 알아두어라. 또한 젤로나 마시멜로 그리고 젤리사탕 등은 콜라겐에서 나온 젤라틴으로부터 그 질감을 얻는다는 것을 말해줄 수 있을 것이다. 통틀어서 세계적으로 매년 8억 파운드 이상의 젤라틴이 생산되어서 팝타르트로부터 비타민 캡슐, 심지어는 사과주스에 이르는 여러 가지 다른 경로로 우리 집과 입속으로 들어가게 된다.

테니스 라켓으로 공을 치는 것에서부터 사랑하는 사람의 뺨을 꼬집는 것, 여기저기 튕기는 것 그리고 거미베어의 즐거움, 즉 '금방 다시 제 모양으로 돌아오는' 느낌은 모두 콜라겐 덕분이다. 어떻게 유연성이 강도와 같아지는지에 대한 예는 2미터 길이의 아라파이마피라루쿠라는 담수어에서 찾아볼 수 있다. 이 물고기는 피라냐가 많은 물속에서 공포 없이 살 수 있는 몇 안 되는 동물 중 하나다. 콜라겐으로 된 비늘을 만들 수 있는 유전자를 가진 덕분에 날카로운 것에 찔려도 들어가기만 하고 부러지지 않는다. 캘리포니아 대학 샌디에고University of California at San Diego의 연구자들은 이것이 아라파이마(1억3천만 년 전부터 그다지 진화하지 않았다)[12]가 갑옷에 쓰이는 유연성 있는 도자기를 만드는 데 좋은 모델이 된 이유라고 생각했다. 이것은 자연적으로 존재하는 방법이 우리 현대 삶에 관련된 문제를 해결하도록 도와준 많은 경우들 중 단지 하나의 예일 뿐이다.[13]

이 모든 것이 어떻게 유전학과 관련되어 있는가? 우리 유전체에 유전적인 유연성이 없다면 우리 뼈는 우리가 살아가는 거칠고 변화무쌍한 삶에 맞지 않게 될 것이다. 그레이스, 알리, 해리의 경우에서 보았듯이 모든 것을 엉망진창으로 만드는 데는 그다지 많은 것이 필요한 게 아니다.

사실, 단 하나의 글자 변화면 된다.

사람의 유전자 코드는 수십억 개의 뉴클레오티드(아데노신, 티아민, 사이토신, 구아닌 네 가지가 있으며 글자 A, T, C, G로 줄여서 쓴다)가 특정한 순서로 정렬되어 만들어진다.

예를 들자면 우리 몸에서 정상적으로 콜라겐을 만드는 코드가 있는 부분, 즉 *COL1A1*으로 알려진 유전자 코드는 보통 다음과 같다.[14]

GAATCC – CCT – GGT

하지만 단 한 글자의 무작위적 돌연변이는 이를 다음과 같이 만들어버릴 수 있다.

GAATCC – CCT – **T**GT

단지 이것이 몸에서 콜라겐을 만드는 방법이 바뀌는 데 필요한 전부다. 코드에서 한 글자만 달라지면 강하고 유연한 골격 대신에 대리석처럼 뻣뻣한 뼈, 또는 석회암처럼 부서지는 뼈를 갖게 된다.

어떻게 한 글자의 변화가 그렇게 엄청난 차이를 가져오는 걸까?•
글쎄. 잠시 베토벤의 유명한 피아노곡 '엘리제를 위하여'를 듣는다고 상상해보자. 곡은 평이하게 시작한다. 하지만 피아노 연주자가 열 번째 음에 들어갔을 때 잘못 연주했다. 단지 아주 조금만. 그렇다면 당신은 알아챌 수 있을까? 곡은 여느 때와 같이 들릴까? 그리고 당신이 클래식 공연 프로듀서이고 후배들을 위해 음악을 녹음하고 있다면 그 실수를 단순히 무시하겠는가?

베토벤은 탁월했다. 그의 작곡은 믿을 수 없을 만큼 정교했다. 하지만 당신의 유전자 코드에 비하면 베토벤의 가장 뛰어난 걸작도 단지 '메리의 작은 양(어린이 동요)' 수준밖에 되지 않는다.

우리의 유전자 코드는 10억에 또 10억 단계가 있는 여행과도 같다. 만약 첫 번째 단계가 아주 조금이라도 삐뚜름하면 나머지 여행도 그렇게 되고 마는 것이다.

정말 말 그대로, 우리 모두는 삶을 통째로 바꿀 수 있는 단지 한 글자 밖에 떨어져 있지 않다. 하지만 그렇다고 해서, 그레이스의 예에서 보았듯, 우리가 완전히 무력하다는 것을 의미하지는 않는다. 곧 더 자세히 보게 되겠지만 소파에서 일어나는 것은 단순히 몸을 움직이는 것 이상의 일을 한다.

사용하지 않는 것들은 잃어버린다. 그것도 꽤 빨리.

• 115쪽 주어진 예에서 뉴클레오티드 하나의 변화가 치명적인 것으로 밝혀졌다. 뼈 생성이 불완전하여 살아남을 수 없는 돌연변이다.

가장 효율적인 사업이 공업적 생산을 시기적으로 수요에 딱 맞아떨어지게 하는 실시간 전략들을 펴는 것처럼, 종으로서의 인간은 필요하지 않을 때는 저장량을 낮추어 삶의 비용을 절약하고 필요할 때는 과량 생산하도록 유전적으로 진화해왔다.

이는 나이가 지긋한 비만인 사람들에게 마른 사람들보다 일상적 골절이 덜 일어나는 이유가 될 수 있다. 그들은 무게추를 가지고 다니던 고대의 궁수들을 닮았다. 몸무게로 인해 그들 골격에 더해진 닳음과 해어짐이 조골세포와 파골세포가 부수고, 고치는 공격적인 사이클을 반복하게 해서 더 강한 뼈를 갖게 된 것이다.

대조적 예를 들자면, 수영 선수들은 중력이 작은 곳에서 운동을 함으로써 무게를 감당하는 훈련[15]을 요하는 다른 운동선수들에 비해 대퇴경부 뼈의 무기물 밀도가 낮다. 이는 수영 선수들이(아주 좋은 심혈관 운동으로부터의 혜택을 받기는 하지만) 물 밖에서 훈련해야 하는 육상이나 역도 선수들처럼 뼈에 자극을 받지 않기 때문인 것으로 보인다.

이와 비슷한 예는 우주 여행자들이 긴 여정을 마치고 국제 우주 정거장에서 돌아왔을 때 볼 수 있다. 미국 우주인인 돈 페티트와 러시아의 올레그 코노넨코 그리고 네덜란드의 안드레 카이퍼스를 태운 소유즈호가 6개월간의 체류를 마치고 2012년 7월 카자흐스탄 남부에 도착했을 때 이 세 사람은 임무를 성공적으로 마친 데 대한 기자회견 사진을 위해 누군가가 특수의자에 살며시 들어 앉혀주어야 했다.[16] 무중력의 공간에서 헤엄쳐 다닌 193일 동안 그들 몸에서 뼈의 견고함이 줄어들었기 때문이었다.

이런 식으로 보면 우주 비행사들은 나이 지긋한 골다공증인 여자들과 비슷하다. 그리고 그 의학적 치료도 상당히 비슷한 것으로 밝혀졌다. 졸레드로네이트나 알렌드로네이트(파골세포가 뼈를 부수는 대신 결과적으로 자살하도록 만드는 약품들)와 같은 비스포스포네이트가 골다공증 노인들을 위한 치료제의 주요성분이다. 그리고 최근에는 같은 약품들이 우주 비행사들과 골형성 부전증 환자들에게도 뼈를 좀 더 나은 형태로 유지하도록 도와준다는 사실이 밝혀졌다.[17] 사설 회사들이 처음으로 사람을 화성으로 보내려(최소 17개월은 무중력 환경에서 있어야 할 것이 거의 확실한 여행이다) 자원자를 찾고 있다는 뉴스가 보도되는 현 시점에 이런 약품은 없어서는 안 될 것이다.

하지만 우주선에 승선을 자원하기 전에 알아둬야 할 작은 경고가 있다. 비스포스포네이트를 복용하는 사람들은 노인들에게서 일어나는 것과 같은 골절이 덜 일어나기는 하지만 대퇴경부에서는 오히려 골격의 축을 따라 골절이 더 잘 일어난다.

왜 그럴까? 약이 너무 잘 듣기 때문이다. 뼈의 생성과 파괴, 순환과 재생이 정지되면 '얼어 있는 뼈'라고 불리는 상태가 되어 마치 다비드상의 발목처럼 특정 유형의 골절이 더 쉽게 일어나게 되는 것이다.

나는 항상 우리 유전자 코드와 그 발현의 아주 미세한 변화로부터 오는 다양한 결과들의 놀라운 범위에 대해 압도당하곤 했다. 지금까지 우리가 보아온 것처럼 수십 억 개 글자 중 단 하나의 글자 변화만으로 작은 압력에도 부러지는 뼈를 가질 수 있다. 유전자 중 어떤 하나에 작은 자리바꿈이라도 일어나면 우리 삶은 완전히 바뀔 수도 있다.

그리고 당신이 잘못된 유전자를 물려받았거나, 침대에 오랫동안 누워 있거나, 운동을 게을리하거나, 제대로 먹지 않거나, 중력을 받지 않거나, 아니면 단순히 늙어가기만 해도 모두 결과적으로는 비슷하게 뼈에 나쁜 영향을 미친다. 하지만 많은 의약품들, 무거운 것을 드는 운동, 그리고 심지어는 파동요법을 포함한 선택할 수 있는 것들의 리스트가 늘어나면서 우리는 더 이상 무기력하기만 한 뼈의 관리인은 아니다. 위험 요소가 유전자이든, 생활 습관이든 아니면 그 둘 다이든지 간에 우리 자신을 뼈의 골절로부터 예방하고, 치료할 수 있는 방법들이 있다. 어떻게 뼈를 잃는지에 대한 기본 생물학을 이해하는 것도 우리가 뼈를 지켜내는 방법을 결정하는 데 중요한 역할을 한다. 이런 지식들이 우리를 강한 골격을 만들 수 있는 활동과 생활 습관을 추구하는 쪽으로 유도해서 우리가 스스로 삶의 선택을 하는 데 쓰일 수 있는 것이다.

그렇게 하기 위해서는 어떻게 뼈가 작동하는지에 대한 유전적 기반을 모두 살펴볼 필요가 있다. 그레이스나 DNA가 부서지기 쉬운 뼈를 만드는 다른 사람들을 연구함으로써, 골다공증처럼 아주 흔한 병에 대해 훨씬 빠르게 새로운 치료법을 발견할 수 있을 것이다.

유전학에서는, 드문 것은 흔한 것들을 가르친다.

그리고 그렇게 함으로써 그레이스와 같은 수백만의 이름 없는 영웅들은 온 인류에게 놀랄 만큼 소중한 유전적 선물을 선사하고 있다.

Chapter 5

유전자 잘 먹이기:

우리 조상, 채식주의자,
마이크로바이옴으로부터 배우는 영양의 모든 것

병원에서 아주 늦게까지 긴 근무를 하는 날이면 나는 때때로 옷도 갈아입지 못하고 잠들어버리곤 한다. 그냥 그렇게 된다. 단순히 집에 도착하고 계단을 올라가고 침대에 쓰러지는 것만으로도 모든 에너지가 소진되어, 그 순간에 잠옷이라는 건 정말 불가능한 사치로만 느껴진다.

그날도 나는 자정이 지나서야 침대 위에 쓰러졌다. 그리고 맹세컨대, 단 몇 분도 지나지 않아 무선 호출기가 울리기 시작했다.

얼굴을 베개에 파묻은 채로 그 까맣고 작은 물건을 욕하며 손을 뻗었다. 무선 호출기가 손에 금방 닿지 않아 몸서리를 치며 눈을 떴다. 그때 내 방 알람시계의 눈부신 파란색 분침은 3시 36분에서 3시 37분을 가리키고 있었다.

세 시간 반. 밤의 절반은 잤으니 얼마나 정신을 차릴 수 있는지는 이미 속으로 계산하며 중얼거렸다. '그다지 나쁘진 않군'

번호를 알아볼 만큼 잠을 깨기에 더 많은 시간이 필요하지는 않았다. 175075는 응급실이고 177368은 입원 병동이다. 그리고 지금 걸려온 0000은 외부 사람이 나와 통화하려고 기다리고 있다는 뜻이다. 이런 무선 호출기 콜에서의 모험은 결코 무슨 일이 기다리고 있는지 알 수 없다는 것이다. 때로 그건 아이가 희귀 유전병을 앓고 있다는 걸 이미 알고 있는 부모가 새로운 증상이 나타난 걸 보고 걱정해야 할 일인지에 대해 물어보려는 것이기도 했다. 또는 방금 환자를 본 다른 병원의 의사가 어떻게 치료해야 할지 난감해하면서 조언을 구하는 콜이기도 했다. 때로는 의사들이 절대로 받고 싶지 않은, 환자가 방금 급격히 악화되었다는 콜이기도 했다.

나는 전화기를 집어 곤히 잠든 아내를 깨우지 않고 침대에서 빠져나오려 했다. 까치발로 침실에서 나와 가만히 문을 닫고 문틈으로 들여다보았다. 중얼거림이 없었다. 몸부림도. 아내는 아직 잠들어 있었다.

성공! 나는 밤의 닌자다!

그러고는 무선 호출기의 재다이얼 버튼을 눌렀다. 무서운 숫자 0000이 작은 올빼미 눈처럼 나를 노려보고 있었다. 밝게 빛나는 파란 번호들이 어두운 복도를 밝혔다. 번호를 누르고 기다렸다.

“여기는 병원입….”

“닥터 모알렘입니다. 용건은….”

“응답 전화 주셔서 감사합니다. 연결합니다.”

작게 삐 소리가 난 후 말이 쏟아졌다.

“닥터 모알렘이세요? 죄송합니다. 너무 늦게 연락드려서… 아니 너무 일찍인가요? 귀찮게 해드려서 죄송합니다. 그게, 딸아이 신디 때문에요. 몇 시간 전부터 열이 나는데요. 애가 오늘 거의 먹지를 않아서 너무 걱정이 되서요.”

어떤 사람들은 단순히 걱정이 너무 지나친 부모 같다고 생각할 것이다. 하지만 나는 분명 뭔가가 더 있어서 병원에서 내게 연결해 주었을 거라는 걸 알고 있었다. 그녀는 잠시 멈추었다. 나는 끼어드는 대신 침묵이 흐르도록 내버려두었다.

"참, 이 말을 했어야 했는데"라고 그녀가 말을 이었다. "딸아이가 OTC를 앓고 있어요."

그거였다. 오르니틴 트랜스 카르바밀라제 결핍증Ornithine Transcarbamylase deficiency, 즉 OTC는 약 8만 명 중 한 명꼴로 나타나는 희귀 유전병이다. 정상적이라면 암모니아•는 요소로 바뀌어 소변으로 바로 배출되는데 이 바뀌는 과정에 문제가 생기는 경우다.

요소 사이클이라 불리는 이 과정은 대부분 간에서 일어나고 나머지는 신장에서 일어난다. 우리의 전반적인 건강에 대한 척도로 볼 수 있는 이 사이클이 정상적으로 움직인다면 단백질 대사도 정상적으로 일어난다. 하지만 정상적으로 작동하지 않는다면 우리 몸은 암모니아로 꽉 차게 된다. 그리고 짐작하겠지만, 이는 정말 지저분하다.

독성 쓰레기를 뿜는 공장과 마찬가지로, 대사적 필요가 크면 클수록 만들어지는 암모니아 수치도 점점 높아진다. 이 현상은 우리가 열이 날 때 정상적으로 일어나는 반응이다. 체온이 섭씨 1도 정도씩 오를 때마다 우리 몸은 정상보다 20퍼센트 정도의 칼로리를 더 소모한다. 보통 사람들은 그 정도 필요는 잠깐 감당할 수 있다.

• 몸에서 단백질을 분해할 때 대사 과정에서 정상적으로 나오는 부산물

사실 대부분 사람들에게 약간의 열은 유익하다. 병을 일으키는 미생물들이 살기 조금 힘들 정도로 약간 몸의 온도를 올려, 병균들의 번식을 늦추고 몸이 반격할 수 있는 기회를 주기 때문이다.

하지만 신디처럼 몸의 대사 균형이 위태로운 사람들은 아주 약간의 미열도 모든 것을 빠르게 악화시킬 수 있다. 특히 신경계는 암모니아 수치의 증가와 에너지 생성을 위한 포도당 수치 감소에 아주 민감하다. 이 수치를 체크하지 않으면 이런 대사 환경은 간질과 기관부전을 일으키고 혼수상태까지 초래할 수 있다.

다시 말하면, 신디의 엄마는 딸의 증세를 걱정할 만했다. 그리고 충분히 내가 침대에서 일어나야만 할 일이었다.

나는 랩탑 컴퓨터를 집어 암호를 입력해 병원시스템에 원격 로그인을 했다. 최근 몇 년 동안 여러 번의 입원 기록으로 볼 때 신디는 응급실로 바로 와야 했다.

다행히 신디의 가족은 병원 가까이에 살았다.

나도 가까웠다. 나는 작은 배낭에 몇 가지 물건을 챙기면서 옷을 갈아입기 위해 침실로 가지 않아도 되는 걸 운 좋게 여겼다. 실은 나는 닌자가 아니었다. 어둠 속에서 아주 서툴렀고, 또 시끄러웠다. 그 첫새벽에, 최소한 아내라도 방해받지 않고 따뜻하고 포근하게 잘 수 있으니 다행이었다.

주방에서 바나나를 집어들고 문을 나섰다. 아직 새벽 4시였지만 정신은 완전 말짱히 깨어 있었다.

차 안에서 바나나를 먹으면서, 먹는 것 가지고 조바심 내며 조심하지 않아도 되는 것이 얼마나 큰 행운인지를 생각했다. 대부분의 사람들처럼 나도 설탕과 지방을 적게 섭취하려고 노력한다. 그리고 미각적으로나 수학적으로 가능하다면, 미국 영양국에서 권장하는 21가지 비타민과 무기질 100퍼센트 모두를 하루 세끼 식사에 균형 있게 먹으려고 노력한다. 한번 해보라. 생각보다 하기 어려운 일이다.

하지만 진실은 그런 권장량에 의한 섭식 자체가 대다수 사람들에게 완벽하게 맞지 않다는 것이다. 사실 당신이 고려하는, 음식 포장지에 붙어 있는 권장 섭취량과 퍼센트는 개인적인 필요에 부합하기에는 정말(아마 복권에 당첨되는 것이 더 쉬울 정도로) 하늘에 별 따기다. 왜냐하면 그 숫자들은 미국에 사는 네 살 이상의 건강한 사람들 대다수에게 필요한 칼로리와 비타민, 필수 무기질들을 평균적으로 계산한 것이기 때문이다. (거기다 미국 영양국에서 말하는 '대다수'의 사람들이란 50퍼센트에서 한 사람만 더 있어도 해당이 된다. 즉 엄청나게 많은 소수의 사람들에게 이 지침은 전혀 쓸모가 없다.)

물론 모든 사람들의 필요는 실제로 제각각이다. 대다수의 네 살 남자아이(매일 비타민 A 275마이크로그램이면 충분하다)는 대다수의 서른두 살인 임신한 여성(최소 세 배 이상의 비타민 A가 필요하다)과 아주 다르다. 심지어 동성이고 같은 나이, 인종, 키, 몸무게, 그리고 전반적 건강까지 같은 두 사람이라 해도 칼슘이나 철분, 엽산, 여러 다른 영양소들은 꽤 다른 양이 필요할 가능성이 높다. 우리의 유전적 유산이 영양적 필요를 어떻게 좌우하는지에 대한 학문을 영양유전체학nutrigenomics이라고 한다.

1장에서 우리는 유전성 과당 불내증을 앓던 요리사 제프를 만났다. 물론 그건 상대적으로 드문 병이지만, 누구나 자신의 유전체 속의 유전자에 대해 아는 일은 어느 정도 이익을 얻을 수 있다. 유전자의 영향으로 어떤 특이한 섭생적 필요가 있는 수백만의 사람들에게 음식이 친구가 아니라는 느낌은 전혀 드물지 않다. 그 때문에 그런 비슷한 유전병을 가진 많은 사람들에게 식당 메뉴는 지뢰밭이고 마트 쇼핑 목록은 괴로운 시련이 된다.

이제 제프처럼 유전성 과당 불내증을 가진 사람들은 과일과 채소(그리고 많은 가공 식품에 더해지는 과당, 설탕, 솔비톨까지)를 피하는 개인 식단을 짜야 한다는 걸 기억해보자. 신디가 겪는 OTC의 식단은 그와 정반대다. OTC 증상이 심하지 않은 사람들은 대부분 모르고 지나갈 수도 있지만, 대부분은 고기를 먹으면 기분이 안 좋다는 말을 자주 해서 일생 동안 단백질이 과한 음식을 피한다. 유전학적으로 말해서, 그런 사람들은 단백질 섭취가 낮은 채식주의나 엄격 채식주의가 되면 몸을 다루기가 훨씬 쉬워진다.

우리의 식습관은, 무정부주의에서부터 전체주의까지 중 어디에도 머물 수 있는 우리의 정치적 신념과 유사하게, 그 범위가 매우 넓고 다양하다. 우리 대다수가 조금 반대하는 많은 정치적 사상들을 참고 넘어가는 것처럼, 우리 몸도 대부분의 음식을 위 속에 잘 받아들인다. 하지만 당신이 어떤 정치적 의견(예를 들어 보통 선거권 폐지와 같은)은 도저히 그냥 참고 받아들일 수 없는 것처럼, 당신의 유전적 구성에는 결코 맞지 않는 몇 가지 음식이 있을 수 있다.

대부분의 사람들은, 처음 어떻게 우리의 정치적 신념을 갖게 되었는지는 차치하고라도, 그 신념이 어떻게 내면화되었는지를 생각해보는 데 많은 시간을 할애하지 않는다. 마찬가지로, 당신 몸이 무조건 좋아하지 않는 음식이 있다면, 당신은 그 이유에 대해 모를 확률이 아주 크다.

하지만 그건 이제 바뀌기 시작했다. 최근 몇 년, 건강 문제가 먹는 음식의 종류와 관련이 있을지도 모른다고 생각한 사람들이 몇몇 특정 음식의 섭취를 줄이는 제거 식단을 이용해 도움을 받기 시작하면서부터다. 교육적인 비유를 하자면, 학생들을 여러 종류의 사회적, 정치적 역사와 평가에 노출시키는 정치 철학 과목의 도입과도 비슷하다고 할 수 있다.

여기에는 단 한 가지 문제점이 있다. 해결책이 그렇게 간단하지는 않다는 것이다.

당분간 우리 대다수는 의사들이 오랫동안 권해온 대로 먹어야 한다. 이건 많이 먹고 저건 먹지 말라, 이건 가끔 먹고 저건 거의 먹지 말라 등등. 많은 사람들에게 이것은 좋은 시작이다. 우리의 정치적 성향이 우리가 자란 지역적, 문화적 유산을 반영하는 것과 마찬가지로, 우리의 식습관은 우리의 유전적 유산을 반영한다.•

예를 들어 많은 아시아권 자손들에게 우유나 유제품은 단순히 기

• 당신의 최근 조상이 먹던 음식이 무엇인지 모른다고 해도, 현대에는 신체적 운동량이 상대적으로 낮은 것을 생각하면 그다지 칼로리가 높지는 않았을 것(예를 들어 애플파이 같은 것은 아니었을 거라는 것)을 고려해야 한다.

호에 맞지 않는 것 이상일 수 있다. 소화가 전혀 안 될 수 있다는 말이다. 당신의 조상들이 우유를 먹기 위해서 가축을 길렀다면• 그들의 유전자는 우유에 자연적으로 존재하는 유당의 분해에 필요한 효소를 잘 만들어내는 돌연변이를 유지했을 가능성이 크다. 하지만 역사적으로 우유를 생산하는 가축들이 흔하지 않은 다른 나라에서는 성인들의 유당 불내증이 훨씬 더 흔하다.

이런 사실에도 불구하고, 최근 몇 십 년 사이에 중국에서의 유제품 소비가 급격하게 증가했다. 당연히 중국인들은 단단한 치즈나 루빙(운남 지역에서 나는 염소젖으로 만든 치즈로 지중해 지역의 할루미와 비슷하다)과 같은 지역 특산품을 좋아했다. 이는 리코타와 같은 부드러운 치즈보다 딱딱한 치즈의 유당이 분해되기 쉽기 때문이다.[1]

어떻게 생각해보면 가까운 조상들이 먹던 대로 먹는 것은, 현재에 환자 건강의 위험 요소를 알아보는 데 가족 병력이 유용한 것과 관련이 있다. 누군가 인종적으로 다양한 유산을 물려받았고 이런 접근을 그 사람의 영양적 필요를 알아보는 데 사용한다면 유전학과 요리학의 꽤 흥미로운 융합을 볼 수 있다. 이는 때때로 사람들을 혼돈과 당황으로 이끄는데, 특히 요즘처럼 많은 사람들이 인종적으로 다양한 시대에는 더욱 그렇다. 예를 들어 많은 히스패닉 자손들은 유전적으로 다양하게 혼합되었을 가능성이 커서 유당 불내증일지 아닐지는 예측하기가 어렵다. 각 개인이 물려받은 다양한 유전자의 조합 중 하나에 의해서 좌우되기 때문이다.

• 서부 아프리카나 유럽 자손이라면 가능성이 높다.

하지만 인종적으로나 문화적으로 단일민족 혹은 다민족에서 기원했든 간에, 현대에 사는 우리는 대다수가 어느 정도 범세계적인 입맛을 가지고 있어서 실제로 한 개인에게 어떤 영양적 필요가 있더라도 추월당할 수가 있다. 선진국의 경우에는 한적한 마을에 있는 작은 식료품 가게라도 여러 종류의 고기, 과일, 곡류를 제공하는데, 이는 우리의 멀지 않은 조상 때였더라면 왕족이라 해도 꿈조차 꿀 수 없던 일이다.

나의 조언에 따라 최근 조상들로부터 영양적 지도를 받는다는 것은, 몸에 좋은 호두와 대추로 채워진 세몰리나 뇨키이탈리아 음식의 하나-옮긴이 한 그릇을 먹으면서 소화가 잘될 것을 미리 아는 것이다. 물론 당신의 미식 탐험에 대한 정의는 꽤 다를 수 있다. 그리고 당신이 최근에 식단을 바꾼 적이 없다면 바로 지금이 접시를 집어들고 당신 조상들의 식탁에 앉을 시기다. 단, 현대의 정적인 생활 패턴을 고려해서 조상들의 것보다는 훨씬 작은 접시를 써야 한다.

계속되는 영양 실험에도 불구하고, 우리는 음식에 대한 태도와 습관을 바꾸는 일이 결코 쉽지 않다는 사실과 끊임없이 싸워야 한다. 이러한 과정을 돕기 위해 알아두면 유용한 몇 가지 연구들이 있다. 이론적 교육과 경험적 '요리와 섭취' 과정들이 함께할 때 더욱 효과적이라는 것이다.[2]

물론, 또 다른 중요한 동기가 있다. 미국의 전직 대통령 빌 클린턴이 몇 년 전 음식을 바꿔야 했던 것과 같은 이유다. 장수하면서도 온전하고 건강한 삶을 살고 싶다는 일반적인 바람이 그것이다.

심장 병력이 있는 가족사를 가졌으며, 평생 무엇이든 당장 좋아

보이는 것만 먹어왔던 클린턴 미 전직 대통령은 두 번의 심장 수술을 겪고 난 2010년에 마침내 생활 패턴을 바꾸기로 결정했는데, 이는 엄격한 채식주의 식단도 포함해서였다.[3]

당신도 클린턴처럼 식습관을 근본적으로 완전히 바꿔야 하는 경우와 마주할 수 있다. 하지만 적절한 동기가 부여되더라도 영양이 풍부하고 건강한 음식에 대한 접근과 비용에 대한 문제는 식습관을 바꾸는 데 장애물이 될 수 있다. 그러나 이런 장애물들은 극복하려고 노력할 가치가 있다.

그럼 지금까지 우리가 무엇을 배웠는지 돌아보자. 좋은 음식을 찾아서 최근 우리 조상이 먹은 것처럼 먹어라(양은 좀 더 적게). 또한 활동적으로 살면서 자신의 몸이 말하는 것에 귀를 기울여 올바른 길로 가고 있다는 확실한 실마리를 찾아보아라.

삶이 그렇게 간단하다면 얼마나 좋을까? 하지만 이상적 해결책과는 요원하게도 조상들처럼 먹는 것이 모두에게 좋은 것은 아니다. 우리 모두가 유전적으로 독특하기 때문이다. 요리사 제프와 OTC를 가진 신디의 경우에서 보았듯이, 개인적으로 물려받은 것을 잘 점검하지 않으면 치명적일 수 있다. 우리 모두는 각자의 특정한 유전적 유산에 꼭 들어맞는 방식으로 먹어야 한다.

다음에서 금방 알게 되겠지만 이는 딱히 현대적인 문제는 아니다. 뱃사람이었던 우리의 조상들도 쉽게 알 만한 것이다.

영양적 설화로 자리잡아 전해오는 이야기를 들어보자. 영국 선원들이 항해하는 동안 신선한 과일과 채소가 부족해 얼마나 심한 잇

몸 출혈과 쉽게 멍드는 증상괴혈병으로 고통받았는지에 관한 이야기다. 전기냉장고가 발명되기 전인 당시에, 항해 중인 선원들이 먹을 수 있는 최선의 음식이라고는 소금에 절이고 말린 고기와 마른 빵 정도였다. 이는 한번 바다에 나가면 몇 달씩 있어야 했던 선원들에게 상당히 심각한 영양 결핍을 초래했다. 하지만 신기하게도 모든 선원들에게 다 똑같이 병이 나타난 건 아니었다.

오늘날 우리는 감귤류 과일에 비타민 C가 풍부해서 옛날 선원들이 겪었던 종류의 결핍이 일어나지 않도록 해준다는 것을 알고 있다. 하지만 옛날 선원들은 단순히 레몬과 라임이 치아를 보존하고 괴혈병의 다른 증상들을 저지해준다는 사실만 알고 있을 뿐이었다.

흥미롭게도 배에 같이 탔던 쥐들은 어찌된 일인지 병에 걸리지 않았다. 또한 그 쥐들을 퇴치하기 위해 종종 배에 같이 실렸던 고양이들도 병에 걸리지 않았다. 왜 쥐와 고양이들은 이빨을 잃지 않았을까?

땅 돼지에서 얼룩말에 이르기까지aardvarks to zebras: 각각 영어의 A와 Z로 시작하는 동물로 모든 동물들을 가리키기 위해 쓰였다 – 옮긴이 대부분 우리 포유류 사촌들은 몸속에 자연적으로 비타민 C를 생산하는 유전자가 작동하고 있다. 하지만 인간들은(그리고 하필 기니피그도 똑같이) 그 대사에 선천적 유전 결함, 즉 비타민 C를 만들지 못하는 돌연변이를 갖고 있다. 따라서 우리는 매일 필요한 비타민 C를 전적으로 식사에 의지하는 것이다.

어떤 그룹의 선원들은 감귤류 과일의 비밀을 수백 년 전에 알아냈지만 영국 해군성이 괴혈병과 싸우기 위해(스코틀랜드의 내과의인

길버트 브레인이라는 사람의 권고에 의해서였다) 선원들에게 레몬주스를 마시게 한 것은 18세기 말이나 되어서 일어났다. 그리고 레몬보다 라임이 더 풍부한 대영제국의 캐리비안 영토에서 돌아오는 길에는 배가 레몬의 초록색 분류학상 사촌들로 꽉 채워졌다. 이것이 영국 선원들이 라이미Limey로 알려지게 된 계기다.[4]

일단 이런 사실을 알고나서는, 건강하게 지내기 위해 매일 필요한 레몬이나 라임 오렌지의 최소량을 알고 싶은 것은 당연했다. (관료주의로 유명한 영국인들은 긴 바다 여행을 위해 얼마나 많은 과일을 배에 실어야 하는지 알아야 했다.) 이것이 현대 영양학의 근간으로, 오늘날까지도 건강을 위한 각 영양소의 섭취량을 맞춰줄 수 있을 것이라는 생각에 기초하고 있다. 따라서 '참조 일일 섭취량(예전에는 권장 일일 허용량이라 불렀다)'이라는 것이 건강하고 활동적인 삶을 살기 위해 매일 섭취해야 하는 양(그램, 밀리그램 그리고 마이크로그램 단위까지)을 결정하는 데 사용되었다. 대부분의 섭취량은 보통 사람이 결핍 증상을 피하기 위해 필요로 하는 양에서 결정되었지만, 사실 개개인이 각자 특이한 우리에게 다 이상적이지는 않다.

이것이 우리 모두가 같은 양의 비타민 C가 필요하지 않은 이유다. 우리가 개인적인 이상을 추구하려면 각자의 개별적인 유전자를 보는 수밖에 없다. 비타민 C를 몸에 받아들이도록 도와주는 유전자에 관한 연구에서 연구자들은 *SLC23A1*이라 불리는 트랜스포터 유전자에 일어난 유전적 변이가 비타민 C의 수치와 음식 섭취를 완전히 독립적으로 만든다는 것을 발견했다.[5]

따라서 같은 양의 비타민 C를 섭취해도 어떤 사람들은 항상 낮은 비타민 C 수치를 유지하게 된다. 얼마나 많은 감귤류 과일을 먹는지와 상관없이 말이다. 따라서 어떤 버전의 트랜스포터 유전자를 물려받았는지 알면 실제 몸속에 성공적으로 섭취되는 비타민 C의 양을 이해하는 데 큰 도움이 된다.

하지만 우리에게 직접적인 음식 섭취에 대한 조언만이 필요한 것은 아니다. 우리는 유전적 유산에 있어서 어떤 차이들, 예를 들어 비타민 C 대사에 관련한 또 다른 유전자 *SLC23A2*의 버전들이 자연적 미숙아 출산의 위험을 거의 세 배나 높일 수 있다는 사실들을 발견해가고 있다.[6] 이는 콜라겐 생성에 관련된 비타민 C의 역할 때문이라고 추정되는데, 콜라겐은 아이를 엄마 몸속에 유지하는 데 필요한 인장 강도를 제공한다.[7] 이런 사실들은 우리가 영양을 생각할 때 스스로의 유전적 유산을 진지하게 고려해야 한다는 것을 다시 한 번 강조한다.

영양에 대한 일반적인 충고가 각 개인에게는 맞지 않을 수 있다는 사실을 고려하면, 우리는 얼마나 많은 감귤류를 먹는 게 적당한지 고민하게 된다. 그리고 알맞은 식습관은 무엇일지, 또 어떠한 음식을 피해야 하는지. 이 모든 질문들에 대한 대답은 사람마다 각자 다를 것이다. 단지 물려받은 유전자 때문만이 아니다. 그보다 더 중요한 것은, 우리가 먹는 음식이 우리 유전자의 행동 방식을 완전히 바꾸기 때문이다.

올해도 수천만의 미국 사람들이 식습관을 바꾸려 시도할 것이다. 그리고 대부분이 실패할 것이다.

실패의 원인은 다양하겠지만, 부분적으로는 어떤 식습관이 유전적으로 그들에게 맞는지 모르기 때문이다. 비유하자면, 어떤 사람들은 마치 눈을 감고 비행하는 것과 같다. 그리고 많은 사람들이 목표와는 반대로 가게 되기도 한다.[8]

심지어는 적당하게 먹고 활기차게 운동하는 것이 최고의 약이라는 조언을 듣는 대다수 사람들에게도 문제는 있다. 그건 다이어트가 쉽지 않다는 것이다.

대부분의 인간 역사에 있어 음식은 풍부하지 않았다. 이런 양적 결핍과 함께 음식이 풍부한 시간이 제한되어 있었다는 사실 때문에, 인류는 과식을 선호하는 유전자를 물려받았다. 과거에는 과식을 해서 어쩌다 남는 칼로리가 있다면 우리 몸은 기꺼이 그것들을 지방으로 축적했다. 칼로리 저축예금 계좌처럼 사용하지 않은 칼로리를 지방으로 저장해두면 음식이 결핍된 시기에 유용하게 사용할 수 있었다. 그리고 다시 한 번 말하지만, 대부분의 인간 역사에서 음식은 풍족하기보다는 모자랐다.

오늘날 우리는 우리가 물려받은 것과 우리가 처한 현실의 확연한 불일치라는 복잡한 문제에 직면하고 있다. 무엇보다 현대의 정적인 생활 패턴을 감안하면 절대로 과거에 필요했던 양처럼 많은 칼로리가 필요하지 않다. 이와 함께 값싸게 섭취가 가능한 음식들이 넘친다는 점을 고려한다면, 왜 오늘날 비만율이 인간 역사 이래 볼 수 없었던 만큼 치솟는지 이해가 된다.

이는 우리가 먹어대는 양 때문만은 아니다. 곧 알게 되겠지만 우리가 하는 음식 선택이 우리의 유전적 유산에 적합하지 않기 때문이기도 하다.

영양유전체학이라 알려진 과학 덕택에 우리는 현대의 개인 메뉴에서 무엇을 빼야 할지 알아가기 시작했다. 예를 들어 이제는, 유당불내증인지 알아보기 위해 몸이 부어오르거나, 어떤 음식이 문제인지 음식 일지를 작성한다거나, 설사를 할 때까지 기다릴 필요가 없다. 그런 정보를 알려주는 유전자 검사가 벌써 상업화되어 이용 가능하다. 그리고 당신이 빨리 적응하는 사람에 속한다면, 유당 불내증에서 단순히 한 발 더 넘어, 당신의 진유전체exome: 유전체 중 단백질들을 코딩하는 부분-옮긴이 혹은 유전체 전체의 염기서열을 해독하도록 결정할 수도 있다.

그러고 나면 이 결과들은 21세기 유전학에 근거해, 섭생을 위한 조언으로 쓰일 수 있다. 예를 들어 당신은 이 정보를 곧 마실 카푸치노에서 카페인을 빼느냐 마느냐에 이용할 수 있다. 이 결정은 당신이 *CYP1A2* 유전자의 어떤 버전을 물려받았느냐에 따라 내려질 것이다. 이 유전자의 다른 버전들이 몸에서 카페인을 얼마나 빠르게 분해할 수 있는지를 결정하므로 어떤 버전을 가지고 있느냐에 따라 세상에서 가장 오래된 자극성 약물들 중 하나를 몸속에서 빠르게 혹은 느리게 대사할 수 있다.

CYP1A2 유전자의 특정 버전을 가진 사람에게 카페인이 함유된 커피는 단순히 밤에 잠을 못 자게 하는 것에 머무르지 않고, 훨씬 광범위하게 혈압에도 영향을 미친다. 카페인을 천천히 분해시키는 유전자의 복사본을 물려받았다면 건강에 위험한 혈압 급상승을 겪을 확률이 높아진다. 반대로 카페인을 빨리 분해시키는 같은 유전

자의 두 복사본들을 물려받았다면 혈압은 거의 카페인에 영향받지 않는다.[9]

이제 더 재미있어지려 한다. 지금까지 유전체와 영양에 관해 배운 모든 조각들을 맞추기 시작해보자. 지금 우리가 배우고 있는 것처럼, 우리 삶은 단지 한 유전자의 작용만이 존재하는 유전적, 환경적 진공상태에서 기능하지 않는다. 앞에서 우리는 어떻게 유전체가 우리가 행동하고 먹는 것에 따라 끊임없이 반응하는지에 대해 배웠다. JIT just in time 생산을 도입한 토요타나 애플처럼 우리 유전자는 끊임없이 켜지고 꺼지고 있다. 그리고 이는 유전 발현 과정(유전자가 유도되어 더 많거나 적게 생산하는)을 통해 일어난다.

우리 삶이 어떻게 유전자에 영향을 주는지에 관한 재미있는 예는 커피를 좋아하는 흡연자들에게서 볼 수 있다. 흡연자들이 어떻게 아무렇지도 않게 아주 많은 양의 커피를 마실 수 있는지에 대해 한 번쯤 의아해본 적이 있는가?

그 해답은 유전자 발현과 관련 있다.

사실 우리 몸은 바로 위에서 말한 *CYP1A2* 유전자를 많은 종류의 유해물질 분해에 사용하고 있다. 그 악명 높은 성분들을 생각해본다면 담배가 유전적으로 많은 액션을 요구하는 요란한 알람이라는 것은 전혀 놀라운 일이 아니다. 따라서 담배를 피우면 *CYP1A2* 유전자가 켜진다. 그리고 이 유전자가 많이 켜질수록 더 많은 커피 속의 카페인을 분해할 수 있게 된다. 오해는 하지 말라. 많은 커피를 마시고도 밤에 잠들 수 있도록 흡연을 권하는 건 아니다. 내가 말하고자 하는 요점은 단지 흡연을 하면 몸에서 카페인을 분해하는 방식이 바뀌어, 유전적으로 느린 대사자도 카페인을 빨리 대사할 수 있게 된다는 것이다.

어쨌든, 커피가 유전적 구성과 맞지 않는다면 녹차를 마시면 된다. 하지만 편안히 앉아 엽차나 맛차를 즐기기 전에 잠시 우리가 하는 모든 행동은 어떤 유형으로든 유전적인 결과가 뒤따른다는 사실을 다시 떠올려보자.

녹차의 경우, 특정 종류의 암을 예방할 수도 있다고 잘 알려져 있다. 최근에는 연구자들이 녹차 속에 들어 있는 강력한 화학 성분인 에피갈로카테킨갈레트epigallocatechin-3-gallate를 유방암 세포에 준 다음 두 가지 중요한 결과를 얻었다. 유방암 세포가 세포자멸apoptosis이라 불리는 과정을 통해 스스로 죽어 나갔으며, 죽지 않은 세포들도 느린 성장을 보였다. 이 결과는 불한당 같은 암세포들을 없애버리기 위한 새로운 치료법을 찾을 때 원하는 바로 그런 것이었다.

어떻게 암세포들을 구슬려 행동을 바꿀 수 있는지 세부 사항이 밝혀지자 에피갈로카테킨갈레트가 긍정적 방향의 후성유전학적 변화(DNA를 켜거나 끄는 변형으로 유전자 발현 조절을 도와주는)를 촉진한다는 것이 명확해졌다. 이는 어떤 세포들이 몸의 전반적 생물학적 선언에 반기를 들었을 때, 그를 바로잡으려는 노력에 있어 중요하고도 결정적인 역할을 한다. 몇몇의 어떤 세포들이 공모해서 제대로 기능하기를 거부하고 악의적으로 미쳐 날뛰게 되면 암에 걸리는 것이다.

우리 유전자와 우리가 먹고 마시고 피우는 것들의 상호작용에 대해 연구를 하면 할수록, 이런 작용들이 우리가 건강을 유지하는 데 얼마나 중요한지가 점점 더 명확해지고 있다.

또한, 같은 유전체를 물려받았으며 음식도 비슷하게 먹는 일란성 쌍둥이들을 연구함으로써 이제 우리는 우리의 영양유전체학적 퍼즐에 아주 중요한 잃어버린 조각들을 발견하고 있다.

이것이 내가 이제 당신의 마이크로바이옴microbiome, 장내 미생물 군집을 소개하려는 이유다.

인간의 내장은 경탄스러울 만큼 복잡한 미생물 은하계다.

이 거대하지만 작은 생태계의 두 주인공은 의간균류Bacteroidetes와 후벽균Firmicutes 문phylon, 門: 강(綱)의 위이고 계(界)의 아래인 생물 분류 단위 - 옮긴이이다.[10] 여기에 속하는 모든 종들을 총합하면, 아마 수백 종의 다른 미생물들이 될 것이다. 우리 각자의 미시적 야생동물군은 약간씩이라도 모두 다르다.

당신 입에서 항문에 이르는 약 9미터에 달하는 장기는 당신과 같이 살고 있는 미생물들에게 진정한 의미의 행성이다. 장기의 꼬임과 구부러짐을 롤러코스터에 비유하면 최고로 경험 많은 롤러코스터 마니아라도 고개를 숙일 만하다. 또한, 한 부분에서 다른 부분으로 바뀌는 환경 차이는 마치 깊은 바다 속에서부터 무성한 열대우림의 화산만큼이나 크다.

따라서 위장관계gastrointestinal system가 태아의 발생 과정에서 가장 복잡한 구조 중 하나라는 것은 전혀 놀랍지 않다. 이해를 돕기 위해 이 발생학적 태양의 서커스Cirque du Soleil, 1984년 창단된 세계 최고의 서커스 곡예단에 대해 좀 더 설명해보자면, 사실 장은 태아 밖으로 자라서 탯 줄이 있던 자리를 차지한다. 뱃속의 공간으로 안전하게 들어가기 위해 장은 꼬이고 구부러져서 마치 마술사의 버드나무 바구니 속으로 들어가는 뱀처럼 똬리를 틀게 된다. 장들이 몸 안으로 들어가다 막히면 배꼽탈장omphalocele, 제헤르니아이 일어난다. 장들이 뱃속으로 안전하게 들어갔지만 몸이 제대로 닫히는 것에 실패하면 태아복벽개벽증gastroschisis이 된다. 이는 태아 발생 중에 장의 일부분이 몸의 바깥쪽에 남게 되어 작은 금이나 틈 사이로 튀어나온 상태에 붙여진 이름이다. 장관과 양수는 만나면 안 되기 때문에, 보통 노출된 장관이 손상되므로 외과 수술로 제거해주고 다시 이어주어야 한다.[11] 그리고 이런 일은 생리적, 미생물적 정글이 발달하는 과정에서 잘못될 수 있는 수많은 일들 중 단지 한두 가지일 뿐이다.

따라서 그다지 유쾌하지는 않겠지만 우리의 장내에서 일어나고 있는 일들을 좀 더 알아두는 것은 우리가 스스로의 건강을 잘 돌보기 위해 할 수 있는 새로운 일들 중 하나다.

이를 더 잘 이해하기 원한다면 중국으로 여행을 가보자. 그곳 상하이 교통대학의 과학자들은 최근 영양 과학계를 완전히 뒤집었다.

일어난 일은 이렇다. 연구자들은 치명적으로 비만인 사람들의(약 175킬로그램 정도로 평균 스모 선수 정도의 크기인 사람) 장을 연구하다가 엔테로박터enterobacter로 알려진 속屬, Genus의 박테리아가 많은 것을 알아챘다. 많은 사람들이 엔테로박터를 가지고 있지만 특히 이 환자들에게는 전체 박테리아 중 엔테로박터가 35퍼센트나 차지했다. 굉장히 많은 비율이었다. 무슨 일이 일어나고 있는지를 이해하기 위해 연구자들은 환자들로부터 그 박테리아를 꺼내서 완전 무균

상태에서 기른 생쥐에 집어넣었다.

하지만 아무 일도 일어나지 않았다.

이것이 실험의 끝일 수 있었다. 하지만 상하이 연구자들은 그 엔테로박터에 감염된 생쥐가 본래 환자가 먹었던 것과 비슷한 고지방 음식을 섭취하면 어떻게 되는지 보기로 했다. 연구자들이 작은 털투성이 친구들을 맥도날드에 데려가서 더블치즈버거와 커다란 소다, 프렌치프라이와 같은 많은 양의 지방과 설탕을 먹였다. 그리고 전혀 놀랍지 않게, 이 생쥐들은 비만이 되었다.

하지만 대단히 흥미로운 사실이 발견되었다. 과학 실험의 기본으로 연구자들은 엔테로박터에 감염되지 않은 대조군의 생쥐들에게도 똑같이 고지방 음식을 먹였다. 그런데 이 생쥐들은 젓가락처럼 마른 그대로였던 것이다.[12]

비만 환자의 음식이 문제였던 것일까? 물론 그렇다. 하지만 단지 그것만이 환자를 초고도 비만으로 만든 이유는 아니었다.

시간이 지나면 우리는 어떻게 유전학, 음식, 특정 미생물 조합이라는 여러 요소들이 모두 합쳐져 저울의 기울기를 바꾸는지 이해하게 될 수 있을 것이다.

현재로서는 아직 확실하게 비만을 잡을 방법이 없다. 하지만 박테리아를 퍼뜨릴 수는 있다. 그리고 그 박테리아의 종류가 잠재적으로 지방에 대해 적대적 반응을 한다면 결과는 좋을 것이다.

하지만 개인적 마이크로바이옴(각 개인의 몸 안과 밖에 살고 있는 미생물들의 야생동물원 그리고 그들의 DNA)이 건강에 미치는 영향은 몸무게뿐만이 아니다. 심장도 포함된다.

아마 누구라도 붉은 고기류와 달걀이 심혈관계에 좋지 않다는 말은 들어보았을 것이다. 하지만 오랫동안 심장병 발병 위험을 높인다고 가정해왔던 포화지방산과 콜레스테롤만 나쁜 것이 아니라는 사실은 몰랐을 것이다. 고기류에 많이 들어있는 카르니틴Carnitine이라 불리는 물질이 발병 위험을 높인다. 카르니틴은 그 자체로는 해롭게 보이지 않는다. 하지만 대다수 사람들의 장내에 살고 있는 마이크로바이옴을 이루는 박테리아와 만나면 트리메틸아민 N 옥사이드, 트리메틸아민산화물TMAO이라는 새로운 화학물질로 변해서 혈류 속에 침투하게 되며 심장에 나쁜 영향을 끼친다.[13]

지금까지 인간의 마이크로바이옴을 구성하는 미생물체가 건강에 끼치는 영향은 인간 유전체보다 훨씬 적은 주목을 받아왔다. 하지만 이런 상황은 마이크로바이옴이 음식이나 유전자만큼이나 중요하다는 사실이 명확해짐에 따라 이제 조만간 바뀔 것이다. 심지어는 똑같은 유전체를 가진 일란성 쌍둥이까지도 언제나 정확하게 같은 마이크로바이옴을 가지고 있지는 않다. 특히나 둘의 몸무게가 같지 않은 경우에는 더더욱 그러하다.

따라서 우리가 스스로의 유전적 유산을 잘 관리하는 것의 중요성을 배워감에 따라 마이크로바이옴의 복지 또한 신경 쓰는 것이 당연하다. 우리가 할 수 있는 가장 쉬운 일은 비누나 샴푸 심지어는 치약 같은 무차별적 항박테리아 제품에 대한 대체품을 찾는 것이다. 또한 항생제 처방전을 받아 서둘러 약을 복용하기 전에 정말 꼭 필요한지 의사와 상담하는 것도 신중한 처사일 것이다. 시간이 지나면서 우리가 배우고 또 배우게 되는 것은 약품에 의해 바뀐 미생물 체제는 무력에 의해 바뀐 정치 체제처럼 종종 전혀 예상치 못한 결과를 불러올 수 있다는 사실이기 때문이다.

이 모든 것들이 너무 복잡해서 다음 단계로 어디를 가야할지 모르겠다고 포기한다 해도 충분히 이해가 간다. 그런 이들을 위해 나는 여기서 우리가 우리 자신과 우리의 섭생에 대해 배우고 있는 것을 기뻐할 만한 충분한 이유가 있다는 걸 말해주고 싶다. 그렇게 하려면 내가 새벽 네 시 반이 조금 못 되어 병원에 도착했을 때 신디와 엄마가 벌써 기다리고 있었던 병원 응급실로 돌아가야 한다.

병원 직원은 벌써 입원 수속을 시작했고 신디의 팔에 정맥주사가 꽂혀 당장 꼭 필요한 포도당과 수액을 주고 있는 걸 보고 안도했다. 신디에게 포도당은 절대적으로 필요했다. 신디가 당 대신 단백질을 에너지의 원천으로 사용하기 시작하면 OTC가 몸의 암모니아 수치를 높이기 때문이다. 암모니아 수치가 증가하면 건강에 해롭고 특히 아직 발달 중인 어린아이의 뇌에 아주 나쁜 영향을 준다. 이것이 바로 신디 엄마가 신디의 무기력함과 구토 같은 동반 증상에 대해 그토록 걱정한 이유 중 하나였다.

과거에 비해 OTC의 처치에 이렇게 적극적이게 된 이유 중 하나는, 이제 우리가 암모니아 수치의 증가로부터 오는 뇌 손상 가능성에 대해 잘 알게 되었기 때문이다. 아주 심한 경우에 치료 옵션 중 하나는 '외과 수술에 의한 유전자 치료'다. OTC 환자는 간 이식을 받게 되는데, 이 간에는 환자가 물려받은 손상된 유전자의 정상 복사본이 들어 있다.

다행히도 신디는 아주 심한 경우가 아니어서 간 이식이 필요하지는 않았다. 그리고 빠르게 발전하고 있는 치료 옵션들을 고려하면, 이제 OTC는 예전만큼 절망적인 진단은 아니다.

신디의 혈액 검사 결과를 기다리는 동안(혈액 샘플은 얼음에 잠겨 응급으로 실험실에 보내졌다) 나는 최근 몇 년 동안 우리가 의술을 행하는 방법에 일어났던 중요한 변화들을 생각했다. 신디의 경우, 예전 같았으면 너무 늦어서 손을 쓸 수 없을 때까지 유전병이라는 것을 몰랐을 것이다. 이 사실은 오늘날, 의사들이 환자의 병을 진단하기 위해 어떤 검사를 해야 할지 아는 것이 더욱 중요해졌음을 강조한다. 마침내 신디의 검사 결과가 나와서 암모니아 수치가 걱정했던 것만큼 높지 않고 신체 기관들이 심각한 오기능 징후도 보이지 않는다는 것이 밝혀졌다.

그건 좋은 소식이었다. 상담 기록과 주간 의료진에게 업무를 넘겨주는 이메일을 끝내고 나자 내게 피곤함이 몰려왔다. 아마 세 시간 반의 잠이 충분하지 않았나 보다.

샤워하고 옷을 갈아입으려고 게슴츠레한 눈으로 운전해서 집으로 오는 길에 나는, 많은 경우 신디가 가진 것과 유사한 병들을 이해하려는 모든 노력들을 무색하게 만드는 엄청난 생화학적, 유전적 미스터리들의 규모에 대해 생각했다. 신디처럼 용감한 아이들과 그 가족들이 매일매일을 견뎌내는 것을 목격하면서, 때로는 새로운 임상 연구로 진행될 수 있는 좋은 아이디어를 떠올리기도 한다. 분명한 것은 이들 경이로운 가족들의 의학적 여행에 동행해 함께 시간을 보내는 영광을 갖지 못했다면 새로운 의학적 탐사로 가는 길을 놓쳤을 거라는 것이다.

그리고 다음에서 보겠지만 신디가 특정 식이요법과 특별한 의학적 치료가 필요하다는 것을 발견할 수 있었던 것은 바로 신디와 같은 아이들을 아주 초기에 발견해서 그들 삶에 변화를 가져오도록 한 새로운 검사 방법의 발달 덕분이었다. 처음 우리가 어디에서 시작했는지를 아는 것은 개인 유전학적 영양 분야가 어디로 가고 있는지를 알아보는 데 유용하다. 당신이나 당신이 사랑하는 누군가가 1960년대 후반 이후에 태어났다면 벌써 그런 혜택을 받고 있을 가능성이 크다.

모든 것은 1920년대 후반에 살았던 또 다른 걱정 많은 엄마로부터 시작되었다.

그녀는 보르그니 에거랜드라는 노르웨이인으로 필사적으로 그녀의 어린 두 아이를 돕고자 했다. 리브라는 딸과 대그라는 아들이었다. 둘 다 심한 지적 장애를 가지고 있었는데 에거랜드는 아이들이 아기였을 때는 지적 장애가 아니었다고 확신했다. 아이들을 도와줄 누군가를 찾으려는 희망으로 그녀는 이 의사에서 저 의사로, 심지어는 심령 치료사까지 찾아갔지만 모두 아무런 소용이 없었다.[14]

하지만 운이 좋게도 의사이자 화학자인 아스비에른 푈링이 그녀를 진지하게 받아들였다. 푈링은 아이들이 겪는 고통에 대해 관심을 갖고 열심히 들어주었다. 특히 아이들의 소변에서 이상하고 탁한 냄새가 난다는 것을 들었을 때 큰 관심을 보였다.

푈링의 요청으로 리브의 소변 샘플이 실험실에 도착했을 때 처음에는 특별할 것이 없어 보였다. 모든 일반적 검사는 정상이었다. 하지만 마지막 검사가 달랐다. 케톤류의 존재 여부를 알기 위해 염화제이철 몇 방울을 떨어뜨리는 검사였다. 케톤류는 몸이 에너지 생산을 위해 포도당 대신 지방을 쓸 때 생산되는 유기물로, 케톤이 존재하면 이 검사에서 리브의 소변 색깔이 노란색에서 보라색으로 바뀌어야 했다. 그런데 리브의 소변은 초록색으로 변했다.

푈링은 이를 흥미롭게 여기며, 이번에는 리브의 남동생 대그의 샘플을 받았다. 염화제이철 검사는 또 다시 소변을 초록색으로 변화시켰다. 에거랜드는 그 후 두 달 동안 계속 아이들의 소변 샘플을 연구자들에게 공급했다. 그리고 의사들은 이 비정상적 반응의 원인을 알아내서 분리해내기 위해 심혈을 기울여, 마침내 페닐피루브산phenylpyruvic acid이라는 화학물질을 알아냈다.

푈링은 그의 생각이 맞는지 알아보기 위해, 발달장애가 있는 아이들을 도와주는 노르웨이의 기관과 협력해서 더 많은 샘플을 얻었고 여덟 개의 다른 소변 샘플이(그중 두 개는 형제들로부터 온 것이었다) 염화제이철 검사에서 같은 반응을 보인다는 것을 알아내었다.

푈링이 알아낸 것이 수천 건이 넘은 지적 장애에서 화학적 원인이기는 했지만, 이 병이 선천성 대사결함(신디의 OTC와 비슷한 경우)에서 기인했다는 것을 다른 의사들이 알아내기까지는 몇 십 년이 더 걸렸다. 이는 흔히 단백질이 풍부한 수백 가지 음식에서 발견되는 페닐알라닌을 몸에서 분해할 수 없게 하는 대사 결함이었다.

에거랜드가 처음부터 의심했던 대로, 그녀의 아이들은 어떤 지적 장애도 없이 태어난 것이 맞았다. 유전적 대사질환인, *페닐케톤뇨*

증phenylketonuria, PKU이 혈류에 페닐알라닌을 쌓이게 해서 궁극적으로 아이들 뇌에 돌이킬 수 없는 독이 되고 만 것이었다.

일단 과학자들이 어떻게 된 일인지 알게 되자, *페닐케톤뇨증*으로 진단받은 아이들에게 지적 장애가 일어나는 것을 막을 수 있는 특별 식이요법이 개발됐다. 하지만 관건은 아이들이 돌이킬 수 없는 증상을 보이기 이전에 빨리 진단을 받아 새로운 식단으로 바꾸어야 한다는 것이었다.

그렇지만 아무 증상도 없이 어떻게 누가 *페닐케톤뇨증*을 가졌는지 알 수 있겠는가? 그것도 충분히 빨리 말이다. 결국 이 문제는 로버트 거스리라는 의사이자 과학자에 의해 풀렸다. 거스리는 처음에는 암 연구를 하는 과학자였지만 개인적인 이유로 암 연구를 떠나 처음 그가 의도했던 바와는 아주 다른 직업적 경로를 걷게 되면서, 지적 장애의 원인과 방지를 위해 공헌했다.

그의 아들이 지적 장애였고 그의 조카딸 또한 그랬다. 하지만 조카딸의 장애는 예방될 수도 있었다.

왜냐하면 그녀는 *페닐케톤뇨증*을 가지고 태어났기 때문이었다.

거스리는 그가 가진 암 연구 경험을 이용해서 *페닐케톤뇨증*의 검사 방법을 개발했다. 갓난아이의 발뒤꿈치로부터 소량의 혈액을 채취해 작은 카드에 보관해서 검사하는 방법이었다. 이 카드는 현재 거스리 카드로 알려지며 1960년대부터 미국과 수십 개 다른 나라들에서 통상적으로 사용되고 있다. 수십 년이 넘는 동안 이 카드는 많은 다른 병들도 진단하도록 사용 범위가 확장되어왔다.

보르그니 에그랜드가 모든 역경을 딛고 아이들의 지적 장애 원인을 밝혀낸 때부터 거스리의 검사가 널리 사용되기까지는 40년이 넘는 세월이 걸렸다. 물론 이것으로 에거랜드의 아이들을 돕기에는 너무도 늦었다는 것은 말할 나위도 없다.

누가 어떻게 그 비극을 말로 다할 수 있을 것인가? 또 누가 에거랜드에 의해 시작되어 거스리에 의해 결론지어진 더 밝은 미래를 향한 이 길고도 긴 탐구의 영광에 충분한 찬사를 보낼 수 있을 것인가. 이를 위해 나는 노벨 문학상과 퓰리처상 수상 작가인 펄 벅의 노련한 필력을 빌리려 한다. 펄 벅 자신도 *페닐케톤뇨증*을 앓고 있던 딸을 입양한 엄마였다.

"지금까지 그래왔던 것이 앞으로도 영원히 그래야만 할 필요는 없다. 소수의 아이들에게는 너무 늦었지만 그들의 역경이 다른 사람들로 하여금 이런 비극이 얼마나 불필요한 것인지 깨닫게 한다면 그들의 삶은, 얼마나 깊이 좌절되었던 간에, 전혀 의미 없지는 않을 것이다."[15]

에거랜드 아이들의 비극은 전혀 의미 없지 않았다.

오늘날 거스리 카드와 그 결과로 발전된 신생아 검사는 수십 개가 넘는 다른 대사 질환에까지 확장되어서, 겉보기에 단순히 희귀한 유전병이 우리 모두에게 얼마나 큰 영향을 키칠 수 있는지에 대한 좋은 예를 보여준다. 하지만 신생아 검사가 모든 것을 다 잡아내는 것은 아니다. 어떤 사람들에게는 아주 세밀한 유전자 검사만이 식단의 작은 변화로 건강에 큰 차이를 가져올 수 있는지 밝힐 수 있다.

내가 리차드를 처음 만났을 때는 2010년 봄, 비 내리는 맨해튼의 아침이었다.

내가 들어갔을 때 리차드는 검사실 벽에 부딪쳐 튕겨져 나오고 있었다. 그리고 나중에 그런 일은 리차드에게 늘 있는 일이라는 걸 알게 되었다.

물론 이런 사납게 날뛰는 기질이 열 살 소년에게 꽤 흔하기는 하지만 이 아이는 책《괴물들이 사는 나라Where the Wile things Are》에 나오는 맥스와 맞먹고 남을 정도로 심했다. 당연히 학교에서도 상당한 문제아로 찍혀 있었다.

그렇지만 이것이 리차드가 처음 병원에 온 이유는 아니었다. 단지 다리가 아파서 병원을 찾았다.

모든 면에서 리차드는 건강 상태가 좋았다. 신생아 검사도 완전히 정상이었다. 그렇다면 그의 정기 건강 검사는 어땠을까? 그것도 평균이었다. 사실 리차드는 아주 건강해 보여서 그 아이가 뭔가 잘못되었다는 걸 알아차리는 데는 누구라도 시간이 걸렸다. 아주 유능한 의사 한 사람이 리차드의 반복되는 불평을 신중하게 받아들이지 않았다면 결코 아무 문제도 알아차리지 못했을 것이다. 리차드의 의사는 과학적이지는 않지만 의사들이 아주 쉽게 내리는 '성장통'이라는 진단을 받아들이지 않았다.

리차드가 호소하는 다리 통증에 대해 아무런 설명도 찾을 수 없자, 의사는 유전자 검사를 신청했다. 그 결과 리차드가 OTC, 즉 앞에서 내가 신디를 소개했을 때 말했던 것과 같은 병이라는 것이 밝혀졌다.

신디의 OTC가 잦은 병원 방문을 필요로 했다는 것을 기억하는가? 반면 리차드의 OTC 증상은 아주 다르게 표현되었다. 다리 통증을 제외하고는 그 아이에게 거의 영향을 끼치지 않는 것처럼 보였다. 다리 통증은 아마도 정상치보다 높은 몸속의 암모니아 수치와 관련된 것 같았다.

리차드의 다른 모든 OTC 증상들은 매우 약해서 아이의 부모는 무언가 잘못되었다는 사실을 받아들이기 힘들어할 정도였다. 사실 리차드를 처음 만난 날, 나는 그 아이의 뒷주머니에 있는 페퍼로니 스틱을 보았다. 리차드와 그의 부모가 OTC를 가진 사람들은 높은 양의 단백질을 잘 처리하지 못하므로 저단백질 식단을 유지해야 한다고 이미 여러 번 충고를 받았음에도 불구하고 그것을 지키지 않았던 것이다.

그 페퍼로니 스틱은 왜 리차드의 증상이 나아지지 않는가에 대한 실마리가 되었다.

리차드의 가족들이 알아채지 못했던 것은, 리차드가 학교나 집에서 집중할 수 없었던 이유가 행동적 문제가 아니라 생리적 문제였다는 것이다. 대부분의 사람들에게서 정상보다 높은 수치의 암모니아는 경련이나 간질 발작, 혼수상태를 유발할 수 있지만 리차드에게는 공격성과 집중력 부족을 일으켰다.

하지만 솔직히 말해서, 처음에는 나도 잘 몰랐다. 리차드와의 첫 미팅에서 식이요법을 좀 더 확실하게 지키라고 말했는데, 그건 다리 통증을 완화시킬 거라고 생각했기 때문이었다.

리차드의 문제가 단순히 표면적인 것이 아니었다는 사실을 누구라도 알 수 있게 된 것은 석 달 후, 리차드가 식이요법을 훨씬 잘 지키고 돌아온 이후였다. 리차드의 다리는 더 이상 아프지 않았다. 더 놀라운 사실은 리차드가 학교생활에 굉장히 잘 적응하고 있다는 것이다. 침착해졌고 더 집중할 수 있었다. 리차드는 더 이상 괴물 나라의 왕이 아니었다.

나는 그 이후 몇 달 동안 리차드의 놀라운 변화에 대해 많이 생각했다. 의심할 여지없이 세상에는 더 많은 리차드가 있을 것이다. 사실 아주 아주 더 많을 확률이 높다. 그리고 그들은 자신도 모르는 사이에 유전적 자아와 전혀 맞지 않는 음식들을 먹고 있을 것이다. 그 병은 그들을 대사의 벼랑 끝에 몰 만큼 심각하지 않을지 모르지만, 아마도 단순히 교장실에 불려갈 만큼 딱 그만큼만 아프게 할지도 모른다.

내게 환자로 오는 아이들 대부분은 아주 특수한 의료 센터에서만 온다. 이 사실은 나로 하여금 1차 진료 시설을 찾는 얼마나 많은 환자들을 우리가 모르고 지나칠지(그리고 얼마나 많은 아이들이 아예 병원에 오지 않을지도)에 대해 의문을 갖게 한다.

실제로 우리는 인지 장애나 심지어 자폐증 스펙트럼 장애autism spectrum disorder로 진단받은 사람들 중에 얼마나 많은 사람들이 진단, 치료되지 않은 대사질환을 가지고 있는지 알지 못한다. 예를 들어서 *페닐케톤뇨증*을 이해하기 전까지는 아이들의 지적 장애가 단지 치료받지 못한 대사질환 때문임을 전혀 알지 못하지 않았는가.

나는 과학이 점점 진보해서 리차드와 같은 경우를 더 잘 이해할 수 있게 되기를 바란다. 그리고 우리가 의학적 간섭으로, 또한 개인의 유전적, 대사적 필요를 만족시키는 간단한 생활 습관의 변화로 더 많은 삶들을 증진시킬 수 있기를 바란다.

그렇다면 신디와 리차드, 제프가 영양에 대해 우리에게 가르쳐 주는 것은 무엇인가? 그 해답은 유전체에 있어서는 우리 모두 개인적이라는 것, 그리고 후성유전체와 심지어는 마이크로바이옴에 있어서도 각자 완전히 독특하다는 것이다. 우리가 먹는 것을 최적화한다는 것은 영양 결핍을 예방하는 것과는 다르다. 우리에게 가장 잘 맞는 음식이 무엇인지 단서를 얻기 위해 우리의 유전자와 대사metablism를 조사할 수 있고 또 그래야만 한다. 그 결과들은 우리가 무엇을 먹어야 하고 먹으면 안 되는지에 대해 중요한 암시를 줄 것이다.

우리는 이제 단지 희귀한 유전병을 가진 사람들만을 위해 특별한 식이요법을 만드는 시대를 넘어섰다. 유전체 해독분석genome sequencing을 통해 공유하는 정보들 덕택에 마침내 우리 각자의 유전적 프로파일을 염두에 두고 준비된 식단 앞에 앉을 수 있는 시점에 서 있다.

다음 장에서 살펴보겠지만 단지 식단만이 우리의 유전적 유산에 따라 개인 맞춤형이 되어가는 것은 아니다. 이제 우리의 약품함을 들여다볼 시간이다.

Chapter 6

유전자가 하는 일과 예방의 역설:

비타민이냐 음식이냐

매년 수천 명의 사람들이 죽는다. 그리고 더 많은 사람들이 갑자기 앓게 된다. 단지 의사가 처방해준 약을 정확히 복용했다는 이유로 말이다.

이건 그들의 의사가 태만해서가 아니다. 사실 대부분의 처방은 의약품 제조사와 전문 의학협회에서 추천한 그대로다. 의약품이 안 좋은 반응을 일으키는 주된 이유는 우리의 유전자에 있다. 카페인 대사의 경우처럼, 우리 중 누군가는 유전적으로 어떤 약품들을 훨씬 더 잘 분해한다. 그렇다고 약품에 대해 안 좋은 반응을 일으키는 것이 항상 유전자 형태, 그 자체 때문만은 아니다. 당신이 물려받은 복사본 숫자 또한 중요하다. 우리 중 몇몇은 다른 사람들보다 좀 더 많은 DNA를 가지거나 좀 더 적은 DNA를 가졌다. 그리고 쉽게 상상해볼 수 있듯이 그것이 사람들에게 많은 다양성을 부여한다. 하지만 당신이 어떤 DNA를 물려받았는지 아는 것은 유전자 검사나 유전체 분석을 직접 해보기 전까지는 불가능하다.

만약 당신 유전체에 우연히도 결손이 있어 발달 과정이나 건강에 없어서는 안 될 정보를 가진 DNA의 부분이 없어졌다면 그 유전적 변화는 특정한 병적 증후군을 유발할 확률이 높다. 하지만 DNA의 부분이 중복된다면 그 결과가 어떨지 명확하지 않다.

어떤 경우 DNA를 여분으로 가진 건 아무 영향도 끼치지 않지만, 또 다른 경우에는 삶을 완전히 바꿀 수가 있다. 여분의 DNA가 평범하게 쓰이는 약품을 독으로 바꿀 수도 있는 것이다. 지금까지 보았듯이, 우리가 가진 유전체로 우리가 무엇을 하는가 하는 것은 우리가 물려받은 유전자만큼이나 중요하다. 그리고 이런 생활 방식의 선택에는 우리가 먹는 약품들도 포함된다.

한 가슴 아픈 예로 메간이라는 어린 소녀의 경우를 보자. 메간은 흔히 행하는 편도선 제거 수술 이후에 사망했다. 소녀의 몸이 마취약이나 수술을 견딜 수 없어서가 아니었다. 수술은 성공적이었고 메간은 수술 다음날 퇴원했다. 메간이 죽은 이유는 그녀의 담당의사가 너무나도 중요한 사실을 몰랐기 때문이었다. 메간의 유전자를 들여다보지 않았던 것이다.

메간은 그때까지 살아오는 동안 자신의 유전자에 어떤 다른 점이 있는지 전혀 몰랐을 것이다. 메간이 물려받은 것은 유전체상의 작은 중복으로 수백만 명의 다른 사람들도 가지고 있는 작은 차이에 지나지 않았다. 하지만 메간은 자신의 유전체에서 일어난 그 작은 중복의 위치로 인해 각 부모로부터 물려받은 한 쌍의 *CYP2D6* 유전자 대신에 세 개의 복사본을 가지고 있었다.[1]

수백만 환자들과 마찬가지로 메간은 수술 후 통증을 완화하기 위해 코데인을 처방받았다. 하지만 메간의 유전적 유산 때문에 메간의 몸은 적은 양의 코데인을 많은 양의 모르핀으로 바꾸어버렸다.

그것도 아주 빨리. 많은 아이들에게 단지 통증을 줄이고 더 편안하게 하기 위한 양만으로도 메간은 모르핀 과다가 되어 숨졌다.

이 때문에 2013년 마침내 미국 식약청은 아이들의 편도선과 아데노이드 제거 수술 후 코데인 사용을 금하기로 결정했다.[2] 그러나 비극은 이 반응이 그다지 희귀한 것이 아니라는 데 있었다. 유럽 혈통을 가진 사람들의 10퍼센트, 북아메리카 혈통을 가진 사람들의 30퍼센트는 그들이 물려받은 유전자 형태로 인해 어떤 약들을[3] 아주 빠르게 대사시켜버린다.

처방되는 약들의 종류와 수, 유전학이 관련된 범위를 고려한다면, 아이들과 코데인의 예는 빠른 치유를 도우려는 목적으로 처방된 약이 오히려 악영향을 끼치는 많은 경우들 중 단 하나의 예에 지나지 않는다.

이제 우리는 비교적 간단한 유전 검사를 통해 아편을 포함한 어떤 약품들의 분해가 아주 빠른 사람들과 아주 느린 사람들을 식별해낼 수 있게 되었다. 하지만 최근에 타이레놀 3의 형태로 코데인과 같은 아편류를 처방받았다면 이 방법으로는 검사해볼 수 없을 확률이 높다.

그렇다면 왜 예방을 위한 유용한 검사들이 좀 더 적극적으로 행해지지 않는가? 정말 좋은 질문이다. 바로 내가 당신이나 당신 아이들이 어떤 약들을 처방받기 전에• 의사에게 꼭 물어보라고 권하고

• 유전자에 영향받는 처방 의약품들 몇몇을 예로 들자면 클로로퀸, 코데인, 답손, 디아제팜, 에소맥스정, 메르캅토푸린, 메토프롤롤, 오메프라졸, 파록세틴, 페니토인, 프로프라놀올, 리스페리돈, 타목시펜 그리고 와파린 등이 있다.

싶은 질문이다.

물론 어떤 일부분의 사람들에게 위험하다고 해서 모든 사람에게 위험한 것은 아니다. 코데인은 많은 사람들에게 완벽하게 안전하고 효과적인 통증 완화제다.

따라서 나는 앞으로는 세상의 어떤 약도 평균 권장량이 없어지고, 개개인의 무궁무진한 유전적 요소들을 모두 고려한 개별적 권장량(온전히 당신 한 사람만을 위해서)을 처방할 수 있는 날이 오기를 바란다. 물론 빠르면 빠를수록 좋다.

이제 '대부분의' 사람들에게는 맞지만 '모든' 사람들에게는 맞지 않은 약품 권장량 외에, 예방 의학적 처방에 어떤 반응을 보일지에도 각 개인의 유전체가 중요한 역할을 한다는 것이 이해되기 시작했다. 이것이 당신과 당신에게 주어진 건강을 위한 조언들에 무엇을 의미하는지 알아보기 위해, 나는 제프리 로즈와 그의 예방의 역설Prevention Paradox을 소개하고자 한다.

어떤 의사들은 의료진일 뿐이고, 다른 의사들은 연구자들이다. 모든 사람이 둘 다일 수는 없다. 그리고 사실 모든 의사들이 둘 다이기를 원하지도 않는다.

하지만 나를 포함한 몇몇 의사들에게 실험실 연구가 환자들의 삶에 반영되는 것을 볼 수 있다는 것은, 믿기 힘들 만큼의 기회와 엄청난 통찰, 다른 사람들을 돕는 최전선에 있을 수 있다는 절대적 특혜를 제공한다.

제프리 로즈를 계속 일하게 한 것도 그런 이유였다. 그는 만성 심혈관 질환 분야에서 세계 최고 전문가 중 한 명이다. 그 시대 발군의 전염병 학자였던 그가 런던의 패딩턴 구역에 있는 세인트 메리 병원에서 연구를 시작했을 때 사실은 전혀 임상 일을 할 필요가 없었다. 하지만 로즈는 몇 십 년 동안 계속 환자들을 보았다. 심지어 거의 목숨을 잃을 뻔했고 한쪽 눈 시력을 잃게 만든 끔찍한 교통사고를 당한 이후에도 계속했다. 동료들에게 한 말에 의하면 그가 계속 환자들을 보는 이유는 임상적 관련성을 기반으로 자신의 전염병학 이론을 확고히 하기 위해서였다고 한다.[4]

로즈는 유행성 심장 질환에 대한 교육과 예방법과 같은 대중적 예방 전략의 필요를 역설한 것으로 가장 잘 알려져 있다. 하지만 그는 또한 그런 프로그램들이 공공의 건강에 있어 실패한다는 것도 아주 잘 알고 있었다. 이를 그는 예방의 역설이라고 불렀다. 이는 대중에게 위험을 낮추는 생활 방식이 어떤 한 개인에게 있어서는 거의 장점이 없거나, 있어도 조금밖에 없음을 말해주고 있다.[5] 이 접근 방식은 많은 사람들에게 이롭지만, 유전적 소수자들의 요구를 돌보는 것은 간과한다. 유전적으로 다수의 규정에 맞지 않는 몇 안 되는 개인들의 필요는 무시하는 경향이 있다.

직설적으로 말하자면, 178센티미터이고 84킬로그램인 백인 남자에게 잘 듣는 약은 당신과 아무 상관이 없다는 뜻이다. 앞에서 말한 메간의 코데인 처방전 경우에서도 보았듯이 그건 심지어 당신 목숨을 앗아갈 수도 있다.

물론 천연두의 경우에서 검증되었듯이 전체 대중에게 백신을 쓰면 전반적으로 건강에 놀라운 혜택을 가져온다. 하지만 의사들은 대개 전체 대중을 상대하는 것이 아니라 그 대중에 속한 개인을 상대한다. 그럼에도 의사들이 의학을 행하는 지침은 여러모로 유전적으로 섞인 대중들의 연구에서 얻은 증거들을 토대로 한다. 바로 이것이 오랫동안 코데인이 소아 편도선 절제술에 통증 완화제로 사용된 이유다. 대부분의 경우, 대다수의 아이들에게 잘 들었기 때문이다.

예방 역설의 한 예는 높은 LDL, 즉 '나쁜' 콜레스테롤을 많이 가진 사람들이 생선오일을 건강 보조제로 먹기 시작한 첫째 주에 일어난다. 연구자들은 생선오일(고등어, 청어, 참치, 넙치, 연어, 대구의 간 그리고 고래 지방으로부터 나온 기름으로 오메가 3 지방산 함유량이 높다)을 먹으면 사람들의 LDL 수치가 50퍼센트에서 무려 87퍼센트까지 아주 넓은 범위로 바뀌는 것을 발견했다.[6] 연구자들은 이를 더 자세히 연구했다. *APOE4*라는 유전자 변형을 가지고 있는 사람들은 소위 건강한 지방이라 불리는 생선오일을 먹었을 때 오히려 콜레스테롤 수치가 안 좋은 쪽으로 변한다는 사실을 밝혀냈다. 즉 어떤 유전자를 물려받았느냐에 따라서 어떤 사람에게는 생선오일이 좋을 수 있지만 다른 어떤 사람들의 콜레스테롤 수치에 아주 나쁠 수 있다는 것이다.

생선오일은 세계적으로 수백만 명의 사람들이 섭취하는 건강 보조제들 중 단지 하나일 뿐이다. 미국에서는 절반이 넘는 인구가 간단하고 자연적 방법으로 질병을 예방하고 치료하려는 희망을 갖고 매년 270억 달러 넘는 돈을 건강 보조제에 쓰고 있다고 추정된다.[7]

이런 건강 보조제나 비타민에 관해서는 의학적 지도서나 추천이 많지 않아서 나는 자주 이런 약들을 먹는 것이 정말 효과가 있는지, 그렇다면 어떤 효과인지 등의 질문을 받곤 한다. 내 대답은 대개

'정황에 따라'라는 단서가 함께 붙는다. 건강 보조제나 비타민을 먹거나 피해야 하는 많은 이유가 존재하기 때문이다. 당신은 어떤 영양소가 결핍되었다는 말을 들어본 적이 있는가? 특정 비타민을 많이 먹어야 하는 어떤 유전적 상태를 물려받았는가? 아니면 더 중요하게, 지금 임신 중인가?

비타민과 유전자가 힘을 합쳐 심각한 선천성 기형을 막는 것을 보여주는 아주 감동적인 예는 태아의 발생 과정이다. 더 깊은 감동을 느끼려면 시간 여행을 해서 20세기 초반으로 되돌아가보자. 거기서 한 앙큼한 원숭이를 소개시켜주려 한다.

세계적으로 선천성 기형을 뿌리 뽑는 데 가장 큰 진보는 루시 윌스와 그녀의 원숭이로부터 시작되었다. 이는 '대다수의 사람들에게 대부분의 경우 가장 좋은 것'이라는 옛날식 모델은 많은 삶을 구제하고 증진시키는 데 믿을 수 없을 만큼 영향력이 있지만, 어떤 일부분의 대중에게는 기껏해야 아무 영향이 없다는(나쁜 경우에는 아주 위험하기까지 하다는) 것을 보여주는 좋은 예다.

20세기 바로 직전에 태어난 똑똑하고 젊은 미래의 많은 의사들과 마찬가지로 윌스는 프로이트식 사고의 최첨단 분야에 매혹되어 있었고 그녀의 미래를 심리학에 바치려고 생각했다. 하지만 인도에 있는 여러 병원과 밀접한 관계를 가졌던 런던 여자 의과대학에서 공부하는 동안, 당시로서는 거의 알려진 바 없었던 '임신 중 대적혈구성 빈혈macrocytic anemia of pregancy'에 대해 연구하러 인도 봄베이에 갈 수 있는 연구 지원금을 받게 되었다.[8] 이 빈혈은 임신한 여성들에게서 쇠약과 피곤, 손가락 무감각을 일으켰다. 그리고 윌스 스스로에 대해 더 알게 해주었다. 자신이 좋은 미스터리를 사랑한다는 사실이었다.

당시 '임신 중 대적혈구성 빈혈'의 원인에 대해 알려진 것이라고는 환자들이 부풀어 오르고 흐린 색의 적혈구를 가지고 있다는 사실 뿐이었다. 하지만 왜일까? 이 병이 가난한 여자들에게 주로 일어나는 것으로 보아, 윌스는 발병 원인이 그들의 섭생과 관련이 있지 않을까 하고 의심했다. 윌스가 살았던 시대도 지금과 마찬가지로 가난하고 혜택받지 못한 사람들은 신선한 과일과 채소를 많이 먹을 수가 없었다. 윌스가 연구한 인도 방직공장에서 일하던 여자들도 확실히 여기에 해당했다.

이 가설을 테스트하고자 윌스는 임신한 쥐에게 방직공장의 여공들이 먹는 것과 같은 음식을 먹였다. 쥐들도 적혈구에 비슷한 변화를 보였고, 곧 다른 실험 동물에게서도 음식으로 같은 결과를 얻어냈다.

이에 근거해 윌스는 동물들의 식단을 '거꾸로 구성' 하기 시작했다. 부모들이 갓난아이들에게 안 좋은 반응을 일으키는 것을 콕 짚어내려고 새로운 음식을 하나씩만 먹여보는 방식과 같이 말이다.

윌스는 완전히 건강한 식단이면 문제를 제거할 수 있다는 것을 알았지만, 인도의 모든 여자들에게 그렇게 해줄 수 없다는 것 또한 잘 알고 있었다. 그녀가 해야 하는 일은 정확히 어떤 요소가 부족한지 알아내서 임신 중에 그것을 보조해주는 것이었다. 하지만 상당한 노력에도 불구하고 그 정확한 요소는 찾아내기가 힘들었다. 어떤 운명적인 날, 그녀의 검사 원숭이가 마마이트marmite에 손을 대기 전까지는 말이다.

당신이 영국인이거나 예전 대영제국의 영토였던 나라에 산다면 아마도 마마이트(끈적하고 짭짤한 어두운 갈색의 페이스트로 농축된 발효 이스트로부터 만들어지며, 사람들이 정말 좋아하거나 아주 싫어하거나 둘 중 하나인)와 많은 비슷한 제품들, 베지마이트, 베젝스와 세노비스 등을 알고 있을 것이다. 마마이트는 두 번의 세계대전이 일어나는 동안 영국 군사배급품의 주요품이었다. 1999년 코소보 충돌 시에 공급이 모자랐을 때 병사들과 그 가족들은 막사 안 식탁에 마마이트가 올라오도록 편지 쓰기 캠페인을 벌여 성공하기도 했다.[9]

윌스는 그녀가 한 모든 일을 꼼꼼하게 노트했지만 어떻게 그 원숭이가 마마이트를 손에 넣었는지는 기록이 없었다. 원숭이가 원숭이임을 생각하면 아마 이 장난꾸러기가 윌스의 아침 식사 일부를 훔쳤을 수 있다.

'병 속의 타르'라는 애정이 듬뿍 담긴 동시에 조롱도 하는 별명으로 알려진 마마이트에는 엽산이 풍부했다. 윌스는 그녀의 원숭이가 마마이트 파티를 벌인 끝에 의학적으로 놀라운 회복을 했음을 발견했다. 그것이 임신 중 대적혈구성 빈혈 치료의 비밀이었다.

어떻게 엽산이 그런 강력한 치료제가 되었는지 연구자들이 정확히 이해하는 데는 또 다시 수십 년이 걸렸다. 그 후 빠르게 분열하는 세포들에게 엽산이 절대적으로 중요하다는 사실을 알게 되었다. 그래서 임산부들이 임신 중에 엽산이 부족하면 빈혈에 걸리는 것이었다. 뱃속의 아기들이 자라면서 모든 엽산을 써버렸기 때문이었다.

1960년대에는 엽산 결핍과 신경관 기형neural tube defects, NTDs(이분척추증 환자에서 나타나는 것과 같이 중앙신경계에 비정상적 구멍이 있는) 간의 연관이 알려졌는데, 신경관 기형은 상대적으로 아무 증상이 없어 보이는 것에서부터 치명적인 것까지 존재했다.

엽산이 신경관 기형을 막을 수 있는 중요한 시기는 임신 초기의 28일 동안이다. 의사들은 많은 경우 임신 가능성이 있는 여자들에게 아예 임신 전부터 엽산을 건강 보조제로 먹으라고 권한다. 엽산은 미숙아 출산, 선천성 심장병 그리고 최근 한 연구에 따르면 심지어 자폐증의 비율 감소와도 관련이 있다.[10] 이런 사실을 알고도 당신이 아침 토스트에 마마이트를 발라 먹을 수 없다 해도 그다지 걱정할 건 없다. 엽산은 렌틸이나 아스파라거스, 감귤류 과일 그리고 푸른 잎채소에도 자연적으로 풍부하기 때문이다.

미국 산부인과 전문의 협회는 모든 임신 가능한 여자들이 최소 하루 400마이크로그램의 엽산을 복용하도록 권장한다. 이 양은 평균 유전자를 가진 평균 여자들에게 해당한다. 하지만 당신도 이제 알겠지만 평균 환자라는 건 실제로는 존재하지 않는다.

이 권장량은 가장 흔하게 존재하는 유전 변이 중 하나를 고려하지 않았다. 인구 중 약 3분의 1은 메틸렌 테트라히드로엽산 환원효소methylene tetrahydrofolate reductase, *MTHFR*라 불리는 다른 버전의 유전자를 가지고 있는데, 몸에서 엽산의 분해에 아주 중요한 역할을 한다.

아직도 우리가 이해하지 못하는 것은, 왜 임신 전에 엽산을 열심히 먹었는데도 신경관 기형을 가진 아이를 출산하는 여자들이 있는가 하는 것이다.[11] 아마 *MTHFR*이나 엽산 분해와 관련된 다른 유전자에 특정 변이를 가진 여자들에게는 400마이크로그램의 엽산도 충분하지 않아 보여서 더 많은 엽산을 먹는 것이 좋다고 생각된다. 그래서 어떤 의사들은 더 많은 엽산을 먹으라고 여자들에게 권고한다. 특히 신경관 기형이 다시 나타나는 것을 예방하려는 경우에 그렇다.

그렇다면 나중에 후회하는 것보다 많이 먹는 게 더 안전하지 않을까?

하지만 약국으로 달려가기 전에 다른 사실도 고려해보아야 한다. 너무 많은 엽산을 먹으면 다른 문제점인 코발아민, 즉 비타민 B_{12} 결핍을 가려버릴 수 있다. 즉, 한 문제의 싹을 자르는 것이 다른 문제를 감춰버릴 수 있다는 것이다. 그리고 아직은 엽산을 많은 양으로 먹었을 때의 장·단기적 효과를 이해하는 초기 단계에 불과하다. 정말로 후회하기보다는 안전한 방법을 택하고 싶다면, 당신과 당신 아이에게 필요한 것이 아주 확실하지 않은 한, 어떤 다른 화학물질도 몸에 도입하지 않는 선택을 하는 것이 낫다. 따라서 당신의 유전체를 정확히 들여다보는 것은 정말로 중요하다.

아주 최근까지만 해도 한 개인이 어떤 형태의 *MTHFR* 유전자를 가졌는지 아는 좋은 방법이 없었다. 하지만 이제는 존재한다. *MTHFR* 유전자의 보통 형태나 이형성을 검사하는 것이 가능하고 태아 검사에 포함되기도 한다. 이런 검사, 즉 보유자 검사는 수백 개의 유전자에서 몇 천 개의 유전자 변이를 찾아본다. 만약 아이를 가질 생각이라면 의사에게 물어볼 긴 질문 목록에 추가하면 좋을 검사다.

하지만 당신의 의사가 *MTHFR*의 다른 버전을 보는 것과 같은 상업적인 태아 유전 검사가 가능한지 빠르고 신뢰 있는 답변을 주지 않는다고 해서 놀랄 건 없다. 검사 비용이 낮아지면서 검사의 가용성과 그 정보로 무엇을 할 것인가 사이에 상당한 간격이 생겼기 때문이다.

아직도 많은 의사들이 개인화된 검사들에 대해 효율적인 상담을 할 수 있는 적절한 절차를 만들고자 노력하는 중이다. 이전에는 전혀 그럴 필요가 없었기 때문이다. 하지만 의사들도 점점 우리가 물려받았을지도 모르는 *APOE4* 같은 여러 유전자들을 배워가고 있고, 또 살아가면서 그 유전자들에 끼칠 수 있는 많은 영향들(예를 들어 생선오일을 먹는 것과 같은)을 알아감에 따라 상황은 아주 빠르게 변해가고 있다.

이런 여러 중요한 발견들은 약물유전학이나 영양유전체학 그리고 후성유전학과 같은 새로운 분야를 만들었으며, 이들 새로운 분야들은 어떻게 우리 삶이 유전자에 의해 영향을 받고 동시에 유전자를 바꾸기도 하는가에 대한 깊은 이해를 돕고 있다.

지금까지 유전학이 당신의 영양적 필요에 주요한 역할을 한다는 것을 알아보았다. 하지만 아직 건강 보조제를 집어들기 전에 한 가지 더 고려할 것이 있다.

잠시 한 번 더 옆길로 새기를 허락한다면, 비타민 건강 보조제들이 어떻게 만들어지는지에 관한 짧지만 중요한 여행을 떠나보려 한다.

지금 당신은 건강에 신경을 쓰기 시작했거나, 새해에 새로운 결심을 했거나 혹은 인생에 변화를 가져야 할 때라고 느끼고 있는가? 아니면 영양에 관한 모든 대화들이 몸무게를 생각나게 해서 체중을 몇 킬로그램 줄이려고 노력하는 중일지도 모른다. 어떤 계획이든지 간에 당신은 비타민이나 허브 영양제 한 가지를 먹으려고 고려하고 있거나 이미 먹고 있을 것이다.

아니면 두 가지. 아니, 세 가지. 혹은 일곱 가지.

하지만 한 번이라도 이 모든 알약과 캡슐들이 어디서 오는지 생각해본 적이 있는가? 귀여운 곰 모양으로 생긴 비타민 C는 어디에서 오는 걸까?

내 생각에 당신은 방금 '오렌지'라고 대답했을 것 같다.

그건 별로 놀랍지 않은 대답이다. 결국, 비타민 C를 파는 많은 회사들은 오렌지나 다른 감귤류 과일을 제품의 라벨에 쓴다. 마치 직원들이 플로리다 오렌지 과수원에서 아침에 일어나 잘 익고 즙 많은 과일 몇 개를 나무에서 딴 다음 어떤 마술과 같은 공정으로 농축시켜 먹기 좋은 테디베어 모양으로 만든 것처럼 보이게 한다.

하지만 사실, 오늘 아침에 먹은 대부분의 비타민들은 일반적인 처방약들을 만드는 것과 비슷한 과정으로 만들어진다. 어떻게 생각하면 그건 그다지 나쁘지 않다. 비타민과 보조제가 일관성 있는 생산 과정을 거친다는 것은 어제 먹은 것을 오늘 먹고 또 내일도 같은 것을 먹을 것을 보장하기 때문이다.

정부 규제가 좀 다른 것을 제외하고, 처방되는 약들과 비타민들의 차이는 단지 비타민들은 음식에서 자연적으로 발견되는 화학물질에 근거한다는 것이다.

하지만 그렇다고 그것이 음식 '속에' 들어 있는 비타민을 섭취하는 것과 같지는 않다. 우리가 오렌지를 먹을 때 순전히 비타민 C로만 이루어진 과일을 먹는 것은 아니기 때문이다. 식이섬유, 물, 당분, 칼슘, 콜린, 티아민 그리고 한 종류의 비타민만이 아니라 수천 종류의 피토케미컬로 이루어진 물질을 먹게 되는 것이다.

음식 대신 비타민 한 종류만 먹는 것은 '엠파이어 스테이트 오브 마인드' 랩음악에서 단지 피아노만 듣는 것과 비슷하다. 제이 지의 스타카토 리듬과 앨리샤 키스의 보조 보컬, 리듬 반주와 기타 멜로디가 모두 없다면 단지 반복되는 키보드의 두드림밖에는 남지 않을 것이다.

여기서 놓치게 되는 것은 영양 심포니의 전체성이다. 진짜 오렌지 속에 들어 있는, 우리가 아직도 목적을 완전히 이해하지 못한 다른 모든 피토케미컬과 식물 영양 성분들로 이루어진 전체성 말이다.

그렇다고 비타민 보조제가 전혀 도움되지 않는다고 말하려는 건 아니다. 앞서 우리는 엽산이 신경관 기형 방지를 위해 쓰이는 것을 이미 보았다. 하지만 음식을 먹음으로써 자연적으로 훨씬 많이 섭취할 수 있음에도 불구하고, 음식 대신 비타민 보조제를 먹거나 아이들에게 준다면 당신은 비타민을 가장 자연적 형태로 섭취할 수 있는 진정한 영양의 혜택을 놓치고 말 것이다.

이제 당신이 가장 최신의 영양유전체학이나 약물유전학 연구를 매일 먹는 식단에 적용하기로 결심했다면 과연 어디서부터 시작해야 할까?

글쎄다. 첫 시작으로는 지금까지 우리가 논의했듯이 먼저 당신의 유전적 유산에 대해 할 수 있는 만큼 많이 알아내는 것이다. 진유전체나 유전체 모두를 해독하는 것도 고려해볼 만하다. 유전 정보는 죽은 뒤에도 얻을 수 있지만, 유용한 정보는 가능하면 살아있는 동안에 알아내서 이용하는 것이 훨씬 나을 것이다. 다음에서 보려 하듯, 유전자에 관해서는 심지어 죽은 사람도 말할 수 있다.

몸은 형체가 훼손되었고 끔찍하게 부패되었다. 그래서 등반가들이 오스트리아와 이탈리아 국경 근처에 있는 외츠탈러 알프스를 등반하면서 이를 발견했을 때 처음에는 다른 등반가의 시체일 거라고 생각했다. 아마도 몇 년 전에 등반하다 죽은 누군가의 시체라고 생각한 것이다.

산에서 시체를 가지고 내려오는 데는 며칠이 걸렸다. 하지만 내려놓고 보자, 평범한 등반가가 아니었다는 것이 분명해졌다. 그 시체는 최소한 5천3백 년은 지난, 굉장히 잘 보존된 미라였다.

외치를 발견하고 난 이후 몇 십 년 안에 우리는 그의 삶과 죽음에 대해 엄청나게 많을 것을 알게 되었다. 예를 들어 그는 살해된 것으로 보였다. 그의 끔찍한 죽음은 왼쪽 어깨에 박힌 후 머리에 박힌 화살에 의한 것이었다. 위와 장에 있는 내용물을 검사했더니, 죽기 전에 잘 먹었다는 것도 알 수 있었다. 외치는 생의 마지막 날 곡물과 과일, 뿌리류 그리고 몇 가지 붉은 고기류를 먹었다.

진정한 유전학적 흥미는 연구자들이 외치의 왼쪽 둔부에서 작은 조각의 뼈를 제거했을 때 시작되었다. 뼈에 보존되어 있던 DNA를 분석함으로써, 외치가 이탈리아의 얼어붙은 산 북쪽에서 발견되었지만, 현대에 가장 가까운 유전적 친척은 약 483킬로미터가 넘게 떨어진 사르디니아와 코르시카 섬 사람이라는 것이 밝혀졌다. 그는 피부색이 밝고 갈색 눈을 가지고 있었으며 혈액형은 O형이고 유당불내증이었다. 또한 그는 심혈관계 질환으로 사망할 유전적 위험을 가지고 있었다. 이는 우리가 시간을 되돌려서 그에게 우유, 고기 그리고 그의 살인자들을 피하게 한다면 그의 사망 나이로 추정되는 마흔다섯 살보다는 좀 더 오래 살았을 것을 의미한다.[12]

물론 외치에게는 이런 유전 정보가 너무 늦었다. 하지만 5천 년 전에 알프스 산맥을 돌아다니다 죽은 누군가에 대해 우리가 이만큼이나 알아낼 수 있다면, 오늘날 우리 스스로에 대해서 알아볼 수 있는 것들을 상상해보아라.

포괄적인 유전자 검사와 유전체 해독분석을 받을 수 없는 사람들을 위해서는 외치와 같은 자세한 검사를 하지 않아도 되는 기술적으로 낮은 다른 옵션들이 있다. 통상적으로 가족 계보를 거슬러 오르는 것도 귀한 정보를 많이 얻는 데 도움이 된다. 예를 들어, 혹 어떤 약품에 급성 반응을 일으킨 적이 있느냐고 친척들에게 물어보는 것이 미래에 당신 목숨을 구하게 될지도 모른다.

수많은 유전적 반응으로부터 생긴 복잡한 질병들을 분석해내는 데 아주 작은 정보도 중요할 수 있다. 사실, 상세한 가족 병력을 대신할 만한 정보는 없다. 그래서 앞으로 올 수십 년간의 유전적 건강에 관해서라면, 모르몬 교도들이 이 분야를 선도할 것으로 보인다.

아마 당신은 모르몬 교도들을 빠르게 성장하고 있는 말일 성도 예수 그리스도 교회Mormon Church의 정식 명칭 – 옮긴이의 멤버쯤으로 알고 있을 것이다. 그리고 가끔 그들과 마주쳤을지도 모른다. 머리는 짧게 잘라 젤을 발라 넘기고, 검은 바지와 하얀 셔츠를 입고, 검은 이름표를 달고 당신 집의 벨을 누르던, 두 명씩 팀을 이뤄 다니는 사람들을 기억하는가?

하지만 당신이 잘 모르는 사실이 있다. 어떤 모르몬 교도들은 '죽은 자들을 위한 세례'라고 일컬어지는 의식을 한다. 이는 공식적으로 세례를 받을 기회를 갖지 못하고 죽은 사람에게 구원의 기회를 줄 수 있다는 믿음에서 비롯된 의식이다. 말하자면 살아 있는 모르몬 교도가 죽은 사람 대신 세례를 받는 것이다.

이 의식은 현재 전산화된 가계도 연구에 유례가 되었고, 이 때문에 많은 모르몬 교도들은 몇 백 년을 거슬러 올라간 조상들의 이야기와 이름을 암송할 수 있다. 심지어 남편 한 명에 많은 아내들이 있는 계보까지도 암송할 수 있는데, 이는 단 하나의 모르몬 영혼도 누락시키지 않기 위해서다.

유전병을 가족 병력과 연관해 알아보려는 의사들에게 이런 종류의 자세한 정보는 확실한 금광과도 같다. 오늘날 교회는 많은 가계도 기록을 인터넷을 통해 대중에게 공개했으며[13] 모르몬 교도가 아닌 많은 사람들도 이를 이용하고 있다. 하지만 모르몬 교도들에게 이는 말 그대로 아주 종교적인 것이다.

하지만 당신의 형제들과 아이들 그리고 손자, 손녀들에게 그들의 유전체를 더 잘 이해해 개인적 건강에 아주 중요한 정보를 가질 수 있는 더 좋은 기회를 갖게 해주는 데에 꼭 모르몬 교도여야 할 필요는 없다. 당신이 그들에게 줄 수 있는 가장 좋은 선물 중 하나는 당신이 부모님의 건강에 대해 알고 있는 것으로부터 시작해서, 할 수 있는 만큼 가계도를 거슬러 올라가서 철저한 가계의 역사를 제공하는 것이다.

될 수 있는 한, 아주 자세하게 만들어라. 한 세대에서는 정말 하찮아 보였던 세부 정보가, 예를 들어 어떤 특정 약품에 대한 민감성 같은, 가족 병력 정보에 아주 유용할 수 있다. 따라서 자세한 가족력이나 직접적 유전 검사를 통해서 당신의 유전자에 대해 더 많이 아는 것은 스스로의 독특한 개인성을 상기시켜주는 중요한 메모가 된다.

이는 대부분의 사람들에게 맞을 거라는 일반성의 전제를 뒤로 하고 떨어져 나와서 다음과 같은 질문을 할 시간이 되었다는 것을 알려주는 메모다. 내 유전자 타입에 가장 잘 맞는 약과 복용량은 무엇인가? 어떻게 나는 예방의 역설을 피할 것인가? 내 유전적 필요에 가장 잘 맞게 하려면 어떤 영양적 그리고 생활 방식의 전략을 취할 것인가? 5천 년 동안 얼어 있던 이탈리아인 미라로부터 배울 수 있는 유전적 삶의 교훈은 무엇인가?

아마 우리는 이런 중요한 질문에 대한 모든 대답을 곧바로 발견할 수 없을지도 모른다. 하지만 이런 질문들을 함으로써 우리 스스로를 독창적으로 만드는 중요한 유전적 자질들에 관한 전반적 그림을 얻는 데, 한 발자국 더 다가설 수 있을 것이다.

Chapter 7

편 고르기:

왜 누구는 왼손잡이나 구피로 태어나는가

성난 황소의 시대는 끝났다. 초원에 풀려 방목되어 버렸다. 그렇게들 말했다.

비평가들만 그렇게 말한 것은 아니었다. 서핑을 하는 다른 동료들도 마찬가지로 말했다. 마크 오킬루포Mark Occhilupo 안의 악마가 그의 뛰어난 실력을 앗아가고 있다고. 그는 약물 남용에 대한 대가를 치르고 있었다. 그의 허리둘레는 점점 늘어났고 실력은 다른 뛰어난 서핑 선수들에게 뒤처졌다.

1992년, 이 모든 것은 극한 정점에 도달했다. 프랑스 남동부의 유명한 오세고르 해변에서 있었던 립컬 프로시합에서 옥시마크 오킬루포의 애칭로 알려져 있던 이 선수는 상대방 선수에게 서핑 보드를 집어던지고 심판 부스를 밀어 넘어뜨리려 하고, 심지어 해변의 모래까지 씹어 먹고, 호주의 자기 집으로 헤엄쳐서 가겠다고 공언했다.[1]

이 자신만만하고 뻐기기 좋아하는 호주인은 세계 챔피언 타이틀을 얻지 못했다. 그리고 그가 그해에 서핑 챔피언십 협회 투어를 포기했을 때는 앞으로도 결코 타이틀을 얻지 못할 것이 확실해 보였다.

하지만 세상의 이목에서 벗어난 오킬루포는 자신의 삶을 보수하기 시작했다. 약을 끊었다. 운동을 시작해 다시 몸을 만들었다. 오랜 시간 주식이었던 프라이드 치킨을 맹세코 끊었다. 그리고 이번에는 명예나 돈을 벌기 위한 것이 아니라 재미와 건강을 위해서 다시 서핑을 시작했다.

1999년 오킬루포는 파도를 하나하나씩 넘어 승리에 승리를 거듭하여 서핑 협회의 월드 투어 챔피언 타이틀을 거머쥐었다. 그의 나이 서른세 살 때였다. 서핑 역사상 가장 나이가 많은 챔피언이었다.

몇 년 후 옥시는 여전히 그대로였다. 또 한 번의 은퇴 후에도 성난 황소는 세계 선수권에 다시 도전하고 싶어서 몸이 근질거렸다. 그때 하와이 오하우 섬에서 아침에 나는 오킬루포가 부서지는 파도 속으로 머리 먼저 다이빙해 들어가고 얼마 지나지 않아 거품이 이는 파도 위로 나타났다가 물결 고랑 속으로 사라지는 것을 내 눈으로 직접 보았다. 이는 지켜보는 누구라도 굉장히 재미있는 장난으로 여겨 크게 웃을 만한 것으로 그의 엄청난 노력으로 이루어졌다.

그날 오킬루포의 서핑에는 전문 서핑 선수가 아닌 나도 현저하게 알아볼 수 있는 사실이 있었다. 그는 구피goofy, 오른발을 내밀고 서핑함였다.

어떤 사람들은 왼손잡이를 '사우스포southpaw'라고 부른다. 다른 사람들은 몰리두커mollydookers: 호주에서 왼손잡이를 지칭하는 말 – 옮긴이나 코르크 낙시찌corky dobbers라고 부른다. 과학자들은 아직도 왼쪽을 종종 시니스터sinister, 불길하다는 뜻으로도 쓰인다라 부르는데, 이는 원래 라틴어에서 단순히 '왼쪽'을 의미했던 것이 후에 악마와 연관된 뜻으로 바뀌었다[2].

왼손잡이로 태어나는 것이 의학적으로 어떤 암시를 주는지 궁금한가? 왼손잡이 여성은 오른손잡이 여성보다 폐경 전 유방암 발병 확률이 두 배는 높다. 그리고 몇몇 연구자들은 이런 영향이 태내에 있을 때 특정 화학물질에 노출된 것과 관련이 있을 거라고 생각한다. 이런 노출이 유전자에 영향을 끼쳐, 왼손잡이와 암 발병에 기본 설정이 되고[3] 태내의 환경이 자연여기서는 왼손잡이와 암 발병 성향을 바꾸게 되었다고 생각한다.

우리의 손이나 발 그리고 심지어 눈까지도 대부분의 사람들에게는 오른쪽이 우세하다. 어쩌면 당신은 손 우세와 발 우세가 항상 일치한다고 생각할지 모르지만, 오른손잡이 사람들에게는 항상 그렇지도 않다는 것이 밝혀졌고 왼손잡이 사람들에게는 더욱 드물다고 판명되었다. 즉 많은 사람들에게 손과 발의 우세가 '일치하지 않는 것'이다.

보드 스포츠에서 '구피goofy'라는 용어는 오른쪽 발을 서핑보드 앞으로 하고 타는 것을 일컫는다. 보드에서는 뒤에 있는 발이 회전을 조정하므로 이는 곧 왼발 우세를 의미한다.

옥시는 그의 왼쪽 발이 뒤로 가게 서서 서핑을 했다.

왜 우리 중 누군가는 왼쪽 발이 우세인지에 대해서는 많은 이론들이 존재한다. 하지만 구피라는 용어 자체는 1937년 처음 영화관에서 상영된 〈하와이에서의 휴가〉라는 8분짜리 월트디즈니 만화영화에서 비롯되었다. 이 컬러 만화영화의 주인공은 늘 그렇듯이 미키, 미니, 플루토, 도널드덕 그리고 구피다. 모두 함께 하와이로 간

휴가에서 구피는 서핑을 해보려 했고, 마침내 파도를 타서 해변가로 향했을 때, 오른발이 앞으로 가고 왼발은 뒤쪽에 있었다.[4]

당신이 만약 스스로가 구피왼발잡이인지 의아해서 바닷가에 가기 전에 알아보고 싶다면 계단 아래에서 위로 올라간다고 상상해보라. 어떤 발이 먼저 움직이는가? 만약 상상 속에서의 첫 번째 걸음이 왼발이라면 당신은 구피 풋 클럽의 회원일 가능성이 크다. 당신이 구피가 아니라면 다수에 속하는 것이다.

왜 우리 중 누구는 왼손잡이, 오른손잡이 혹는 구피로 태어나는가는 우리 뇌가 형성되는 초기의 중요한 시기와 관련이 있다. 이 현상에 붙여진 이름인 '편재화lateralization'에 대한 가장 일반적 설명은 뇌의 각 반구가 기능적 특화를 위해 진화한다는 것이다. 이 기능의 분화로 우리가 복잡한 과제들을 실행하는 것이 가능해진다.

운전하면서 동시에 전화 통화를 할 수 있는가?• 이는 당신 뇌의 편재화 덕택이다. 일하는 동안 휘파람을 부는가? 그것도 편재화다.

그러면 왜 오른손잡이가 훨씬 많은 걸까? 우리 인간에게 가장 중요한 일 중 하나는 의사소통이며 보통 왼쪽 뇌에서 처리된다. 그래서 어떤 과학자들은 이것이 오른쪽이 우세한 이유라고 생각한다. 왼쪽 뇌는 당신도 이미 들어보았듯이 몸의 오른쪽 근육들을 지배하기 때문이다. 그래서 왼쪽 뇌에 뇌졸중이 오면 오른쪽 팔과 다리가

• 하지만 이를 동시에 하는 것은 당신 생각 만큼 잘되지 않을 수도 있다. 연구에 의하면 핸드폰 사용자들은 대개 취해서 운전하는 사람들 만큼이나 운전을 잘 못한다고 한다.

마비될 확률이 크다.

그렇다면 왜 스스로가 구피인지를 신경 써야 할까? 글쎄다. 하지만 이것이 바로 많은 사람들이 국립 암연구소, 유전자 조정과 염색체 생물학 실험실의 연구 책임자인 아마르 클레어에게 제기했던 질문이다. 그는 손 우세handedness, 손잡이의 유전학에 대해 수십 년 동안 연구해온 과학자다.

클레어는 손 우세가 직접적으로 유전적 원인, 심지어는 아마도 단 하나의 유전자에 의해 일어날 거라고 주장했다. 지금껏 우리가 인간 유전체를 세세히 훑어왔으면서도 아직까지 놓쳤던 발견일 거라고 했다. 클레어와 그 팀이 우성과 열성 특징이 예측 가능하게 유전되는 것을 증명해 보이면서(멘델이 자랑스러워했을 것이다) 지지한 이 이론은 왜 손 우세가 심지어는 일란성 쌍둥이들에게도 늘 동일하게 유전되지 않는지도 설명해주었다.

일란성 쌍둥이 경우는 얼핏 보면 손 우세가 유전자에 의해 결정된다는 것을 반증하는 것 같지만, 클레어와 다른 존경받는 유전학자들이 제안한 이론에 따르면 그렇지 않다. 이 이론적 유전자에는 두 개의 대립 유전자, 즉 우성(오른손잡이가 되게 한다)과 열성인 것이 있어서 한 쌍의 열성 대립 유전자를 물려받은 사람은 반반의 확률로 오른손잡이가 되거나 왼손잡이가 된다고 주장했다. 이 이론적 유전자를 찾으려 노력한 지 벌써 몇 십 년이 지났어도 클레어는 이를 발견하지 못했지만 아직도 희망을 버리지 않고 있다.

손 우세가 순전히 유전자에 의해 결정된다는 의견과는 좀 다른 주장도 있다. 왼손잡이는 태아 발달 과정 중, 혹은 출산 중에 신경

발작이나 손상이 일어나 뇌의 연결에 영향을 받아 일어난다는 제안이다.

이 '발작 이론'의 증거로 어떤 사람들은 미숙아로 태어난 아이들과 왼손잡이 사이의 관련성을 발견한 연구를 지목한다. 스웨덴의 메타 분석•은 미숙아로 태어난 아이들에게 왼손잡이 확률이 두 배나 증가한 것을 발견했다.[5]

유전학 아니면 손상을 일으키는 노출, 또는 두 가지 모두를 좇아서 손 우세 바탕에 깔린 생물학을 발견해내는 것은 단순히 우리가 아이들을 야구 타자석 오른쪽에 세울지, 왼쪽에 세울지 결정하는 것보다 훨씬 많은 정보를 줄 수 있다. 왜냐하면 왼손잡이는 더 높은 발생률의 난독증, 정신분열증, 주의력 결핍 및 과잉행동장애ADHD, 기분 장애mood disorder, 심지어는 우리가 앞에서 논의한 바와 같이 암과도 관련이 있기 때문이다.[6] 실제로 덴마크의 연구자들은 검사에 손 우세를 추가함으로써 여덟 살에 ADHD 증상을 보였던 아이가 열여섯 살에도 여전히 ADHD를 가졌는지 알아내는 데 도움을 받았다.[7]

손 우세와는 달리, 우리는 신체 발달 과정 중에 일어나는 해부학적 계획의 바탕이 되는 유전적 요인은 훨씬 더 잘 이해하고 있다. 우리 몸에서 심장과 비장이 왼쪽에, 간은 오른쪽에 위치하도록 열심히 일하는 유전자들에 대해서 말이다. 이 유전적 이해는 우리가

• 메타 분석은 통계학적으로 더 의미 있게 만들기 위해서 많은 비슷하게 디자인된 연구들의 결과를 합쳐서 하는 분석으로, 결과의 정확성을 높여준다.

다음 질문에 대답할 수 있도록 도와준다.

어떤 기관이 어느 쪽에 있는지가 정말로 중요할까? 한 번이라도 뜨거운 물 수도꼭지가 차가운 물이라고 잘못 표시된 즐거움을 경험해보았다면, 편재화가 잘못되었을 때의 고통을 경험해본 것이다. 우리 몸이 표시된 대로, 혹은 예상된 대로 작동하지 않으면 많은 것들이 위험해질 수 있다.

하지만 어떻게 유전자가 몸의 한쪽을 고르는 걸 돕는지 이해하려면 먼저 어머니 뱃속에서 삶의 모험을 시작했던 태아 때로 되돌아가야 한다. 우리가 3차원적으로 발달하면서 신체의 비율들을 제대로 유지하기 위해 성장하는 동안 꼭 고수해야 하는 독특한 균형들이 존재한다.

불균형이 재미있는 점은 모든 것을 완전히 말도 안 되게 만드는데 꼭 많은 것들이 잘못되어야 하는 게 아니라는 사실이다. 약간의 생물학적 편재는 좋지만 그보다 약간만 더해도 많은 것들이 심각하게 이상해질 수 있다. 그것도 아주 빠르게.

한번이라도 작은 배를 타본 적이 있다면(캠핑갔을 때 카누 같은 것)이 말을 이해할 것이다. 잘 맞춰 노를 저으면 카누는 믿기 어려울 만큼 안정적으로 물살을 가로지르며 움직인다. 하지만 단 한 사람이라도 안 좋은 타이밍에 일어나면 배 전체가 뒤집히는 건 순식간이다.

오아후의 북쪽 해변에 서서, 오킬루포가 부서지는 파도보다 항상 한 발짝 빨리 움직이며, 마치 능숙한 요리사처럼 파도를 다루는 모습을 보면서 나는 그런 생각을 하고 있었다.

오킬루포는 노련한 장인이었다. 하지만 그런 그라고 해도 1930년대에 일어난 일이 없었다면 그렇게 노련할 수 없었을 것이다.

〈하와이에서의 휴가〉라는 만화영화를 보면서 당신은 구피의 서핑보드가 약간 다리미판과 비슷하다는 것을 눈치챘을지도 모른다. 길고 평편하고 한 끝이 뾰족하다. 바닥에는 아무것도 없다. 이는 구피의 서핑보드가 톰 블레이크라는 남자를 만나기 이전의 것이기 때문이다. 블레이크는 이 만화영화가 만들어지기 바로 몇 년 전에 스케그, 즉 보드 밑에 붙여 균형 잡는 것을 도와주고 보다 나은 조정 기동성을 제공하는 지느러미 모양의 구조를 서핑계에 도입한 사람이다.

이야기에 따르면 블레이크의 첫 프로토 타입은 해변가에 밀려들어온 모터보트의 용골keel이었다고 한다.

처음에는 아무도 서핑 보드에 첨가된 이 구조가 어떤 쓸모가 있는지 이해하지 못했다. 하지만 십수 년이 지나자 세계의 모든 서핑보드들은 하나 또는 그 이상의 스케그를 달게 되었다.[8]

서핑이 어떻게 우리의 유전자와 우리의 발달 과정에 연관되었을까? 우리 인간에게 스케그는 없다. 하지만 비슷한 종류의 구조가 유전자 깊숙하게 코딩되어 있어 우리의 발달 과정에 중요한 역할을 하고 적절한 시기에 적절한 유전자가 발현될 환경을 조성한다. 이는 노드 섬모nodal cilia라 불리며 태아 발생 과정 중에 나타난다. 우리 모두가 어머니 뱃속에서 어찌 됐든 찌그러진 껌과 비슷한 모양을 한 시기에 나타난다. 이렇게 모든 것이 중요한 시기에 훗날 우리 머리가 될 곳에서 작은 단백질 안테나처럼 노드 섬모가 튀어나온다.

그리고 스케그가 서핑 선수들이 물에서 보드 조정하는 것을 도와 파도를 가르는 것처럼, 섬모는 발달하는 태아 주변의 양수를 움직이는 데(또 어떤 경우는 감지하는 데) 아주 중요한 역할을 해서 필요한 화학적 농도의 공간적 구분을 형성한다. 이런 식으로 섬모는 단순하지만 필수적이다. 양수를 특정 방향으로 움직이고 태아 주위에 월풀 같은 흐름을 만든다. 양수에 떠다니는 단백질의 양에 적당한 변화를 일으켜 적절한 시기에 유전 발현을 일으킴으로써 몸의 발달을 이끈다.

태아가 발달하는 과정에서 간은 몸의 오른쪽에, 비장은 왼쪽에 생기도록 하는 데에는 단백질 신호가 쓰이며 이 신호들은 이미 우리 유전자에 코딩되어 있다.

사람 몸에서 어떤 편이 어떤 기관을 가질 것인가 경쟁하는 치열한 대전투에서 우리의 유전자는 레프티 2, 소닉 헤지호그, 노드와 같이 편재화에 이기기 위해 끝장을 볼 때까지 겨루는 단백질들을 적절하게 코딩하고 있다.

반대로 섬모가 유전적 변화 때문에 제대로 작동하지 않으면 우리의 발달 균형은 완전히 엉망이 되고 만다. 마치 예상치 못한 거센 조류나 바다의 산호초에 의해 스케그가 부러져 나간 서핑보드처럼, 섬모의 이상은 태아 쪽으로 가는 단백질의 양에 불균형을 초래할 수 있다.

그리고 소닉 헤지호그 같은 단백질이 정상 경계를 넘어 흘러가게 되면, 은유적으로 말해 비장을 먹어치워 버려서 비장이 없어진다.

마치 소닉 헤지호그에 뒤지지 않으려는 것처럼, 레프티 2와 같은 단백질이 제대로 작동하지 않으면 비장을 하나 이상 가지게 되는데 이를 다비장증polysplenia이라 한다.

섬모가 헷갈리면 우리 몸의 기관들이 '구피'하게 된다. 월풀을 잘못된 방향으로 저으면 몸의 주요 기관들이 완전히 반대편에 자리잡아서 심장이 오른쪽으로 가고 간은 왼쪽, 비장은 오른쪽으로 가게 된다.

이것이 산부인과 의사들이 임신 중에는 술을 멀리하라고 강조하는 이유다. 술과 임신에 관한 한 안전한 수치가 없다는 의견이 전반적으로 받아들여지고 있다. 하지만 임신 중에 술을 마신 엄마들로부터 태어난 아이들에게 아무 문제가 없는 경우도 드물지 않다.

그럼 왜 다른 것일까? 왜냐하면 우리는 모두 유전학적으로 다양하기 때문이다. 그리고 특히 알코올 대사에 있어서는 더욱 그렇게 보인다. 어머니와 아버지로부터 어떤 유전자를 물려받았느냐에 따라 알코올은 태아에게 조금만 안 좋을 수도, 엄청나게 센 독극물처럼 아주 안 좋을 수도 있다.[9] 우리 아이들의 발달 과정에 끼칠 이런 불확실성을 고려한다면, 역시 임신 중에는 술을 전혀 마시지 않는 것이 제일 좋을 것이다.

이 충고는 여자들이 임신 중에 먹는 건강에 좋지 않은 음식들을 포함해서 우리가 잘 알지 못하는 어떠한 물질에 대해서도 좋은 말이겠지만, 알코올에 대해서는 특별히 중요하다. 특히 '술에 취하지 않은' 섬모가 엄청나게 중요한 역할을 하는 발달의 초기 단계에는 더더욱 그렇다.

어떻게 보면 섬모는 발달 과정의 오케스트라에서 유전적 지휘자와 같은 역할을 한다. 오케스트라의 마에스트로가 지휘하는 걸 본 적이 있다면 교향곡을 제대로 지휘하는 건 말짱한 정신으로도 충분히 어려운 일임을 알 것이다. 당신이 취해서 지휘하려 한다고 상상해보라. 이것이 여러 연구자들이 임신 중에 과음을 한 엄마들로부터 태어난 아이들에게서 편재화와 관련된 많은 문제점들을 발견하는 이유다. 가령 오른쪽 청력 이상이나 말에 대한 이해가 어려운 경우 등이 있는데, 둘 다 보통 왼쪽 뇌에서 처리되는 기능들이다.[10]

섬모가 오기능을 하게 되면 복잡한 신체 발달 과정의 오케스트라를 유전적으로 잘 지휘해 화음과 멜로디, 리듬 등이 극적으로 조화된 연주를 이루어내는 대신 불협화음을 이끌게 된다. 이는 마치 불협화음으로 유명한 일본 작곡가 토루 타게미츠의 작품(배우고 생각해보기는 놀랍지만 이해하기는 어려운 음악이다)을 지휘하는 것과 같다. 바로 이것이 섬모가 정상적 기능에 실패할 때 일어나는 섬모기능이상 증후군ciliopathies으로 불리는 유전병이 당면한 도전이다.

섬모기능이상 증후군을 이해하려면 섬모와 그것에 관한 유전학을 이해해야 하고, 그렇게 하려면 먼저 섬모가 여기저기에 모두 있다는 사실을 알아야 한다. 정말 어디든지 다 있다. 아마도 당신은 섬모에 대해 한 번도 들어보지 않았을 테지만 그것들은 당신이 태어나기도 전부터 당신과 당신의 건강을 돌보아왔다. 어떤 세포들은 주변의 미시적 세계를 물리적으로 감지하는 데 접촉 대신에 섬모를 쓰기도 한다.

하지만 우리 주변의 세계를 감지하는 데 섬모 대신 접촉을 쓰는 다른 설득력 있는 예들도 있다.

미국인 조각가인 마이클 나랑호Michael Naranjo는 스물두 살 때 베트남에 파병되어 수류탄 공격에 눈이 멀고 오른손을 못 쓰게 되었다. 일본에 있는 병원에서 치료받는 동안 뉴멕시코의 원주민 예술가 가족의 일원이었던 나랑호는 간호사에게 점토를 좀 얻을 수 있는지 물어보았다. 간호사는 며칠 후 그의 요청을 들어주었고 그를 계기로 나랑호는 세계 곳곳으로 자신을 데려다줄 예술적 여행을 시작하게 되었다.[11] 장님이었지만 세계적으로 인정받는 조각가가 된 것이다. 수년 후에는 심지어 이탈리아 플로렌스의 갤러리아 델 아카데미아로부터 초청받았는데 갤러리 측은 특별한 비계를 설치해서 나랑호가 미켈란젤로의 다비드상 얼굴을 손으로 직접 만져볼 수 있게 해주었다. 그것이 나랑호가 보는 방법이었기 때문이다.

이 놀라운 예술가와 같이 우리 몸의 세포들은 물리적으로 장님이어서 유전적으로 코딩된 그들의 섬모를 사용하여 주위 세상을 감지한다. 섬모는 우리 삶에 아주 근본적인 것이지만 그들의 미시적 크기 때문에 숨겨져 있어서, 우리는 섬모에 대해 두 번 생각해보지 않는다. 하지만 섬모들은 크기에서 뒤쳐진 것을 그 영향력으로 보충한다.

우리 삶에 대한 섬모의 영향은 아주 일찌감치 시작된다. 심지어는 섬모가 우리를 온전하게 만들려고 양수를 휘젓고 감지하면서 일을 시작하기 전부터 말이다. 이는 섬모가 임신하는 데도 아주 중요한 역할을 하기 때문이다.

가장 먼저, 정자의 꼬리는 편모flagellum라는 변형된 형태의 섬모다. 이것이 제대로 흔들리지 않으면 정자는 헤엄칠 수 없고, 헤엄칠 수 없으면 정자는 가야 할 곳으로 갈 수가 없다. 또 섬모는 나팔관의 입구에 위치하고 있어 배란이 일어나는 동안 빨리 흔들려서 난자를 난소로부터 안내하도록 강한 흐름을 만들어준다.

우리들의 폐 또한 섬모에 상당히 의존하는데, 이는 섬모가 폐 속을 물리적으로 깔끔히 정돈함으로써 산소가 바깥세상에서 몸속으로 들어오는 것을 도와주는 역할을 하기 때문이다. 수많은 대중들이 뻗친 팔 사이를 유연하게 빠져나가는 콘서트장의 주인공처럼, 섬모는 폐에서 점액과 먼지 그리고 미생물들을 제거한다. 이 일은 최상의 환경에서도 힘든 작업이지만 우리가 흡연을 하거나 섬모에 나쁜 영향을 주는 화학물질을 들이마시면 훨씬 더 어려워진다. 당신은 흡연자의 기침을 들을 때마다 당신의 섬모에 고마워 해야 할 것이다. 왜냐하면 유전적으로 제 기능을 하게 만들어진 작은 섬모 녀석들이 할 일을 잘해주기 때문에 우리의 기침은 그렇게 들리지 않는 것이다.

하지만 당신이 흡연자가 아니라고 해도 이 과정이 고장날 수 있다. 단순히 *DNAH5*이나 *DNAI1*와 같은 유전자에 특정 돌연변이만 물려받으면 섬모가 제대로 작동하지 않는다. 이들 유전자의 돌연변이에 의해 일어난 유전병은 원발성 섬모 이상운동증Primary Ciliary DyskInesia, PCD으로 불린다. 우리가 이제 이해하기 시작하고 있는 것은 섬모가 하고 있는 대부분의 일들이 훨씬 더 많이 숨겨진 채로 남아 있다는 것이다. 섬모가 잘 작동하지 않을 때는 폐의 근육과 탄력

조직이 망가져서 숨 쉬기가 힘들고 부비강이 부어올라 코의 배수시설을 막아버린다. 이런 증상은 어떤 이유로든지 간에 섬모가 원래 흔들려야 하는 방식으로 움직이라는 신호를 받지 못해 생기는 유전병의 결과다.

PCD를 가진 어떤 사람들은 좌우바뀜증situs inversus, 전체 내장 자리바꿈을 나타내는데 이 경우는 선배 의사들이 현장실습에서 젊은 후배 의사들을 골탕 먹일 좋은 기회를 제공한다.

나도 의과 대학생일 때 이 신입생 신고식을 치렀다. 신체검사 실습 후에 한 강사인 의사가 내게 '간을 두드려 감지해보라'고 했다. 이 두드리는 기술은 수백 년 동안 의사들이 이 중요 기관의 크기를 예측하는 데 써왔던 것으로 초음파 기술이 도래한 오늘날에도 꼭 알아야 했다. 하지만 그 선배 의사는 내가 시작하기 전에 그 환자가 좌우바뀜증이 있다는 것을 전혀 언급하지 않았다. 그녀의 모든 주요 기관들은 정상의 반대쪽에 위치해 있었음에도 말이다.

"모알렘, 뭐 문제가 있나?" 내가 환자의 배를 더듬거리며 그동안 친구나 가족 그리고 환자들에게 그토록 많이 연습했던 대로, 필사적으로 찾고 있을 때 그 선배가 물었다.

"글쎄… 제가… 어…."

"자, 빨리 찾아봐."

"저는… 글쎄… 그게 꼭… 저…."

나는 너무나 허둥대서 이 장난에 동참했던 환자가 웃음을 참으려고 열심히 노력하는 것도 눈치채지 못했다. 그녀는 마침내 발작적으로 웃기 시작했다. 처음에는 내가 그녀의 간을 찾으려 배를 더듬다가 의도치 않게 간지럼을 태운 줄 알았다. 장난치고 있다는 것을 알아챈 것은 그 방 안에 있던 모든 사람들이 다 웃기 시작한 후였다.

그 당시에는 이 짓궂은 장난이 아주 당황스럽게 느껴졌지만 돌이켜보면, 의과 시절에 배운 것들 중에서 가장 기억에 남는 교훈 중 하나였다. 내가 배운 것은 환자를 검사하기 전에 항상 잠시 시간을 가지고 내가 이미 가지고 있을지도 모르는 어떤 가정이나 편견을 마음에서 비워버리라는 것이었다.

의사의 마음을 의학적 백지상태tabula rasa: 인간이 태어날 때와 같은 백지 상태의 마음 – 옮긴이로 하는 것은 쉬운 일이 아니다. 우리 의사들은 어떤 것들은 당연시한다. 특히 의학 교육의 일환으로써 인간의 해부학이나 생리학에 대한 특정한 임상적 가정을 하게 된다.

그리고 내가 의사로서 점점 바빠질수록 이런 가정들은 점점 큰 도전이 되었다. 또한 더 중요해지기도 했다. 개인적인 의술(개인화된 치료)의 시대가 다가옴에 따라, 우리 의사들이 지금까지 당연시해 왔던 기존의 가정들을 깨고 그것들을 넘어서 생각해보는 것이 훨씬 중요해지기 때문이다.

하지만 우리가 정말로 모든 사람들에게 다 해당한다고 믿는 것들은 있다. 건강에 관한 한, 섬모의 바탕이 되는 유전학은 확실하게 중요하다. 태아의 내장 기관들을 어디에 만들 것인지 결정하도록 도와주는 것이 섬모가 하는 모든 일은 아니다. 섬모는 또한 우리 신장과 간, 심지어는 우리 눈의 망막까지 적절한 내부 구조를 형성하는데 관여한다.[12] 마치 나랑호의 손이 대리석 조각을 만들어가듯이,

변형된 섬모는 우리 뼈의 적절한 형성을 도와주기도 한다. 이는 섬모가 3차원 공간에서 세포들이 제대로 방향을 잡도록 촉진해주는 역할을 해주기 때문이다.

밝혀진 바에 의하면 우리 몸에는 섬모가 중요한 역할을 하지 않는 곳이 거의 없다. 그럼에도 불구하고 섬모는 우리가 가진 근본적인 구조 중에서 가장 연구가 덜 된 구조 중 하나로 남아 있다.

작동이 제대로 되는 섬모를 만드는 유전자 없이는 우리에게 편재화도 없다. 그리고 편재화 없이는 우리 몸의 내부 기관들과 뇌는 제대로 형성될 수가 없다. 이것이 편재화가 우리가 알고 있는 삶의 중심에 서 있는 이유다. 다음에서 이야기하겠지만, 편재화는 말할 수 없을 만큼 깊은 유전적 암시가 있어 말 그대로 기상천외하다고 해야 할지도 모른다.

때로 우리 모두는 단순히 한쪽을 골라야만 한다. 몇 년 전 태국과 라오스 사이의 국경에 있는 다리를 건너려고 했을 때, 나는 이런 코믹한 현실을 목격했다. 태국은 길의 왼쪽으로 운전하고 라오스는 오른쪽으로 운전한다. 그날 아침 국경선이 열렸을 때 거기에는 상당한 혼란과 우스꽝스러움이 있었다. 모든 운전자들이 다리의 어떤 쪽으로 운전해서 건너야 할지 알아내려 노력하고 있었다.

이는 우리 몸속 깊은 곳에서도 마찬가지다. 한쪽을 선택하지 않고는 분자적, 발생학적 혼돈 속에서 완전히 길을 잃어버리고 말 것이다. 이 때문에 거의 모든 것은 왼쪽으로 가게 되어 있거나 오른쪽으로 가도록 정해져 있다. 그리고 세상의 '오른손잡이'들이 믿도록 이끄는 것과는 반대로, 사실 우리 속의 생화학은 말하자면 '왼손잡이'의 분자적 배열 형태를 가졌다.

예를 들어 스무 개의 아미노산으로 수백만 개의 다른 단백질을 만들어내는 경우를 보자. 아주 기본적 단계에서 우리 몸은 기능과 형태를 주는 빌딩 블럭으로 아미노산을 사용한다. 어떤 아미노산이 어떻게 꿰어지는지의 특정한 순서는 유전자로부터 제공되고 번역되어서 나온다. DNA에서 한 글자의 변화가 단백질을 만들 때 쓰는 아미노산을 바꿀 수 있으며 이 변화가 그 단백질이 제대로 기능하는 능력을 완전히 바꿀 수 있다. 이런 이유로 아미노산과 그것이 합쳐지는 순서는 엄청나게 중요하다.

아미노산은(딱 하나의 예외인 글리신을 빼고는) 비대칭chiral, 카이랄이어서 오른손형과 왼손형의 아미노산이 있으며 실제 실험실에서 아미노산들이 합성될 때는 오른손형과 왼손형이 반반 섞인 혼합물이 얻어지게 된다.

오른손형 아미노산이 정말로 무언가 잘못된 건 없다. 그것들도 왼손형 아미노산과 똑같이 행동할 수 있고, 쌓을 수 있는 의자들처럼 차곡차곡 쌓아 올리면 왼손형과 마찬가지로 안정적이다. 하지만 어떤 이유인지는 모르겠지만 이 별의 생물학은 왼손형을 좋아한다.

만약 이 모든 것이 너무 기상천외해서 세상 바깥의 이야기처럼 들린다면, 당신은 나사 과학자들이 만들어낸 이론을 향해 가는 올바른 길에 들어선 것이다. 그리고 그건 정말 말 그대로 이 세상 밖의 것이다.

2000년 겨울 캐나다 북서부의 타기쉬 호수에 떨어진 운석에서 몇 조각을 입수한 나사 과학자들은 그 샘플을 뜨거운 물에 섞었다. 그리고는 액체색층분석-질량분석법Liquid Chromatography-Mass Spectrometry, LC-MS이라 불리는, 섞여 있는 물질에서 각각의 분자들을 분리해낼 때 실험실에서 흔히 쓰는 기술을 이용해서 운석의 분자들을 조금씩 분리해냈다.

놀랍게도 그들은 아미노산을 발견했다.

하지만 나사 사람들은 거기서 그만두지 않고 연구를 계속했다. 왼손형과 오른손형을 구분해내기 시작했고, 왼손형 아미노산이 오른손형 아미노산보다 상당히 많다는 사실을 알아냈다.[13] 이 연구가 사실로 밝혀진다면, 그것이 시사하는 바는 여기 지구상에 있는 다수의 왼손형 아미노산은 아주 멀고 먼 은하계에서 왔을 수 있다는 것이다. 아마도 이는 우주의 작은 구석에 있는 우리 별 자체가 약간 왼손형 쪽으로 기울었다는 것을 의미할지도 모른다.

이제 당신이 알고 싶지 않을 건강 보조제 산업계의 가장 큰 비밀을 말하려 한다. 당신이 사서 먹는 비타민들 중 어떤 것은 몸에 좋기보다 나쁠 수 있는데, 이는 한쪽성 때문이다. 그 예로 비타민 E를 들 수 있다. 아마도 당신은 이를 중요한 항산화제로 알고 있을 것이다. 1922년에는 이를 토코페롤이라 불렀는데 그리스 어로 '아이를 불러오는'이라는 말에서 왔다. 왜냐하면 그 당시에 알려진 것은 비타민 E가 결핍되면 쥐가 불임이 된다는 사실뿐이었기 때문이다.

비타민 E는 잎사귀 달린 채소를 포함해서 우리가 먹는 다양한 음식들에서 발견된다. 그리고 이는 우리의 세포막을 화학적 산화의 맹습으로부터 보호한다. 마치 험한 날씨와 길에 뿌려진 소금 때문에 황폐해지는 차 밑바닥을 보호하는 녹방지 보호 처리처럼 말이다. 하지만 그것이 비타민 E가 하는 전부는 아니다. 비타민 E는 또한 몇몇 유전자의 발현을 아주 극적으로 변화시킨다는 것이 밝혀졌다. 이는 우리 삶을 유지하기 위해서 하루에도 수백만 번씩 일어나야 하는 세포 분열에 관련된 유전자도 포함해서였다.[14]

그러면 건강 보조제로 쓰이는 비타민 E는 어디서 오는가? 오늘날 상업적으로 팔리는 다른 모든 건강 보조제와 마찬가지로 화학공장에서 인위적으로 제조된다.

건강 보조제에 있는 비타민 E의 형태는 많은 경우 알파 토코페롤인데 이것 자체도 여덟 가지 다른 형태, 입체이성체stereoisomer로 존재한다. 그리고 이중 단 한 종류만이 자연적으로 우리가 먹는 음식 속에 들어 있다. 이제 우리가 수십 년 넘게 알아왔듯이 알파 토코페롤을 과량섭취하면, 음식에 자연적으로 있는 감마 토코페롤의 수치를 낮춘다.[15] 다시 말하자면 인위적 알약 버전이 자연적으로 많이 존재하는 비타민 E를 몸속에서 없애버리는 것이다.

이를 고려해서 나는, 사람들이 작은 캡슐과 만화 주인공 모양의 알약들은 버리고 비타민 E가 풍부한 땅콩 종류나 살구, 시금치나 토란 등을 먹을 것을 권하고 싶다. 이미 다 밝혀졌듯이, 자연이야말로 우리에게 실제로 필요한 종류의 비타민 E를 제공하는 꽤 좋은 중개인인 것이다.

비타민을 먹는 대신 몸에 좋은 음식을 먹는 것은 또 다른 면으로도 이익이다. 음식으로 먹으면 비타민 섭취에 있어 사려 깊고 분별 있는 양을 초과하기가 어렵다.

여기서 더이상 당신의 특정 유전자형이 비타민들의 대사에 영향을 미친다는 사실을 또 한번 말해주어야 할 필요는 없을 줄 믿는다. 실제로 한 최근 연구는 비타민 E 보조제에 반응하는 데 영향을 주는 유전적 다양성이 세 가지나 존재함을 보여주었다.[16]

하지만 우리 대다수에게 가장 중요한 것은 형평성이다. 우리 몸과 삶 그리고 심지어는 우주 전체가 적당한 양의 불균형에 의존하는 평형상태인 것이다.

이런 방식으로 우리의 유전자는 우리가 왼편과 오른편 중에서 선택하는 것을 돕는다. 우리 모두는 뇌의 정상적인 발달과 삶 자체를 잘 지휘하고 있는 편재화의 균형에 의지하고 있다. 딱 맞는 유전자가 딱 적당한 시기에 켜지지 않는다면 우리는 안과 밖이 다 뒤집어져 뒤죽박죽이 될 것이다. 비장에서부터 손가락 끝까지 전부 다 말이다.

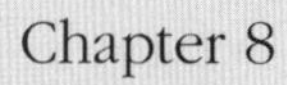

우리는 모두 엑스맨이다:

셰르파와 무통증 아이들로부터 배우는 유전적 교훈

후지산 꼭대기에는 코카콜라 자판기가 있다.

그것이 내가 일본에서 가장 높은 산 정상에 올랐을 때 기억하는 전부다.

불행히도, 해질 무렵에 출발해서 산에 올라갔던 과정은 기억이 많이 난다. 대부분의 사람들은 정상까지 올라가는 데 여섯 시간 정도 걸리지만 밤에 올라가는 사람들은 (나처럼 꼭대기에서 해 뜨는 것을 볼 충분한 시간을 갖길 원한다면) 더 많은 시간적 여유를 갖고 떠나라는 조언을 듣는다.

하지만 나는 젊었고, 건강했으며, 자신감이 넘쳐 다른 사람들을 젖혀두고라도 크고 아름다운 그 산의 정상에 오를 수 있을 것이라고 확신했다. 올라가는 길에 가장 사람들이 북적대는 휴게소에서 뜨거운 우동 한 그릇을 먹을 계획도 세웠고 심지어는 잠깐 눈을 붙일 수도 있다고 생각했으며, 그런 후에 자랑스럽고 아름다운 기억을 줄 후지산 정상을 향해서 등반을 계속할 거라고 믿어 의심치 않았다.

얼마나 허황된 생각이었던가.

처음 의도했던 휴게소에 도착하는 건, 생각보다 훨씬 시간이 걸렸지만 그다지 어려운 일은 아니었다. 하지만 더 높이 올라갈수록 점점 느려졌다. 다리는 괜찮았지만 정신이 피곤해졌다. 그 전날 여덟 시간 동안 잘 잤다는 걸 알고 있으면서도, 등반에 대한 기대와 흥분 때문에 깨기를 반복한 얕은 잠이었다고 스스로에게 말했다.

'맞아, 정말 그랬던 것 같아'라고 생각했다.

어찌 됐든 나는 아침이 오기 전에 정상에 도착하기로 결심했다. 본래 의도했던 '이네무리일본 사람들이 잠깐 자는 낮잠을 일컫는 말'도 건너뛰고 휴게소에서 우동 한 사발을 허겁지겁 뱃속에 밀어 넣고 쇠로 된 보온병에 녹차를 가득 채운 후에 다시 등반을 계속했다.

그리고 바로 그때, 산은 가라데의 달인처럼 치고 들어왔다. 그것도 아주 세게.

남은 등반 동안 거의 대부분의 시간을 비와 서리, 우박과 싸웠다. 하지만 제일 큰 문제는 날씨가 아니었다. 그것도 전혀.

머리가 마구 울렸다. 구역질이 나고 어지러웠다. 세상이 뱅뱅 돌았다. 당신이 경험했던 가장 최악의 숙취를 떠올려보라. 이건 그보다 훨씬 나빴다. 나는 더 이상 앞으로 가지 못하고 등산로 옆에 몸을 웅크리고 어떻게 해야 할지 모른 채로 있었다.

내 정신은 작동을 거부하고 있었다.

그때 다행히도 나이 지긋한 일본 여인이 나타났다. 몇 시간 전 산 밑의 베이스에서 그녀를 처음 만났는데, 그녀는 커다란 악천후 장비를 착용하면서 내게 잡아달라고 도움을 요청했었다. 그녀는 자랑스럽게 그녀의 엉덩이와 왼쪽 무릎을 가리키며 최근에 스테인레스스틸과 티타늄 임플란트로 업그레이드했다고 말했다. 이 때문에 나는 그녀가 산의 반절도 오르지 못할 거라고 확신했다. 솔직히 말하면, 날씨와 등반의 어려움을 고려했을 때, 그녀가 좀 많이 걱정됐었다. 그런데 세상에, 지팡이 두 개를 짚고 절뚝거리면서 우아하게 산을 올라오던 아흔에 가까운 여인에게 내가 도움을 받고 있다니. 그녀는 멈춰 서서 내 배낭을 받아주고 내가 바로 설 수 있도록 도와주었다.

나는 그보다 더 모욕적인 일은 없을 거라고 확신했다. 하지만 내가 틀렸었다. 주변 사람들은 물론 나 스스로도 실망스러울 정도로, 그때 나는 속이 부글거리는 인간이 얼마나 많은 것을 만들어낼 수 있는지 경험했다.

그렇다. 나는 후지산을 올라가는 내내 방귀를 뀌었다.

나는 대기압 감소에 따라 산소가 부족해지는 저비중 저산소증을 들어보았지만, 이전에는 경험해본 적이 없었다. 그 부글거림과 어지러움, 혼란, 탈진이 단지 고산병의 즐거움이라는 것을 깨달을 정신이 아니었다.

왜 이 특별한 해프닝이 나에게만 일어나고 다정하고 나이 지긋한 내 등반 파트너에게는 일어나지 않았을까? 어떻게 그녀는 수다도 떨고 내 배낭을 자기 것과 같이 들어주고, 심지어 내가 필사적으로 쫓아가려고 애쓰는 동안에 때때로 나를 돌아보며 환한 미소를 지어줄 수 있었을까?

글쎄다. 내 유전자는 다른 많은 사람들보다 고도에 더 민감한 것으로 드러났다. 내 유전적 유산은 내가 후지산을 올라가는 걸 도와주는 대신에 나를 짓눌러버렸다.

내가 조금만 더 셰르파 같았다면 얼마나 좋았을까.

거의 모든 문명에는 어떻게 그들이 현재 있는 곳으로 오게 되었는지에 대한 이야기가 있다. 그리고 많은 경우 이야기들의 근본은 신체적 여행과 관련되어 있다. 분노의 바다를 건너는 여행, 불모의 사막을 가로지르는 비행 혹은 바위투성이의 산맥을 통과하는 여행 등등.

거기에는 그럴 만한 이유가 있다. 오늘날 우리는 언어나 문화 혹은 정치 등에 의해 분리되었다고 느낄지 모르지만 이주에 관한 이야기만큼은 공통적이다. 더 푸른 초목지를 찾아 헤매는 수색, 무한히 베푸는 바다를 찾는 탐사 그리고 사람들이 여행함에 따라서 그들의 유전자도 여행을 한다. 우리 모두는 유전적 이민자들인 것이다.

요즘은 보편화된 유전자 지도mapping 덕분에 우리의 근본에 관한 이야기를 과학적으로 탐색할 수 있다. 하지만 아직은 메꾸어야 할 구멍이 많고 발견되어야 할 이야기들도 많다.[1]

내게 가장 놀라운 민족 생성의 이야기는 셰르파들의 것으로 그들은 약 500년 전 티베트 평원의 다른 지역으로부터 히말라야 산맥의 특정 장소에 도착한 것으로 추측된다. 그곳은 그들이 초모룽마라 부르는 신성한 봉우리에 가장 가까운 곳이었다.[2]

당신은 아마도 이 봉우리를 에베레스트라고 알고 있을 것이다.

셰르파들이 세상의 어머니라고 부르는 이 봉우리에 그렇게 가깝다는 사실의 문제점은 이 위대한 어머니, 에베레스트가 지구상에 인간의 삶을 있게 한 바로 그 본질인 산소의 결핍 속에 존재한다는 것이다. 고도 4000미터 이상인 세상에서 가장 오래된 셰르파들의 마을인 티베트 마을, 팡보체는 많은 사람들이 저비중 저산소증을 느끼기 시작하는 고도에서도 1.6킬로미터나 더 높은 곳에 존재했다.

그러면 이 고도에서 사람들에게는 무슨 일이 일어나는가? 아주 천천히 올라가는 사람들에게는 아마 약간의 두통, 피로, 구토, 심지어는 극도의 희열 상태가 올 것이다.[3]

높은 고도의 삶에 필요한 특정 유전자를 물려받지 못한 사람들은 나처럼 고통받는다. (나는 물론 그곳을 방문하려는 계획은 당분간 없다.) 하지만 당신이 높은 고도에서의 삶을 편안하게 해주는 유전적 구성을 가지고 태어나지 않았더라도 할 수 있는 몇 가지 일이 있다. 고도에 익숙해질 수 있게 천천히 올라가서 당신의 유전자가 유전 발현을 통해 적응하도록 도와주는 것이다.

아니면 약을 먹을 수도 있다. 어떤 것은 처방전을 받아야 하고 다른 것은 처방전도 필요 없다. 어떤 남아메리카 원주민들은 코카잎을 씹어서 고산병을 예방한다고 한다. 또한 높은 고도에서 카페인이 도움될 수도 있다는 일화들도 있다.[4] 아마도 그래서 내가 후지산 꼭대기에서 먹은 콜라가 그렇게 맛이 좋았던 것인지도 모른다. 그때는 그렇게 맛있는 이유가 '청량음료 패스포드'를 얻는 영광의 대가로 10불이나 지불했기 때문이라 생각했었다.[5]

대부분의 경우, 높은 고도에서 오랜 시간을 보내면 우리 유전자는 신장 세포들의 발현을 아주 미세하게 조절해 더 많은 에리스로포이에틴erythropoietin, 즉 EPO 호르몬을 만들고 분비하도록 촉진한다. 이 호르몬은 골수에 있는 세포들이 적혈구의 생성을 증가시키고, 이미 피 속에 존재하는 적혈구들도 평소보다 더 오랫동안 몸속에 남아 기능하도록 돕는다.

적혈구는 보통 피 속 내용물의 절반 이하를 차지하고 대개 여자들보다 남자들이 좀 더 많이 가지고 있다. 많이 가질수록 우리 몸이 살아남는 데 필수적인 산소를 흡수하고 운반하는 데 유리한데, 이는 적혈구가 작은 산소 스펀지처럼 작용하기 때문이다. 그래서 더 높이 올라가서 산소가 적어질수록 더 많은 적혈구가 필요하게 된다. 몸에서는 생리적인 변화를 알아채고 그를 수용해서 발현을 바꾸도록 유전자에 신호를 보낸다.

더 많은 EPO가 필요할 때 몸은 비슷하게 이름 붙여진 그 유전자의 발현을 증가시킨다. 그것은 더 많은 EPO를 생성할 유전적인 틀로 작용한다. 그렇지만 당신의 어떤 생물학적 삶도 공짜는 아니다. 말하자면 EPO는 정부 예산 책정 시의 로비스트처럼 작용해서, 이용할 수 있는 산소가 적어졌을 때 국회의원들이 더 많은 예산을 적혈구 생산에 책정하도록 설득한다. 또 정부 예산처럼, 한 정책에 대한 예산이 증가하면 다른 정책에서는 감소하게 된다. 결국 생물학적 화폐도 실제 화폐와 다르지 않다. 따라서 많은 자원 지출 정책처럼 예상치 못했던 경비가 따르기 마련이다.

EPO에 대한 유전적 소비가 증가하면(이는 더 많은 적혈구를 가지게 한다) 그 생물학적 대가로 피가 더 걸쭉해진다. 따라서 높은 점성의 자동차 오일처럼 몸에 피가 흐르는 속도가 느려지게 되고, 물론 혈전이 일어날 확률이 높아진다.

피가 너무 오랫동안, 너무 걸쭉해지지만 않는다면 약간 더 많은 유전적 EPO의 생성은 몸에 산소 공급을 높일 필요가 있을 때 딱 적절한 것이다. 산소 부족은 몸을 무기력하게 만들고, 또 반대로 산소가 너무 많으면 몸이 더 많은 에너지를 쓰게 만든다. 따라서 신부전으로 인해 스스로 충분한 EPO를 만들지 못해 빈혈이 된 사람들에게 인공합성된 EPO는 놀라운 선물이다.

같은 이유로 합성 EPO는 많은 운동선수들 사이에서 각광받는다. 최소한 약물 검사가 발전되기 전까지는 그랬다. 스스로 인정하거나 합성 EPO 약물 검사에서 잡힌 운동선수들 중에는 유명한 랜스 암스트롱과 그의 동료 사이클 챔피언 데이비드 밀러, 삼종경기 선수 니나 크래프트 등이 있다.

게임에서 이기기 위해 모든 사람들이 합성 EPO를 사용해야 하는 건 아니다. 이에로 맨티란타Eero Mantyranta를 예로 들어보자. 1960년대, 핀란드에 일곱 개의 올림픽 메달을 안겨주었던 이 전설적인 크로스컨트리 스키 선수는 *가족성 선천적 적혈구 증가증*primary familial and congenital polycythemia, 즉 PFCP라는 유전병을 앓고 있어서 동맥과 정맥에 순환하고 있는 적혈구 수가 자연적으로 정상보다 높은 수치였다. 이는 그가 유산소 운동의 시합에 있어 자연히 유전적으로 유리하다는 것을 의미한다.

그러면 여기 질문이 있다. 어떤 사람들이 자연적으로 유전적 이점(예를 들어 그들 피 속에 더 많은 산소를 가질 수 있는 능력)을 가지고 있다면, 그렇지 못한 다른 사람들이 그 수치를 높이려 노력하는 것이 정말로 공정하지 않은 일인가? 확실히 밝혀 두지만, 내가 약물 사용을 변호하려는 건 아니다. 하지만 유전적 유산이 우리 삶에 끼치는 영향을 알아갈수록, 우리 중 어떤 사람은 처음부터 유전적으로 약물을 쓴 것과 같다는 현실에 맞닥뜨리게 된다.

이에로 맨티란타의 올림픽 수상을 독단적으로 그가 우연히 물려받은 유전자 때문이라고 격하시키는 것은 우스운 일일 것이다. 생물학적으로 이점이 있는 운동선수라 할지라도 국제 수준에서 경쟁하기 위해 요구되는 훈련의 수준은 극단적이다. 하지만 사킬 오닐의 인상적인 210센티미터에 달하는 신장이나 올림픽 챔피언 수영선수인 마이클 펠프스의 보기 드물게 긴 팔과 큰 발을 생각해보면, 맨티란타의 특이한 유전적 유산이 그가 성공하게 된 요소가 아닐 거라고 주장하는 건 너무 순진한 발상이다.

사람 몸 크기의 다양성 때문에 레슬링 선수와 권투 선수들은 몸무게 급수를 두고 싸워왔다. 스톡카 레이서들은 모든 차들이 대개 비슷한 사양을 가진 시스템 내에서 경쟁한다. 그리고 물론 직업 스포츠에서 여자와 남자는 거의 항상 따로 겨룬다. 성인 남자는 성인 여자에 비해 자연적으로 키, 몸무게, 힘까지 우세하기 때문이다. 이 모든 것은 경쟁을 최대한 공정하게 하려는 임의적인 방법들이다.

그러면 언젠가는 우리가 유전적으로 나뉜 급수에 따라 경쟁할 수도 있다는 것이 과연 상상도 못할 일일까.

어쨌든, 맨티란타의 터보 충전된turbocharged 심혈관계 유전적 유산은 그의 DNA에 있는 단 하나의 글자가 변해서 일어났다. 이는 EPO의 수용체 단백질을 만드는 틀template로써 역할하는 유전자에 일어난 것이었다. 맨티란타와 한 30명쯤 되는 그의 친척들은 *EPOR*

로 알려진 이 유전자의 뉴클레오티드 6002번째 자리에 G(구아닌) 대신에 A(아데닌)를 가졌다. 맨티란타 유전체의 0.00000003퍼센트밖에 되지 않는 이 변화는 *EPOR* 유전자가 EPO에 굉장히 민감한 수용체 단백질을 만들게 하는 데 충분했고, 그 결과 더 많은 적혈구가 만들어졌다. 그렇다. 수십억 개 중에서 단 한 글자만 변함으로써 *EPOR* 유전자가 만드는 단백질은 그의 피가 산소를 운반하는 능력을 50퍼센트나 증가시킨 것이다.[6]

우리 모두는 유전체에 이런 한 글자, 한 뉴클레오티드의 작은 변화 정도는 가지고 있다. 친척 관계가 가까울수록 유전체는 더 비슷하다. 이제 우리가 다 알게 되었듯이 유전체는 어떻게 우리 몸이 만들어지는가에 대한 틀을 코딩하기 때문에 유전체가 더 비슷할수록(일란성 쌍둥이를 생각해보라) 신체적으로 더 비슷할 것이다. 하지만 당신이 형제들과 비슷하지 않다고 해서 연관이 없는 것은 아니다. 그건 아마 당신 형제들이 부모님으로부터 각기 다른 독특한 조합의 유전자를 물려받았기 때문일 것이다.

그리고 당신이 물려받은 유전자들은 당신의 조상들이 경험한 모든 것에 의해 조형된다. 앞 장의 유당 불내증의 경우에서 보았듯이 조상들이 젖을 짜먹는 가축을 기르지 않았다면, 유전적으로 당신은 어른이 되어서도 아이스크림을 즐길 수 있는 운이 다한 것이다. 적응은 여기서 끝나지 않으며, 또다른 많은 경우들이 존재한다.

이런 사실은 우리를 다시 셰르파들에게 데려다준다. 셰르파들은 그들의 독특한 유전적 유산으로(그리고 문화적 자존심과 경제적 필요성의 문제로) 세계 각국의 산악인들이 세상에서 가장 높은 산(정상이 해

발 8848미터로 대부분의 대형 여객기가 날아다니는 고도 바로 아래) 꼭대기에 도달하도록 돕는 위험한 부담을 지게 되었다. 이들 놀라운 사람들 중에 아파 셰르파라는 겸손한 남자가 있다. 그는 2013년 현재 에베레스트를 가장 많이 오른 세계 기록을 가졌다. 게다가 그중 네 번은 여분의 산소 공급 없이 올라갔다. 아파는 소년일 때 산에 올라가려는 마음을 한 번도 먹은 적이 없었지만 그가 등반에 소질이 있다는 것을 알고 나서는 자신의 가족들을 도울 수 있는 방법을 발견한 것이다.[7]

어떻게 그는 1953년까지 인간이 단 한 번도 정복한 적 없는 산 정상에 잘 올라갈 수 있었을까? 어떻게 셰르파들은 그렇게 높은 고도의 환경에 잘 적응한 것일까?

글쎄다. 아마 당신은 이미 추측했을지도 모르지만 이 종족 사회의 어떤 멤버들은 *EPAS1*이라 불리는 아주 작은 유전적 변형을 물려받아 삶에 커다란 차이가 생기게 되었다. 이 특별한 셰르파족의 유전자는, 더 많은 적혈구를 만드는 게 아니라, EPO에 대한 셰르파들의 생물학적 반응을 둔화시키는 것으로 보인다.

놀라운 맨티란타와 그의 유전적 유산에 관해 앞에서 말한 모든 것을 생각하면, 처음에는 이 사실이 말도 안 되는 것처럼 느껴질 수 있다. 셰르파들의 피가 적혈구로 넘쳐나서 꿀처럼 걸쭉하게, 그래서 산소로 꽉 차 있게 태어나는 게 그들 환경에 더 적합하지 않을까.

맞는 말이기는 하다. 하지만 기억해라. 걸쭉한 피가 짧은 기간 동안에는 좋을 수 있지만 너무 오랜 시간 계속되면 뇌졸중처럼 위험한 병이 일어날 확률도 높아진다. 셰르파들은 히말라야 고지에 잠시 다니러 오는 게 아니라 그곳에서 산다. 따라서 스키나 사이클 경주와 같이 잠깐동안 산소가 잘 공급된 피가 필요한 것이 아니라 항상 필요하다.

이용할 수 있는 산소가 부족한 상황에서 적혈구 수치를 오랫동안 높이는 대신, 셰르파들의 독특한 *EPAS1* 유전자 배치 형태는 오랜 시간 안정성을 제공한다. 주변 환경이 견디기 어려운 상황에서도 몸 전체에 충분한 산소를 전해주는 능력인 것이다.

독특한 유전적 그룹으로 볼 때, 셰르파족은 아직 젊다. 역사적 상황으로 보아 그들이 초모룽마 쪽으로 이주한 것은 콜럼버스가 나중에 북아메리카라고 불리게 된 곳으로 항해하려고 준비하고 있을 시기였다.

셰르파의 특정 *EPAS1* 돌연변이는 사실 자연선택이 일어난 예라고 할 수 있다. 어떤 연구자들은 현재까지 기록된 인간의 진화 중에서 가장 빨리 일어난 것이라고 믿는다.

다시 말하자면, 산소가 부족한 환경 때문에 셰르파 부족이 물려받은 유전자가 빠르게 변화해 이제는 다음 세대로 전해진다는 것이다.

당신도 아마 그런 변화를 물려받았을 것이다. 셰르파 부족과 같은 *EPOR*이나 *EPAS1* 유전자는 아니겠지만 당신의 조상들이 살아남도록 도와주었던 유전자를 물려받았을 것이다. 더 많은 유전체들에 대한 지도가 작성되어가고, 전 세계 많은 종족들 간의 아주 미묘하거나 엄청나게 다양한, 점점 더 많은 단일염기 다형성single nucleotide polymorphism, 한 사람의 염기서열 중 한 글자만 변한 것으로 SNP라 부른다이 발견될수록, 우리는 우리 조상들의 역사를 많이 알아가게 된다. 그리고 결국 우리 스스로에 대해 더 많은 것을 발견할 수 있다.

후지산 꼭대기에 앉아 이른 새벽하늘에 천천히 태양이 떠오르기 시작하는 것을 보면서 나는 믿을 수 없이 발이 엄청나게 아팠다. 올라오는 내내 동반된 구토와 부글거림 때문에 정신이 없어 발에 얼마나 물집이 잡히고 아팠는지 알아차리지 못한 것이다. 몇 분 동안 조용히 앉아 콜라 한 캔을 마신 후에 상처를 보려고 부츠를 벗었다. 발가락들은 등반의 최전선을 참아냈다. 비 때문에 완전히 물에 잠긴 부츠 때문에 퉁퉁 부어올라서 엄청나게 아픈 작은 소시지처럼 변했다. 그리고 나는 무엇이 올지 알고 있었다. 몇 시간이 걸릴지 모르는 하산 길. 그 시간을 어떻게 견딜 수 있을지 생각해보면서, 나는 유전적으로 셰르파들처럼 고산병이 걸리지 않는 것, 그 이상에 대해 상상했다. 고통이 없는 삶을 살 수 있다면 얼마나 좋을까.

우리 모두는 살아가면서 어떤 종류든지 고통을 알게 된다. 어쩌면 어린 시절의 기억일 수도 있다. 아마 지금 당신이 느끼고 있는지도 모른다. 하지만 한 가지는 확실하다. 고통은, 특히 만성적인 것인 고통은 아주 심각한 일이다. 미국 한 나라에서만 고통 치료와 관련해 매년 6천3백5십억 달러 이상의 비용이 든다고 추정된다는[8] 사실을 들으면 아마 놀랄 것이다. 왜냐하면 이 수치는 심장병이나 암과 같은 중병에 드는 비용보다 더 많기 때문이다.

후지산 꼭대기에서 퉁퉁 부은 발가락들을 쳐다보면서 나는, 내가 느끼는 이 고통이 심각하지 않으며 단지 일시적(최소한 그러기를 바랐다)인 거라는 걸 알고 있었다. 하지만 불행히도 만성적 통증으로 인해 어떤 큰돈의 가치로도 환산할 수 없는 비용을 지불하고 있는 수백만의 사람들에게 현실은 다르다.

물집투성이인 내 발에 다시 젖은 양말을 신기는 동안, 그 고동치는 통증에서 잠깐이라도 벗어날 수 있는 것보다 내가 세상에 원하는 건 없었다. 나는 슈퍼맨의 능력을 가진 주인공이 되어 만화책 속으로 들어가는 상상을 했다. 내가 바라는 이런 환상이 나만이 꿈꾸는 것이 아니라는 걸 알고 있었다. 사실 대부분의 사람들이 영향받지 않을 수 없는 것이 바로 통증이다. 하지만 그 소원이 이루어지기 전에 개비 진그라스라는 열두 살 소녀를 만나볼 필요가 있다.

2001년 그 애가 태어난 바로 직후에 부모는 아기가 여느 아기들과 다른 걸 알아차렸다. 아기는 얼굴을 긁었다. 손가락으로 눈을 찔렀다. 침대에 머리를 부딪치고도 울지 않았다. 그리고 아기의 이가 나왔을 때도(대부분의 아기들에게 고통스러운 경험이다) 개비는 전혀 개의치 않는 것처럼 보였다.[9]

물론 많은 아기들이 부모나 형제를 문다. 그래서 많은 엄마들이 젖먹이기를 그만두는 이유가 되기도 한다. 하지만 개비는 단순히 다른 사람들만 문 게 아니었다. 자기 자신도 물었다. 자기 혀를 물어뜯어서 익지 않은 햄버거 속처럼 만들어버렸다. 손가락도 피가 날 때까지 씹었다.

여러 달에 거친 병원 방문 끝에 왜 이 예쁜 아기가 스스로를 해치는지 알아냈다. 개비는 세상에 몇 명 없는 선천성 무통각증 및 무한증congenital insensitivity to pain with partial anhidrosis이라는 유전병을 앓고 있었다. 이 질병을 앓는 사람은 부분적으로나 몸 전체에 아무런 통증도 느끼지 못한다.

더 많은 사람들이 이 드문 유전병을 가지고 태어나는지도 모르지만 그들은 오래 살아남지 못한다. 고통이 없는 삶은 사실, 생명 자체를 유지하기가 매우 어렵기 때문이다.

개비의 부모는 왜 개비가 스스로를 다치게 하는지 이해했지만, 여전히 완전하게 딸을 보호하기 위해 할 수 있는 일은 별로 없었다. 개비가 더 커서 이해시킬 수 있는 나이가 되려면 몇 년이나 남았었고, 그 사이에 부모가 할 수 있는 거라고는 개비를 개비 자신으로부터 지키고자 최선을 다하는 것뿐이었다. 그들은 아주 어려운 결정을 내려서 개비의 유치를 모두 뽑기로 했다. 그러자 영구치가 빨리 나와버렸다. 그것도 빨리 없애버렸다.

이미 개비가 많이 찔러서 손상되기는 했지만 의사들은 개비의 오른쪽 눈을 구할 수 있었다. 그 눈을 한동안 꿰매서 완전히 닫아버렸기 때문이다. 일단 눈이 많이 나아지자 개비는 물안경을 쓰기로 했다. 하지만 개비의 왼쪽 눈은 구하기에 이미 늦어버려서 세 살 때 제거해야 했다.

고통이 있을 때는 괴롭지만, 사실 고통은 우리를 보호해준다. 우리가 유아기에서 성인이 되도록 해주고, 더 진보된 의사결정 능력을 발달시키는 데 필요한 기본적인 피드백을 제공해준다. '이걸 만지면 아픈가? 알았다. 그럼 이제 만지지 말아야겠다'

하지만 이 모든 것이 일어나기 위해서 당신 몸은 고통의 신호를 한 장소에서 다른 장소로 전할 수 있어야 한다. 고통의 메시지를 세포 하나하나씩 거쳐 뇌에까지 전기의 속도로 전달시키는 이 미시적

포니 익스프레스옛날 우리나라 파발과 같이 말을 이용한 통신수단–옮긴이는 특정 단백질들에 의존하는 과정이다.

이 사실은 개비의 병과 연관된 희귀 질병인 선천적 무통증에서 *SCN9A*라 불리는 유전자의 돌연변이가 발견됨에 따라 확실해졌다. 고통에 무감각한 사람들과 지구상의 다른 모든 사람들 사이의 차이는 단지 물려받은 *SCN9A* 유전자 버전에 존재하는 작은 변이밖에는 없다.[10]

*SCN9A*와 다른 연관된 유전자의 변화는 이온통로병증channelopathy, 채널이상증이라고 불리는 그룹의 병을 일으킨다. 이 용어는 단순히 우리 세포 표면에 존재하면서 물질들이 들어가고 나가는 것들을 매개하거나 결정하는 게이트가 제대로 기능하지 않아서 생기는 종류의 질병들을 일컫는 말이다. 고통을 느끼지 못하는 어떤 사람들은 *SCN9A* 유전자로부터 만들어진 단백질이 신호를 보내는 것을 막아버린다. 메시지는 끊어져버리고 포니와 기수는 날랜 야생의 모험을 떠나는 대신 목장에 머무르게 된다.

*SCN9A*와 그 고통 전달의 역할은 파키스탄의 라호르에서 보고된, 고통에 영향받지 않는 슈퍼휴먼 능력이 있는 소년의 사례를 통해 발견되었다. 케임브리지 의학연구소 과학자들에 의해서였다. 인간 바늘꽂이로 알려진 그 아이는 고통을 느끼지 않는 능력을 이용해서 거리 공연으로 생계를 유지하고 있었다. 온갖 종류의 뾰족한 물건으로(어떤 것도 소독되지 않았다) 스스로를 찌르거나 칼을 삼키며, 뜨거운 석탄 위를 걸으면서 그 모든 것에 조금도 괴로워하는 표정을 짓지 않았다. 그리고 근처 병원에 계속 칼에 찔린 상처를 치

료하러 나타났다. 비극적이게도, 과학자들이 라호르에 도착했을 때 이미 소년은 사망한 후였다. 친구들에게 자랑하러 빌딩에서 뛰어내리다가 열네 살 생일을 채우지 못하고 죽은 것이다. 소년의 친척들과의 인터뷰를 하면서 그들 중 몇 명도 고통을 느끼지 못하는 것으로 드러났다. 그 가족의 유전자풀genetic pool에 대한 조사에서 한 가지 공통점을 밝혀냈는데, 그건 그들의 *SCN9A* 유전자에 있는 동일한 돌연변이였다. 나는 종종 우리 유전자 코드와 그 발현의 아주 미묘한 변화가 가져오는 결과들의 엄청난 범위에 놀라움을 금치 못한다. 수십 억 글자 중 단 하나의 변화로 아주 작은 압력에도 부서지는 뼈를 가진다. 또 발현의 작은 변화로 뼈가 부러져도 전혀 느낄 수 없게 되는 것이다.

고통에 관한 연구는 *SCN9A* 유전자를 발견한 이후로 빠르게 발전했다. 이제 우리는 어떻게 우리 삶이 고통으로 영향받는지를 도구적으로 결정하는 다른 유전자들(벌써 400여 개에 가깝다)의 목록을 가지고 있다. 이런 발견들은 어떻게 우리가 어떤 종류의 만성 통증을 선별적으로 줄여갈 수 있는지에 대해 완전히 새로운 방식으로(그것도 아주 가까운 미래에) 연구하도록 이끌어준다. 여기서 '선별적으로'는 중요하다. 왜냐하면 개비와 라호르의 소년의 경우에서 배웠듯이 즉각적 통증이 해주는 보호 역할은 생존을 위해 없어서는 안 되기 때문이다.

우리 유전적 유산의 작은 차이들 중 많은 것들은 통증에 대한 반응을 매개하는 것보다도 훨씬 더 중요한 역할을 한다. 어떻게 이 모든 것들이 연결되어 있는가를 알아내는 것이 내가 참여하게 된 다음번 연구 과제다.

인간 유전체가 처음 공표되었을 때, 우선시된 연구는 어떤 특정 형질들과 관련 있는 유전자들을 알아보는 것이었다. 그리고 낮은 곳에 열린 과일처럼 쉬운 것들은 대부분 재빨리 없어졌다. 그래서 지금까지 우리가 밝혀낸 많은 질병들은 대부분 단일 유전자성이다. 이런 변화는 아무 고통도 느끼지 못했던 라호르 소년의 경우처럼, 단 하나의 유전자 변화로 일어난다. 훨씬 어려운 과제는 당뇨병이나 고혈압처럼, 하나 이상의 유전자들이 관련되었을 가능성이 큰 질병들을 일으키는 여러 요인들의 복잡한 그물을 풀어내는 일이다.

그 과제가 어떤 것인지 느껴보려면 기숙사에서 교실, 운동장 그리고 실험실, 도서관까지 특정한 패턴으로 걸어가려 노력해보고, 돌아올 때는 〈해리포터〉에 나오는 호그와트 마법학교에 있는 예상 불가능하게 움직이는 웅장한 중앙계단을 통해 온다고 생각해보라. 한 발만 잘못 디뎌도 시작한 곳으로 돌아온다. 이런 복잡성은 도저히 이해하기가 어렵고, 말 그대로 정말 죽느냐 사느냐의 문제일 때 엄청나게 큰 좌절감을 안겨준다.

오늘날 유전학에서 일어나는 움직임은 단지 특정 유전자가 무엇을 하는지 보는 것만 의미하지는 않는다. 우리의 유전적 유산이 네트워크 안에서 어떻게 기능하는지, 그리고 또한 우리 삶의 경험들이 후성유전학 같은 기작을 통해 그 정교한 시스템에 어떻게 영향을 끼치는지에 관해 더 잘 알아보는 것이다.

일을 더 복잡하게 만드는 것은, 우리 부모님과 상대적으로 최근 조상들의 삶의 경험들이 또한 어떻게 우리의 현재 유전적 조망에 영향을 끼쳤는지 이해하려는, 훨씬 더 어려운 도전이다.

이런 변화들을 안다는 것은 우리가 개인적으로 하는 모든 결정들을 더 잘할 수 있게 도와줄 수 있음을 의미한다. 어떤 모험 여행을 떠나야 할지(나는 더 이상 등반은 하지 않을 것이다), 어디서 살지(나는 콜로라도에 있는 고도 약 3200미터인 도시, 알마로 이사할 계획이 전혀 없다) 그리고 5장에서 자세하게 보았듯이, 무엇을 먹을 것인지(나는 여전히 세몰리나 뇨끼를 아주 좋아한다. 고도가 낮은 곳에서 먹는 걸 선호하지만 말이다).

우리가 유전적으로 선물 받은 이 모든 것들(그리고 훨씬 더 많은 것들)이 우리의 독특한 유산 패키지인 것이다.

코카콜라 자판기와 무지하게 아팠던 내 발가락 말고 내가 후지산 꼭대기에서 기억하는 건 별로 없다. 하지만 일출을 본 건 기억한다. 그리고 그 순간에 주변을 둘러보고 그 경험을 함께한 사람들의 얼굴을 보았던 걸 기억한다. 여러 나이대의 사람들이었다. 어떤 사람들은 마치 밤에 등반하지 않고 푹 잘 잔 것처럼 신선하고 기운차 보였으며(꼭 떠오르는 아침 해처럼) 다른 사람들은 나처럼 거의 쓰러지기 일보 직전으로 보였다.

그리고 아침 해가 수평선의 구름들을 뚫고 떠오른 얼마 후 우리는 모두 다시 길을 나섰다.

가이드가 팔을 쭉 벌려 구름 밑 쪽 어딘가를 가리키며 다가왔다. 우리 모두 산 밑으로 내려갈 시간이었다. 나는 배낭을 집어들어 하산 준비를 위해 새 양말을 찾아 더듬거렸다. 나는 셰르파 유전자가 없음에도 불구하고 후지산 정상에 올라갈 수 있었다. 그리고 그 사실은 내게 유전적 유산이 주는 한계를 인간의 능력으로 넘어설 수 있다는 상징 같은 것이었다. 결국 슈퍼히어로가 된다는 것은 우리가 물려받은 유전자에 달렸다기보다, 하루하루 스스로 슈퍼히어로가 되기로 선택하는 데 달린 것이 아니겠는가.

Chapter 9

유전체 해킹하기:

보험회사, 의사, 그리고 연인까지 당신의 DNA를 해킹하려는 이유

암은 현대의 흑사병이다. 그리고 바로 그 자체가 성공적인 것으로 볼 수 있다. 결국 우리는 인간 역사에 있어서 최고의 킬러들이었던 많은 감염성 질환들을 길들이는 데 성공해서 이렇게 멀리까지 올 수 있었다. 오늘날 우리를 가장 크게 위협하는 것은 쥐나 진드기, 바이러스나 세균이 아니라 우리 안에서부터 나타난다.

매년 지구상에서 약 7백6십만 명의 사람들이 암으로 사망한다. 열 명이 방 안에 있으면 그중 네 명은 그들 생애 동안 어떤 종류든 암 진단을 받는 것이다.[1] 가족 중 단 한 명도 암에 걸리지 않은 사람을 알고 있는가? 내 주변에는 없다. 자신이나 사랑하는 사람들 중 누군가가 암에 걸릴 수 있다고 생각하지 않는 사람 역시 내 주변에는 없다.

이는 새로운 저주가 아니다. 어떤 고고 인류학자들은 이집트에서 가장 오래 권력을 유지했던 여 파라오인 하트셉수트Hatshepsut가 암에 관련된 합병증으로 죽었을 것이라 믿는다.[2] 우리의 진화 역사 속으로 깊이 들어가면, 심지어 공룡들도(특히 오리 부리를 가진 하드로사우르스, 백악기 후기의 초식 공룡으로 지금은 발암물질을 가진 것으로 생각되는 침엽수의 잎과 솔방울 등을 먹은 것으로 알려져 있다) 이런 운명에서 자유롭지 못했을 것이라는 화석화된 증거가 고생물학자들에 의해 발견되었다.[3]

이 놀라운 킬러들 중에서 요즘 우리 인간 종족에게 가장 흔한 것은 폐암이다.[4] 폐암의 80~90퍼센트는 흡연자들에게 일어나지만, 흡연을 하는 사람들이 모두 폐암에 걸리는 것은 아니다.[5]

조지 번스를 예로 들어보자. 아흔여덟 살이었던 이 코미디언은 〈시가 어피셔나도〉 잡지의 인터뷰에서 "그때 내가 의사의 충고를 받아들여 담배를 끊었더라면 그 의사의 장례식에 갈 만큼 오래 살지 못했을 겁니다"라고 말했다.[6] 정말 번스의 담배 사랑이(하루에 10~15개씩 70년 동안) 장수에 기여했을까? 그런 것 같지는 않다. 하지만 그 많은 담배들이 그의 수명을 줄인 것 같지도 않다.

어떤 사람들은 이런 경우를 담배가 몸에 나쁘다는 상식에 반하는 증거라고 잘못 생각하지만 이는 전혀 그런 증거가 아니다. 공정하게 말하자면 어떤 습관이(강박적 흡연이나 음주 혹은 과식 등) 건강에 나쁜 영향을 줄 확률이 크다는 것이(질병통제예방센터에 의하면 흡연자들은 비흡연자들에 비해 15~30배나 폐암에 걸릴 확률이 높다) 꼭 병에 걸릴 거라는 말과 같지는 않다(실제로 열 명 중 한 명의 흡연자만이 폐암에 걸린다).

하지만 분명히 말하지만 흡연은 러시안 룰렛이다. 비싼 것은 말할 것도 없다. 그리고 간접흡연은 다른 사람들도 (대개는 가장 가까운 사람들을) 큰 위험에 몰아넣는다.

그렇다면 왜 어떤 사람들은 평생 동안 담배를 피우고도 폐암에 걸리지 않는가? 아직 우리는 누가 가장 큰 위험에 처하는지를 정확하게 예상할 수 있는 유전적, 후성유전학적, 행동적 그리고 환경적 요소들의 마술 같은 조합을 찾아내지 못했다. 그 꼬인 그물을 풀어내기란 쉬운 일이 아니다. 하지만 유전적, 환경적 요소의 조합이 흡연 시에 폐암 발병 위험을 줄이는 역할을 할 수 있다는 건 충분히 가능한 일이다. 이런 건강 분야 쪽으로는 아직 진지한 과학 연구가 많이 이뤄지지는 않았다. 어쩌면 사람들에게 담배를 입에 물 때 걱정할 필요가 없다고 말해주어야 할지도 모르는, 왜곡된 결과가 나타날 수도 있기 때문이다. 어떤 과학자가 이런 연구 기회에 열광하겠는가.

하지만 이 분야의 과학적 탐구에 아주 열정적으로 관심이 많은 산업이 있었다. 바로 거대 담배 산업이다.

정직한 과학자들은 1920년대부터 흡연과 폐암의 연관 가능성을 알고 있었다. 그리고 사실 누구라도 깊게 생각해보면, 담뱃잎, 촉매제, 살충제 등으로 가득 차 있고 화학물질에 푹 절어 있는 불타는 종잇조각이 담배 회사들이 때로 주장하려 하듯이 만병통치약은 아닐 거라고 이성적인 결론을 내릴 수 있을 것이다.

하지만 그런 건강에 대한 염려는 30년 넘게 대중에게 무시되었다.

그 후에 로이 놀Roy Norr이 나타났다. 이 노련한 뉴욕 작가는 흡연의 위험에 관한 그의 첫 번째 의학적 폭로물을 1952년 10월 〈크리스찬 헤롤드〉라는 잡지에 실었지만 처음에는 그다지 많은 주목을 받지 못했다. 하지만 몇 달 후, 그 당시 가장 많이 읽히던 잡지인 〈리더스다이제스트〉에 같은 글의 발췌 버전이 실렸고, 그때는 마치 댐의 수문이 열린 것 같은 반응이 나타났다.[7] 그 후 몇 년 동안 미국의 신문들과 잡지들은 흡연과 당시 폐암을 뜻했던 이름인 '기관지암종' 간의 빌어먹을 연관에 관한 글들로 도배를 했다.[8]

점점 정교해지고 수량화가 가능해진 과학적 연구들은 그런 기사들에 힘을 더 실어주었다. 이런 연구들은 현재에도 의학 연구에 적용되고 있고 이제는 당연하게 여겨지지만 1950년대에는 상대적으로 드문 연구였다. 이런 연구들은 과학의 승리로 여겨질 수 있지만 사실은 인류의 실패로부터 탄생한 것이다. 반세기 동안의 세계대전에서 핵무기가 처음으로 사용되고 융단폭격, 현대적, 화학적 그리고 생물학적 무기들을 쓰게 되면서 우리는 사망률을 예상하고 분석하는 데 전문가들이 되었다. 흡연에 대한 이런 기습적인 공격은 그 많은 수량 분석적인 칼들을 정말 의학적 플라쉐어플라쉐어 계획, 미국 원자력 위원회가 핵폭발의 평화적인 이용 가능성을 검토, 조사하기 위해 만든 계획에 쓰인 말을 빌려왔다-옮긴이에 사용하기 시작한 첫 경우 중 하나였다. 또한 이는 역사적으로 딱 적절한 시기에 일어났다. 제2차 세계대전 직후 의학 연구에 대한 전례에 없는 연구비 지원이 있었기 때문이다.

하지만 거대 담배 회사들은 재빨리 반격했다. 그때는 40퍼센트 이상의 미국 성인이 흡연자였고 미국 평균 흡연자는 1년에 1만5백 개의 담배를 피웠다. 그것은 매년 대충 5천억 개라는 놀라운 숫자를 만들었다.[9] 그리고 1년이면 15억 달러, 현재의 130억에 달했다. 이 숫자는 버지니아나 켄터기, 노스케롤라이나 같이 역사적으로 흡연이 많은 주에서 흡연자들이 지탱해주고 있던 일자리들을 제외하

고도 나온 수치였다.[10]

이런 나쁜 기사들이 홍수처럼 쏟아지는 데 대응해서, 거대 담배 회사들은 무언가 하는 것처럼 보여야 했다. 그래서 14개의 담배 회사 대표들이 모여 400개가 넘는 신문에 '흡연자들의 솔직한 선언'이라는 제목의 전면 광고를 냈다. 거기서 그들은 흡연과 질병을 연관 짓는 최근 연구들이 "암 연구 분야에서는 확실한지 결론이 나지 않았다"라는 대담한 주장을 했다.

"우리는 우리가 만드는 제품들이 건강에 해롭지 않다고 믿는다"라고 담배 회사 대표들은 광고에서 이어갔다. "300년이 넘는 동안 담배는 인류에게 위안과 휴식, 즐거움을 주어왔다. 이 긴 시간 동안 비판자들은 여러 시점에서 담배가 이 병 저 병, 결국은 마치 모든 병에 책임이 있는 것처럼 주장했다. 하지만 그런 주장들은 증거 부족으로 인해 하나씩 사실이 아니라고 밝혀졌다."

하지만 그 광고에서(그리고 의심할 수밖에 없는 대중적 입장에도 불구하고) 거대 담배 회사의 연합 대표들은 아주 대단한 것을 하겠다고 맹세했다. 과학 단체와는 독립된 담배 연구 위원회를 조직해서 최근 연구들을 검토하고 흡연이 건강에 미치는 영향을 이해하기 위한 독자적 연구를 하겠다는 것이었다.

그리고 전혀 놀랍지 않게도, 이 위원회(나중에 담배 연구 카운슬이라 이름 붙여졌다)는 독립적이지 않았다. 그리고 그 진정한 임무는 순전히 악의적인 것이었다. 이후 수십 년 동안 이 기관의 연구자들은 수천의 과학 논문들과 잡지 기사들을 모아서 일관성이 결여되고 반대되는 결과들만 찾았다. 이런 정보들은 아주 조심스럽게 만들어진 담배 마케팅 문구를 만들거나 흡연에 관한 규제나 법적 소송에 싸우는 데 쓰이면서, 흡연의 실제적 위험에 관해 계속 의심의 씨앗을 뿌렸다.

이 잘못된 정보의 임무를 이끄는 유전학자 중 크래런스 쿡 리틀Clarence Cook Little이라는 학자가 있었다. 멘델리안 유전에 관한 그의 업적은 제1차 세계대전 이전에 영향력이 컸다. 그의 다양한 이력서에 의하면 그는 메인 대학, 미시간 대학 학장이었고 논쟁의 소지가 있는 미국 우생학회 회장과 미국 산아제한연맹 회장까지 지냈다.

담배 회사들이 그의 이력서에서 가장 탐냈던 항목은 현재 미국 암 학회의 전신이었던 당시 미국 암제한협회에서 전무이사로서의 종신 재직권이었다.

1955년 리틀이 에드워드 머로의 TV쇼 '지금 보라See It Now'에 초대 손님으로 나왔을 때, 담배에서 암을 발병하는 물질이 발견되었는지를 묻는 질문을 받았다.

그는 "아니요"라고 대답했다. 그리고 아주 걸쭉한 뉴잉글랜드 악센트로 "담배에서도, 흡연을 위한 어떤 다른 제품에서도 그런 건 전혀 발견되지 않았습니다"라고 말했다.[11]

그건 전체로 보아 핵심이 되는 말이 아니었으나 지난 반세기 동안 그 TV 장면(리틀이 불 붙지 않은 것 같은 파이프의 끝을 씹는 모습을 포함한)은 흥미로운 희극적 효과를 위해 수없이 틀어졌다.

공정하게 말하자면, 리틀의 전체 대답에는 좀 더 미묘한 차이가 있었다. "어떻게 생각하면 이건 재미있습니다"라고 그는 계속했다. "타르에는 이미 알려진 많은 발암물질이 들어 있습니다. 그리고 단

언컨대, 이 분야의 연구는 계속될 것입니다. 사람들은 온갖 종류의 모든 물질에서 발암 물질을 찾으려 하게 되어 있습니다."

그렇다면 담배가 암을 유발하지는 않지만 담배를 피우게 되면 나오는 타르(그래서 언제나 폐에 쌓이게 되어 있는)는 암을 유발한다? 만약 리틀이 벌써 그렇게 편안하게 담배 회사의 주머니 속에 들어앉아 있지 않았다면 정치인이 되었을지도 모르겠다. 조지 오웰이 말했듯이 이와 같은 예술적 경지의 기피 책략은 "거짓말을 진실로 들리게 하고, 살인을 존경할 수 있도록 디자인되어 있다."

리틀이 진실의 주위를 춤추듯 맴돈 것은 사실이지만 거짓말을 한 건 아니었다. 엄격하게 말하자면 그렇다. 결국 그 당시에 행해졌던 대부분의 연구는 담배를 피웠을 바로 그 직후에 폐암과의 특정한 연관을 찾으려 했던 것뿐이었기 때문이다. 무엇이 친구였던 세포들을 악성으로 바뀌게 하는지 알아볼 수 있는 정교한 도구들은 한참이 지난 후에야 나오게 된다.

하지만 우리의 목적으로는 그날 저녁 리틀이 말한 다른 것이 더 흥미롭다. 단지 담배 산업에서뿐만 아니라 사람들을 아프게 만들 수 있는 제품을 만드는 어떤 사람에게서라도 나올 수 있는, 앞으로 무엇이 다가올지에 단서가 될 만한 말이었다.

"우리가 아주 많은 관심을 가지고 있는 것은" 그는 계속 말했다. "어떤 종류의 사람들이 애연가가 되고 어떤 사람들은 그렇지 않게 되는지 알아내는 것입니다. 모든 사람들이 담배를 피우는 건 아니고, 담배를 피우는 모든 사람들이 줄담배를 피우는 건 아닙니다. 무엇이 이런 선택을 결정하는 것일까요? 좀 신경질적인 성격의 사람이 줄담배를 피우게 될까요? 스트레스나 긴장에 좀 다르게 반응하는 사람들이 그런 걸까요? 왜냐하면 어떤 사람들은 다른 사람들과 달리 잘 받아들이지를 못한다는 게 분명하니까요."

'아주 많은 관심'? 거대 담배 회사들로서는 당연한 일일 것이다. 그리고 물론 지금까지도 그렇다. 만약 담배 산업이 왜 어떤 사람들은 줄담배를 피우게 될 확률이 큰지를 확립할 수 있으면(그래서 병에 걸릴 확률이 더 커지면) 그 후에 책임을 그쪽으로 돌릴 수 있을 것이기 때문이다. 줄담배를 피우는 건 유전이므로 문제는 유전적 민감성일 뿐 담배 자체는 아니라고 주장하면서 .

같은 종류의 발언을 청량음료나 불량식품 제조회사로부터 들어본 적이 없다면 앞으로는 귀를 열어두어라. 조만간 들어볼 수 있을 것이다. 그리고 다음번 누군가 패스트푸드 체인점이 자기를 비만으로 만든다고 소송을 걸면(몇 년 전 브라질의 한 맥도날드 매니저처럼 말이다) 피고측 전문가 증인 리스트에 분명 원고의 유전체(그리고 또한 미생물 마이크로바이옴도)도 포함될 것을 확신할 수 있을 것이다.

증거를 원하는가? 그렇다면 벌링턴 노던 산타페 철도회사BNSF를 보면 된다.

우리 몸은 본래 이런 식으로 행동하도록 되어 있지 않았다. 우리는 활동적인 동물이다. 아니, 예전에는 그랬다. 선사 시대의 하루는 신체적으로 훨씬 생기가 넘쳤다. 작은 동물들을 잡으려 덮치고 바위를 넘고 강을 헤엄쳐 건넜으며 검치호랑이saber-toothed cats로부터 도망을 쳤다.[12]

하지만 산업혁명 이후(특히 디지털 혁명) 두 가지의 커다란 변화가 일어났다. 우리들은 정적으로 변하여 훨씬 덜 움직이고 우리들의 삶은 과도하게 반복적으로 변했다.

단지 최근 한두 세기 동안에만 우리는 몸이 수천, 수백만 번 똑같은 일을 반복하는 신체적 고역을 겪었다. 손목골 증후군carpal tunnel syndrome: 장기간의 신경 압박에 의한 손과 손가락 통증-옮긴이부터 요통에 이르기까지 우리의 몸과 관절들이 그 값을 치루고 있다.

반복적 압박으로부터 오는 상해에 대한 이해는 직업병 치료의 아버지인 이탈리아 의사 라마치니Bernardino Ramazzini로부터 시작되었다. 그의 책 《직업병De Moribs Artificuma Diatriba》은 1700년대에 이탈리아의 모데나에서 발간되었는데 아직도 공중보건 분야에서 일하는 사람들에게 인용되고 있다.

17세기 이탈리아 의사가 21세기의 사무실 일에 대해 대체 무엇을 말할 수 있었을까? 글쎄다. 그걸 알아보기 위해 책 내용을 보자.

사무원에게 일어날 수 있는 병 (…) 주로 세 가지로부터 온다. 첫째, 계속 앉아 있는 것. 둘째, 항상 같은 방향으로의 끊임없는 손이 움직이는 것. 셋째, 더하거나 빼거나 다른 수식 계산을 할 때 숫자를 잘못 적어서 고용주에게 손해를 끼치지 않으려 노력해야 하는 데서 오는 마음의 긴장 (…) 끊임없이 종이에 적어야 하는 일은 손과 팔 전체에 피로를 유발하는데, 이는 근육과 연골에 계속적인 긴장이 지속되기 때문이며 시간이 지남에 따라 오른손의 근력 실패가 일어난다. (…)[13]

그렇다. 그는 완전히 콕 짚어냈으며, 오늘날 우리가 '반복성 긴장 장애'라 부르는 것을 아주 간결하게 잘 묘사하였다.

300년 전에 라마치니가 알아차린 것은 같은 작업을 하고 또 하는 것이 우리 몸에 나쁘다는 것이었다.

그리고 그것이 우리를 BNSF 철도회사로 이르게 한다. 이 회사는 1849년 미국의 중서부에서 창립되었으며 오늘날 그 노선이 미국에서는 28개 주, 캐나다에서 두 주를 가로지르는 북미에서 가장 큰 화물 철도회사 중 하나로 성장했다.

그 모든 기차들을 제대로 운행하는 데는 거의 4만 명의 피고용인들이 필요했다. 쉽게 상상할 수 있듯이 철길에서 일하는 것은 육체적으로 힘들다. 그래서 어떤 BNSF 일꾼들이 때때로 직업에 관련된 상해로 병가를 낸다는 것은 놀라운 일이 아니다. 물론 이는 BNSF 회사로서는 비용이 많이 드는 일이므로 경영진들은 신속하게 그에 대한 비용절감을 모색했다.

비용을 절감하는 한 가지 좋은 방법은 물론 일에 관련된 건강의 기준을 증진시켜 경계를 늦추지 않는 것일 수도 있었다. 하지만 그들은 그렇게 하지 않았다. 또 다른 좋은 방법은 모든 일꾼들이 더 자주 휴식을 취하게 하거나 상해가 일어날 수 있는 일의 교대 수를 늘리는 것이었다. 하지만 그들은 그렇게도 하지 않았다.

대신, 그들은 피고용인들의 유전자를 쫓았다.[14]

BNSF 경영진 내에서 누군가가 손목골 증후군이라고 알려진, 손과 손가락의 간지러운 느낌, 허약해짐 그리고 통증 증상에 대한 발병 빈도에 DNA가 결정적 역할을 한다는 것을 듣고는 유전학에 관심을 가지게 된 것이 분명했다.[15] 미국 고용평준화 협회 보고에 따르면, 얼마 지나지 않아서 손목골 증후군으로 직업병 클레임을 건 BNSF 피고용인들은 혈액을 뽑아서 제출하도록 강요받았다. 그리고 그 혈액들은(피고용인들이 모르게, 또한 동의도 없이) 손목 통증과 상해에 관한 유전적 민감성 여부를 보여준다고 믿어지는 DNA상의 마커marker를 찾는 검사에 쓰였다.

만약 검사받는 걸 거부하면 일자리를 잃을지도 모른다는 소문 때문에 대부분의 일꾼들은 혈액 제공을 허락했다. 하지만 한 피고용인은 맞서 싸웠다. 결국 검사가 미국 장애인법을 위반했다는 근거로 그 사건을 맡은 고용 평준화협회와 BNSF는 220만 달러에 합의하게 되었다.

그것이 2000년대 초에 일어난 일이다. 오늘날 미국 연방법은 직장에서의 유전학적 차별을 금하고 있다. 유전 정보와 비차별법Genetic Information and Nondiscrimination Act, GINA은 고용과 건강보험에 대해서 유전학적 차별을 받지 않도록 하기 위해 생겨났다. 2008년에 조지 W 부시 대통령에 의해 승인된 이 법안은 반-가타카 법(소문으로는 몇몇 정치인들이 유전학적으로 계급이 나누어진 미래사회에 관한 1997년 영화 〈가타카〉를 보고 이 법안을 지지했다고 한다)이라고도 불리며, 유전 검사의 결과로 미래를 예측해서 차별이 일어나는 걸 방지하는 중요한 단계를 예고했다.

하지만 불행히도 유전 정보와 비차별법은 생명 보험이나 장애 보험에 관해서는 보호해주지 않는다. 이는 당신이 유전적 변이를 물려받았다면(예를 들어 BRCA1 유전자), 그 때문에 수명이 짧아지거나 장애가 일어나기 쉬울 수 있으므로 보험 회사가 합법적으로 비용을 더 청구하거나 아예 그런 종류의 보험을 거부할 수 있다는 뜻이다. 이 때문에 나는 항상 환자들에게 유전자 검사나 유전체 분석을 실명으로 받을 때는 스스로와 가족들에게 앞으로 어떤 영향이 있을지에 대해 신중하게 고려하라고 권한다. 왜냐하면 발견되는 사실들(당신 건강에는 아주 중요할 가능성이 크지만) 때문에 당신 개인과 직계가족, 미래의 자손들까지 장애 보험과 생명 보험에서 거부당할 수 있기 때문이다.

유전자 검사나 유전체 분석이 소아과에서 노인학에 이르기까지 여러 다른 의료 분야에서 점점 더 통상적으로 사용되면서, 우리는 특정한 건강 위험성을 각자의 독특한 유전적 유산에 연결할 수 있는 더 많은 정보를 갖게 될 것이다.

오바마 케어는 미국 사람들에게 더 좋은 의료 서비스를 주기 위해 시작되었지만 또한 무심코 사람들을 유전적으로 차별을 당하게 할 수 있다. 유전 정보와 비차별법은 의도적으로 넣어진 너무도 확연히 보이는 허점 덕에 보험 회사들은 장애나 생명 보험에 대한 보험료를 결정할 때 유전학적 정보를 자기들 유리하게 쓸 수 있는 자유로운 권리를 가진다.

더 무서운 사실도 있다. 요즘은 미래의 보험 회사나 그 비슷한 단체들이 당신 세포를 하나도 건드릴 필요도 없이 당신의 유전적 유산에 대해 많은 정보를 얻을 수 있다.

과학자들 사이에서는 유전학이나 유전체 데이터를 공유하는 것이 흔한 일이다. 물론 이름이나 사회보장번호를 지우기는 하지만,

우리 대다수가 항상 상대적으로 꽤 괜찮은 사생활 보호 프로토콜로 여기는 것들이 하버드나 MIT, 베일러 그리고 텔아비브 대학의 빈틈없는 의학전문가나 인종학자, 컴퓨터 과학자들에게는 해킹할 만한 유력한 타깃으로 보일 수 있다.

무명으로 보이는 짧은 부분의 유전 정보를 오락성 계보 웹사이트(사용자들이 잃어버린 가족 구성원들을 찾아보려는 방법으로 유전 정보를 점점 더 이용하려는)에 넣어보면 연구자들은 쉽게 그 무명 환자가 속한 가족 그룹을 알아낼 수 있었다. 그리고 공유된 샘플에 흔히 포함되어 있는 조금의 다른 데이터가 더 있으면(예를 들어 나이와 어느 주에 거주하는지) 많은 환자들 개인의 정확한 신원을 파악할 수 있다.[16]

이는 반대로도 작동할 수 있다. 가령 암으로부터 생존한 가족원이 있는가? 그들이 블로그를 개제했는가? 페이스북에 올렸는가? 그에 대해 트위터를 했는가? 소셜미디어는 단순히 우리가 사랑하는 사람들과 연락을 지속하기 위한 좋은 방법만은 아니다. 이는 또한 유전학적 사이버 탐정을 위한 좋은 정보들의 깊숙한 보물 창고일 수 있다. 이미 고용주의 3분의 1 이상이 페이스북 같은 소셜미디어를 이용해 지원자 중에서 어떤 사람들을 제외시키는 데 썼다고 말하고 있다.[17] 미국 내 고용주의 건강보험 비용이 치솟는 현 상황에서, 회사들은 비밀리라고는 해도 정상적인 고용 단계의 일부로 소셜미디어에서 건강상태를 체크하는 것이 정당하다고 느낄지도 모른다. 탐구심 많고 지략이 있는 사람이라면(아마도 고용이나 데이트를 고려하는 사람) 단지 당신의 이름과 누구라도 인터넷에서 쉽게 접할 수 있는 수백만의 계보 기록만을 써서 당신이 자신에 대해 아는 것보다 더 많은 것을 알게 될 수도 있을 것이다. 만약 당신이 바로 그 지략 있고 탐구심 많은 사람이고 누군가의 유전적 정보를 그 사람은 절대 모르게 알아볼 수 있는 훨씬 쉬운 방법이 있다면 얼마나 멀리까지 가겠는가? 내가 물어보고 싶은 것은 이것이다. 다른 누군가의 유전체를 해킹할 마음이 있는가?

내 스마트폰이 진동하면서 새 이메일이 도착했다고 알려주었을 때 나는 택시를 잡으려던 중이었다. 전화는 최근 약혼한 젊은 전문직 친구, 데이비드로부터였다. 그의 약혼녀 리사는 뉴욕시에 살고 있는 패션 사진기자였다. 나는 그들의 공식적인 약혼식 바로 몇 주 전에 그녀의 첫 번째 독점 사진전시회가 열리던 소호의 갤러리에서 그녀를 처음 만났다.

데이비드는 그날 저녁 이메일로 유전자 검사에 대해 물어볼 게 있다며 시간이 있냐고 물었다. 빠르게 진화하는 분야에 대해 조언을 원하는 친구나 가족들에게서 내가 받는 흔한 질문이었다. 데이비드는 리사와 결혼하면 빨리 가족을 만들고 싶다고 말한 적이 있어서 나는 그가 태아 유전자 검사에 대해 물어보고 싶어 한다고 생각했다. '유전자 패널panel'은 우리 자신과 배우자의 수백 개의 유전자에 돌연변이가 있는지 알아보는 데 사용된다. 이런 종류의 검사는 커플에게 유전적 호환성에 관한 전반적 스냅샷을 제공한다. 우리 모두는 수십 개의 열성 돌연변이를 가지고 있다. 대부분 그것만으로는 아무 해가 없지만 당신과 배우자가 둘 다 오동작하는 같은 유전자를 가지고 있다면 그건 부모로서는 유전적 재앙의 가능성이 될 수 있다. 점점 더 많은 커플들이 부모가 되는 길을 시작하기 전에 수백 개의 유전자를 스크린한다. 그리고 이건 쉽다. 아주 작은 병에 침을 뱉어 우편으로 보내고 결과를 기다리면 되는 것이다.

하지만 우리가 가지고 있는 돌연변이 대부분이 배우자와 같지 않다는 사실을 고려하면 이런 종류의 유전적 호환성은 피해가기 쉽다. 하지만 내가 택시를 잡고 데이비드에게 전화를 했을 때 그가 원하는 것은 태아 유전자 검사가 아님을 금방 알게 되었다. 그는 약혼녀 모르게 그녀 유전체를 해킹할 수 있는지 알고 싶어 했다.

데이비드의 걱정은 아주 어릴 때 입양되었던 약혼녀가 생물학적 아버지를 만나면서 시작되었다. 리사는 아버지를 결혼식에 초대하고 싶어 찾아냈다. 커피숍에서 만나 나눈 이야기에 의하면 그녀의 어머니는 여러 증상으로 고통받다가 사망했는데 그 증상들은 유전적으로 전해지는 치명적 퇴행성 뇌질환인 헌팅턴병과 아주 비슷하게 들렸다.

헌팅턴병을 가진 사람은 뇌의 신경세포들이 천천히 퇴행되어간다. 이 병은 근육의 조정력 상실, 정신적 문제로 시작되어 죽음의 길로 이르는데 치료 방법이 없어 결국에는 모든 의식 기능을 잃고 사망에 이르게 된다.

하지만 복잡한 문제는 데이비드의 약혼녀가 유전자 검사를 받는데 관심이 없다는 사실이었다.

"하지만"하고 그는 말했다. "내가 그녀의 머리카락 조각이나 칫솔을 가져다주면 그걸로 되는 거 아닌가요? 맞죠? 우리가 체크할 수 있죠. 그렇죠? 내 말은, 그녀는 알 필요가 없잖아요. 이건 미친

짓이라는 건 알아요. 하지만 무엇이 올 수 있는지 내가 미리 알 수 있다면 모든 것이 훨씬 쉬울 거예요."

그가 내게 요청하려는 것은 최소한 도덕적으로 문제가 있었고, 많은 나라들에서 아예 불법이었다.[18] 전혀 탐탁치 않아 한다는 것을 직접적으로 표현하고 그의 요청을 거부하는 대신에, 그 스스로 방법을 찾게 하려고 나는 그에게 술이나 한 잔 하자고 했다. 데이비드가 직장이 끝난 후 몇 가지 작은 일들을 처리하고 나면 시간이 있다고 해서 열 시에 만나기로 했다. 나는 대체 무엇이 데이비드를 도덕적으로 문제가 있는 일을 하게 하려 만들었는지 알아보고 싶었다.

그날은 정말 불쾌지수가 아주 높은 덥고 습한 맨해튼의 8월 밤이었다. 대부분의 사람들은 에어컨디션이 잘된 집에 들어가버리거나 가능하면 도심을 떠났다. 택시에서 나와 바 안으로 들어가면서 나는 그 습함에게 유예를 얻는 것에 안도했다.

두 개의 빈 의자를 발견해 앉고는 주문을 했다. 주문한 머들리드 모히토를 바텐더가 능숙하게 준비해서 붓는 것을 지켜보면서 나는 데이비드에 대해 생각하다가 내 친구 켈리에게 전화해보기로 했다. 그녀는 사회복지사로, 말기 불치병으로 진단받은 사람들의 배우자를 상담해준 경험이 많았다.

"치명적인 유전병을 물려줄 수 있는 유전자를 가진 사람과의 결혼에 관련된 기대치와 두려움을 알아보려고 노력해봐"라고 켈리는 말했다. "그리고 둘이 벌써 어떤 논의를 했는지 알아봐. 우리는 대부분 상처받기를 두려워하고(특히 배우자 앞에서는) 그가 그런 두려움을 약혼녀에게 표현하지 않았다면 두 사람 모두 앞으로 어떻게 할지에 대해 솔직한 대화를 하기가 어렵게 돼."

몇 분 후 데이비드가 바로 걸어 들어왔다. 당연히 그는 응용 의학 윤리에 관한 대화에는 관심이 없었다. 그가 원하는 것은 다만 내가 들어주는 것이었다.

밤이 깊어갈수록 나는 '모르는 것'이 때로는 아는 것보다 훨씬 복잡하고 고통스럽다는 걸 되새기게 되었다. 데이비드와 친구가 된 지 수년이 지난 내게는 그가 충격받은 건 물론이고 감정적으로 커다란 고통을 겪고 있는 것이 분명해 보였다. 그는 그가 남은 생을 함께 하려는 사람이 비밀을 숨기고서 보여주지 않으려는 것처럼 느끼고 있었다.

나는 그냥 가만히 앉아서 들어주고 내가 실제로 대답할 수 있는 질문들(사실 몇 가지 되지 않았지만)에 대해서만 대답해주려고 노력했다. 그날 시간이 지나면서 나는 리사의 생물학적 아버지가 살아 있고 그들과 멀지 않은 뉴욕주 북부에 살고 있다는 것을 듣게 되었다. 그리고 그녀 어머니가 젊은 나이에 요절하면서 대답할 수 없는 아주 많은 질문들을 남긴 데에 대해 알게 된 이야기를 들었다. 또 양면적으로 보이는 리사의 마음과 검사를 확고히 거부하는 데 대한 그의 좌절감에 대해서도 알게 되었다.

"왜 그녀가 알고 싶어 하지 않는지 난 이해할 수가 없어요." 데이비드는 계속 말했다.

이 디지털 시대에 데이비드는 벌써 헌팅턴병에 대해 많이 알고 있었다. 특정 글자 하나의 돌연변이로 유발된 다른 유전병과는 달리 헌팅턴병의 유전학은 계속 끊기는 스크레치난 레코드판에 비교

될 수 있다는 것도 알고 있었다. 이 엄청난 파괴력을 가진 신경학적 질병을 가진 사람들은 *HTT*라 불리는 유전자에 정상적 세 뉴클레오티드사이토신, 아데닌 그리고 구아닌가 계속 반복되고 또 반복된다.

우리 모두는 그런 반복을 어느 정도 물려받았지만, 이것이 40개 이상이 되는 유전자를 가지게 되면 거의 모든 사람들이 헌팅턴병을 일으키게 된다. 반복이 많을수록 발병이 일찍 일어난다. 반복이 60개 이상이 되는 사람에게서는 헌팅턴병 증세가 두 살부터도 일어날 수 있다.

헌팅턴병이 일찍 발병하는 대부분의 사람들은 그 유전자를 아버지로부터 받는데 왜인지는 아직 확실치 않다. 하지만 어머니로부터 물려받은 경우라도, 반복은 한 세대에서 다음 세대로 가면서 증가한다. 이런 식으로 변화하는 것을 유전적 유산의 예측이라고 한다.

그와의 대화로부터 데이비드가 병이 어떻게 대물려지는가도 포함해서 헌팅턴병에 대해 꽤 잘 꿰고 있는 걸 알 수 있었다. 그리고 HTT 유전자의 한 복사본에만 정상보다 많은 반복이 있어도 병을 물려받을 수 있기 때문에 리사의 어머니가 병을 앓았다면 리사는 헌팅턴병을 물려받았을 확률이 50퍼센트였다. 그렇다면 유전의 예측 메커니즘을 고려해서 그녀는 그녀 어머니가 처음 발병했을 때보다 더 어린 나이에 증상을 보일 수 있었다.

무엇보다 그녀가 병을 가졌다면 그는 그녀와 함께 늙어갈 수 없다는 걸 알고 있었다. 그는 병이 그녀의 뇌를 리모델링해서 천천히 정신을 와해시켜가는 동안 그녀가 변해가는 걸 지켜보아야 할 것이다. 그가 과연 감정적으로, 정신적으로, 육체적으로 그녀를 보살필 힘이 있을까?

"하지만 나는 이렇게 할 수 있어요." 그가 말했다. "보세요. 그녀의 동의 없이 헌팅턴병을 검사하는 게 잘못된 걸 알아요. 하지만 난 정말 우리가 직면한 것이 뭔지 알고 싶어요. 모른다는 것이 나를 정말 참을 수가 없게 하거든요. 왜 그녀는 검사를 받지 않는 걸까요? 어떤 대답이 나오든지 간에 우리 삶을 다르게 살게 할 겁니다. 하지만 결국 검사받는 건 그녀의 선택이라는 거 나도 알아요."

그리고는 끝이었다. 데이비드는 대화를 갑자기 멈췄다. 나는 계산서를 달라고 했고 뜨겁고 끈적거리는 택시를 타고 집에 갈 준비를 했다.

이 이야기가 해피엔딩이라고 말할 수 있다면 얼마나 좋을까.

그들이 지금 애초에 계획했던 그대로 최첨단 유행을 걷는 브루클린 지역에서 함께 멋진 삶을 살고 있다고 말해줄 수 있다면 얼마나 좋을까. 그리고 데이비드가 리사에게 검사를 받자고 한 번 더 설득할 힘이 남아 있어 그녀가 검사를 받았다고 할 수 있다면.

하지만 이런 유전학적 이야기는 남은 생애와 같다. 어떤 때는 믿을 수 없을 만큼 아름답지만 때로는 엄청나게 고통스럽다. 그리고 또 때로는 그 중간이다.

진실을 말하자면 데이비드와 리사는 계획한 대로 결혼하지 않았다. 그녀는 아직 그가 준 반지를 끼고 있고 그들은 아직 서로 미친 듯이 사랑하는데도 말이다. 사랑과 삶이 미칠 수 있는 만큼 미친 것이다.

데이비드 쪽은 아직 리사가 그 둘의 삶의 미래에 놓일 것이 무언가를 알아보는 걸 거부하고 싫어하는 걸 이해해보려고 노력하고 있다. 리사 쪽은 헌팅턴 병력이 있는 가족들을 도와주는 전문 상담사와 연락하고 있지만 지금 내가 이 글을 쓰는 순간까지 아직 검사받는 것에 대해서는 결정하지 않고 있다.

유전자 검사가 더 쉬워지고 비용도 계속 낮아짐에 따라 우리는 이런 상황들을 더 많이 맞닥뜨리게 된다. 그리고 점점 더 많은 질병에 대해서도 마찬가지다. 유전체를 해킹하느냐 마느냐는 문제를 고민하는 일도 잦아질 것이다. 그리고 이 질문이 함축하는 모든 것을 대할 때 항상 도덕적인 세련됨과 노련함을 가질 수는 없을 것이다.

이 용감한 세계에 우리가 발을 완전히 들여놓음에 따라 우리들의 관계는 시험에 들 것이며 우리 삶은 변할 것이다. 그리고 다음에서 보겠지만 우리 몸도 변할 것이다.

안젤리나 졸리는 승산이 없음을 알고 있었다.

아카데미 수상 경력을 지닌 이 유명한 여배우는 어머니가 암과의 긴 싸움에서 패하는 것을 지켜보았다. 자신의 유명세와 명예에도 불구하고 엄청난 무력함을 느꼈고, 자신의 배우자와 아이들 옆을 계속 지킬 것이라는 걸 확실히 하기 위해 그녀는 유전자 검사를 받았다. 그 결과, 그녀의 *BRCA1* 유전자에서 돌연변이가 발견되었다.

대부분의 여성들에게 *BRCA1* 돌연변이는 유방암 확률이 약 65%임을 의미한다. 왜냐하면 *BRCA1*은 불필요하거나 너무 빠른 성장을 늦춰줌으로써 종양을 억제하는 기능을 하는 유전자 그룹에 속하기 때문이다.

하지만 그것이 *BRCA1* 유전자가 하는 모든 기능은 아니다. 다른 많은 유전자들과 함께 작동해서 손상된 DNA를 수리하는 일도 한다.

지금까지 우리는 얼마나 많은 우리의 행동들이 후성유전학과 같은 메커니즘을 통해 유전자의 발현을 변하게 하는지에 대해 이야기했다. 하지만 당신이 아직 알아채지 못한 것은 매일 하는 많은 일들이 사실은 DNA 자체에 손상을 입힌다는 사실이다. 그리고 당신도 모르는 사이에 당신은 스스로의 유전체를 수년 동안 학대해왔을 가능성이 크다.

사실 유전자 보호 서비스라는 정부 부처가 있다면 아마도 당신 유전자를 당신으로부터 보호하기 위해 이미 오래전에 빼앗아가고 말았을 것이다 미국의 아동 보호 서비스를 두고 빗대어 한 말 – 옮긴이.

심지어는 아주 긍정적으로 보이는 해외에서의 짧고 느긋한 휴가까지도 놀랍게도 당신에게 나쁠 수 있다. 그리고 당신의 전과 기록은 다음과 같을 것이다.

1. 미국에서 캐리비안으로의 왕복 여행 ❑
2. 선탠하려고 땡볕에 아주 오랫동안 나간 것 ❑
3. 풀장 옆에서의 데이커리 칵테일 두 잔 ❑
4. 간접 흡연 ❑
5. 빈대를 잡기 위해서 침대에 뿌려진 살충제와의 접촉 ❑
6. 피임 윤활제에 흔히 쓰이는 노녹시놀9 ❑

상상 휴가를 이런 식으로 망쳐서 좀 미안하다. 하지만 유전자 보호 서비스 부처는 이들 항목에 대한 죄를 당신에게 물음으로써 당신이 자신의 유전체를 얼마나 당연하게 여기고 있는지 생각해보게 할 것이다.

위에 열거된 모든 것들은 DNA를 손상시킨다. 우리가 유전체에 일으키는 모든 부정적 변화들에 대해 지속적이고 적절하게 보수할 만한 능력이 없다면 우리는 심각한 문제에 봉착할 것이다. 유전적 손상을 얼마나 고칠 수 있는 능력이 되느냐는 우리가 물려받은 '보수' 유전자에 달렸다. 만약 당신이 BRCA1 유전자에 일어날 수 있는, 이미 암 발병 위험을 높인다고 알려진 수천 개의 돌연변이 중 하나 이상을 물려받았다면 당신은 유전자를 아주 조심스럽게 다루어야 할 것이다. 하지만 흥미롭게도 이 돌연변이들이 모두 다 똑같이 위험한 것은 아니다.

이 사실은 우리를 다시 안젤리나 졸리에게로 데려온다. 그녀의 BRCA1 유전자가 발견되었을 때 그녀의 의사는 이 유전적 변종 혹은 변이는 전혀 안심할 만한 것이 아니라고 말했다.[19] 87퍼센트의 확률로 유방암을 일으킬 것이며, 50퍼센트 확률로 자궁암 발병 위험이 있다고 했다.

2013년 겨울과 봄에 걸친 세 달 동안, 아마 세계에서 가장 주목받던 여성들 중 한 명이었던 졸리는 자신이 출연했던 스파이 영화의 약삭빠른 주인공을 흉내낸 듯 파파라치들을 따돌리고 캘리포니아 버버리 힐즈에 있는 핑크 로터스 유방암 센터에서 이중 유방절제술을 포함한 여러 수술을 받았다.[20]

"깨어나보니 가슴에 확장기과 배액 튜브가 달려 있었다"라고 졸리는 수술이 끝난 후에 뉴욕타임스에 말했다. "그건 사이언스 픽션 영화에 나오는 장면처럼 느껴졌다."

그리고 얼마 전까지만 해도 그랬을 것이다.

의사들이 유방절제술을 시행한 역사는 오래되었지만, 아주 최근까지도 그건 암세포를 없애기 위해서였고 예방을 위한 것은 아니었다.

하지만 이제 그런 사실은 완전히 바뀌고 있다. 암의 분자적 기반에 대한 우리의 이해가 성숙해지고, 유전학적 스크리닝과 테스트가 더 쉽게 가능해지고, 또 더 많은 여성들이 (심지어는 남자들도) 점점 졸리가 들었던 것과 같은 나쁜 검사 결과를 듣게 됨에 따라서다. 상당히 심각하지만 완벽하지는 않은 예방 계획에 직면하게 된 여성들의 약 3분의 1은 이제 예방을 위한 유방절제술을 선택하고 있다. 암이 발병하기 전에 가슴을 미리 없애버리는 것이다. 그렇게 함으로써 그들은 새로운 환자 계층을 형성하게 되었다. 예방생존환자 previvor: survivor에 반하는 의미로 썼다 - 옮긴이라 불리는 계층이다.

이들 예방 생존환자들은 벌써 수천 명이나 되며, 거의 모두 졸리와 같은 결정을 직면했던 강한 의지의 여성들이다. 우리가 다른 질병들에서도 발병에 역할을 담당하는 유전적 요인들에 대해 더 많이 알게 된다면(결장, 갑상선, 위 그리고 췌장암들이 이들 후보에 속한다) 이런 그룹의 사람들은 점점 더 늘어나게 될 것이 거의 확실하다.

"암은 아직 사람들 마음에 두려움을 주는 단어로 깊은 무력감을 이끌어낸다"라고 졸리는 썼다. 하지만 그녀는 또, "오늘날에는 간단한 검사로 누가 암 발병 가능성이 높은지 알아내는 걸 도와준다"고

했다. "그리고 조치를 취하면 된다."

이 모든 것은 의사들에게 완전히 새로운 국면의 도덕적 복잡성을 부여하게 되었는데 그건 무엇보다 의사들은 프리멈 논 노체르•(히포크라테스 선서에 나오는 말이다)라는 금언을 따라 시술하도록 되어 있기 때문이다.

조치를 취한다는 것은 단지 유방절제술이나 결장절제술, 장절제술 같은 극단적 수술들만을 일컫는 것은 아니다. 물론 어떤 것들은 단순히 제거해버릴 수가 없다. 그런 경우 쓸 수 있는 다른 예방 조치들은 스크리닝과 감시 테스트를 늘리거나 예방 약품을 복용하거나, 가능하다면 발병을 촉진시킬지 모르는 유전적 손상이 일어나지 않도록 최대한 피하는 것이다.

따라서 위에 열거한 것과 같은 전과 목록은 당신이 스스로의 유전적 유산을 잘 돌보기 위해 할 수 있는 모든 일들에 대한 중요한 알림장이 된다. 스스로 유전자들을 잘 돌보지 않으면 당신은 자기도 모르는 사이에 그것을 변화시켜버릴지 모르는 일이다.

일상적 항공 여행 도중의 방사선에의 노출이나 선텐 중 자외선 노출, 칵테일 속의 알코올, 담배 연기 속의 화학물의 잔여물, 개인용품 속에 들어 있는 살충제나 화학물질들은 모두 당신 DNA를 손상시킬 수 있는 일반적인 요소들이다. 당신이 어떻게 사느냐가 스스로의 유전체를 얼마나 잘 돌보느냐를 결정하는 것이다.

이는 우리가 더 많이 배워야 할 필요가 있음을 의미한다. 단순히

• 라틴어로 '첫째, 아무 해를 끼치지 말아라'라는 뜻이다.

가족의 병력을 발견하거나 자신의 유전적 유산을 해독함으로써만 이 아니라, 그런 정보들로부터 어떻게 우리 스스로가 능동적이고 긍정적인 변화를 만들어나갈 수 있는지 궁리해봄으로써 말이다. 이런 능동적인 변화는 우리 각자에게 다 다른 행동을 요구한다. 우리 중 어떤 사람에게는 그것이 과일을 피하는 것일 수도 있고 또 다른 사람에게는 유방절제를 의미할 수도 있다.

동시에 우리는 다른 사람들이 어떻게 이런 정보들을 유전적 미래를 앞당기는 데 쓸 수 있는지에 대해 인식할 필요가 있다. 그 '다른 사람들'은 앞에서 벌써 보았듯이 당신의 의사와 보험 회사, 기업들, 정부 기관 그리고 또한 당신이 사랑하는 사람들까지도 포함된다. 그리고 자신의 유전체 해킹을 고려하기 전에, 비밀보장이 된다고는 해도 실제로는 생명보험이나 장애보험에 대한 차별로부터 보호받기가 힘들다는 사실을 유념해야 할 필요도 있다.

지금 우리는 단순히 놀라운 인식체계가 대전환되는 벼랑 끝에 서 있는 것이 아니다. 우리 중 많은 이들은 벌써 그 벼랑 끝을 넘어섰다. 그리고 기술적으로나 유전적으로 우리들은 연결되어 있기 때문에 좋든 싫든 간에 앞으로도 훨씬 더 많은 사람들이 그 끝을 넘어갈 것이다.

Chapter 10

아들인가요, 딸인가요:

중복 유전자로부터 오는 전혀 의도하지 않았던 결과들

모든 건 캐리비안의 조용한 아침에 시작되었다. 1943년 5월 13일 목요일, 많은 양의 암모니아를 운반하도록 특수 제작된 'SS 니켈라이너'라는 미국 상선은 3400톤의 휘발성 화물을 싣고 영국으로 향하고 있었다. 암모니아는 전쟁 동안 부족한 탄환을 만드는 데 꼭 필요한 군수품이어서, 제2차 세계대전 대서양 전쟁이 정점에 달한 시기에 바다를 건너는 위험을 감수하고라도 꼭 영국에 조달해야 했다.[1]

니켈라이너에 승선한 31명의 선원들에게 그날은 전혀 평범하지 않았다. 배가 항구를 떠난 순간부터 당시 서른다섯 살의 레이너 디엘크센 선장이 이끄는 독일 잠수함이 쫓아오고 있었기 때문이었다.

쿠바의 마나티에서 약 9.7킬로미터 떨어진 곳에서 독일 잠수함의 쇠로 된 잠망경이 조용히 수면 위로 올라왔다. 천천히, 의도적으로 디엘크센의 어뢰 하사관들이 조준을 했다. 목표물이 확인되자 노련한 선장은(이미 열대의 연합군들 배를 침몰시켰다) 발사 명령을 내렸다. 두 개의 독일 어뢰가 물속으로 발사되고 프로펠러가 돌아가며 속도를 냈다. 그리고 엄청난 폭발이 있었다. 물과 불이 하늘로 100미터가 넘게 치솟았다. 그리고 곧 니켈라이너는 바다 속으로 가라앉았고 선원들은 구명보트에 운명을 맡겼다.

연합군들에게 문제는 아주 간단하면서도 미치도록 복잡하기도 했다. 잠수함이 물속으로 깊숙히 들어가버렸을 때 위치를 찾을 방법이 필요했다.

그들은 그 대답을 수중 음파탐지기에서 찾았다. 그때는 모두 대문자로 썼다. 소나SONAR는 수중 음파탐지Sound Navigation and Ranging의 머릿글자로 만들어진 말이었으며 받는 사람은 튕겨져 나온 소리를 '들어서' 목표물로부터의 거리를 가늠할 수 있었다.

70년이 지난 지금도 전 세계의 해군들은 적군 잠수함과 지뢰에 대항하는 주요 기술로 소나를 사용한다. 하지만 시간이 지남에 따라 소나가 그런 일들에만 유용한 것이 아님이 밝혀졌다. 원래는 세상에서 생명을 없애려고 고안되었던 이 기술은 오늘날 생명을 나오게 하는 데 큰 도움이 되고 있다.

1940년대 후반에 전쟁이 끝나고 수천 명의 소나 기술자들이 집으로 돌아가 이 기술의 다른 쓰임새를 실험하기 시작했다. 가장 초창기에 이 기술을 채택한 사람들은 부인과 의사들로 의학적 소나(처음에는 이렇게 불렸다)가 부인과 종양이나 다른 혹들을 외과적 진단 수술 없이 찾아내는 데 유용하다는 것을 재빨리 알아차렸다.[2]

하지만 소나가 정말로 유행하게 된 것은 산과 의사들이 착상 후 몇 주만 지나면 태아와 태반의 모습을 소나로 볼 수 있다는 것을 알아낸 이후였다. 당시로서는 의사들에게 마술과 같은 능력(아이가 뱃속에서 발달 단계를 거치는 과정을 직접적으로 볼 수 있는)을 주는 것이었다. 하지만 이 이미지가 단순한 사진 이상으로, 태아 발달에 중요한 역할을 하는 유전자들의 발현과 억제의 정교한 상호작용을 보여준다는 사실은 심지어 오늘날에도 많은 사람들이 잘 모르고 있다.

지금은 태아 초음파 검사로 불리는 이 기술은 종전에는 분만할 때까지 숨겨져 있었던 유전적 실수나 비정상성을 의사들이 미리 알아낼 수 있는 기회를 최초로 제공해주었다.

유전학이 태아 발달에 미치는 영향에 대해 알아보기 전에 잠시 시간을 되돌려 다음 질문에 답해보자. 제2차 세계대전 중 니켈라이너를 공격해서 침몰시킨 독일 잠수함에는 무슨 일이 일어났을까?

니켈라이너 침몰 후 이틀째 되던 날, 미국 정찰비행기가 수면에 떠오르는 U보트로 보이는 물체를 포착했다. 비행기는 바다 위에 표지를 남겨서 그 위치를 표시했다. 독일 승무원들이 잠수함을 상대적으로 안전한 깊이로 잠수시키려 필사적으로 노력하는 동안에 연합군 군함은 그 위치로 달려가 소나를 써서 잠수함이 있는 물밑 위치를 파악할 수 있었다.

정찰비행기는 소나가 제공한 방향과 깊이에 대한 정보를 써서 물속 깊숙이 세 개를 발포했다. 그것으로 나치 잠수함은 마치 산산조각 난 탄산음료 캔처럼 되어 바다 깊은 곳에서 니켈라이너의 동료가 되었다.[3]

물속에 숨겨진 잠수함을 찾는 소나로 시작한 기술이 오늘날, 아이들을 세상에 태어나게 하는 데 중요한 역할을 한다는 것은 한 치 의심의 여지도 없다. 아무도 상상할 수 없었던 한 가지는, 처음에 생명을 앗아가려고 발전시켰던 기술이 그 용도가 바뀐 후에 너무나도 빨리 다시금 생명을 선택적으로 빼앗게 되었다는 것이다.

한 가지 목적으로 발전시켰던 기술은 흔히 놀라운 방법으로 새 목적을 찾는다. 쉽게 상상할 수 있듯이, 문화적으로 여자아이보다 남자아이를 선호하는 나라들에서 태아 초음파 검사 사용은 아주 극단적인 문제를 일으켰다. 성별의 가치가 비대칭적일 때, 분만 전에 아기 성별을 알게 된 부모들이 성별을 고를 수 있었기 때문이다.

그 일이 바로 중국에서 일어났다. 중국은 다년간 대부분의 부모들에게 한 아이만 갖도록 제한하는 아주 엄격하고 때로는 필수적인 인구 정책을 강요했다. 중국에서 아들이 갖는 문화적 중요성이 한 자녀 정책과 합쳐져, 임신한 부모들이 아들에 대한 심한 강박관념을 가지게 했다. 그 결과가(태아 초음파를 써서 여아들을 의도적으로 낙태시킴으로써 생기게 된, 남자가 3천만 명이나 더 많은 중국의 성별 불균형) 그대로 말해주고 있다.[4] 그리고 그런 시술은 더 퍼지고 있다.

실제로 어떤 연구는 태아 초음파 검사 기술이 없었던 중국의 한 지역에서 그 기술이 사용되기 시작한 후 실제로 여아와 남아 사이에 출생 불균형이 증가했다는 것을 보여주었다.[5]

초음파 검사는 또 다른 유행도 불러왔는데 이는 별다른 해가 없는 것이었고, 오늘날에도 여전히 널리 성행한다. 그리고 아마 당신도 이에 참여하거나 지지할지도 모른다.

아이의 성별에 따라 다른 옷을 입히는 경향은 실상 세계대전 이후에 나타났고, 태아 초음파가 미국 전역에 성행하면서 문화로 자리잡았다. 친구와 가족들, 그리고 직장 동료들이 태어날 아이를 위해 미리 쇼핑할 시간이 많아지면서, 한쪽 성별에 맞춰진 출산 전 축하파티가 등장했다.[6]

하지만 다른 사람들이 분홍과 파랑, 트럭이나 고양이, 위장전술 무늬나 레이스를 볼 때, 나는 사실상 세계 최초로 널리 쓸 수 있게 된 태아 유전자 검사의 문화적 영향을 본다. 결과적으로, 지난 세기 동안 대부분 우리는 염색체 수준에서 남녀의 주요 차이점은 남자에게는 Y 염색체가 있고 여자에게는 없다는 데 전반적으로 동의했다. 태아 초음파 검사는 미래의 아이를 흐릿하게 보여줄 뿐 아니라, 아이가 물려받은 DNA에 대한 대략적인 정보도 제공한다.

임신 4개월 정도 되면 초음파 검사가 성별을 포함해서 보통 꽤 정확한 해부학적 정보를 주기는 하지만, 시험관 아기는 물론이고 착상 전에 성별 선택까지 가능한 현시점에서 우리는 그때까지 기다릴 필요도 없다. 따라서 계속 새로이 개발되며 점점 더 쉽게 이용이 가능한 의학적 기술들은, 성별에 국한되지 않고 생명을 소중히 여기는 범사회적 교육과 결단이 병행되지 않으면 예기치 못한 결과를 초래할 수 있다.

그리고 물론 이제 임신 전에 하는 기본 유전자 검사로부터 얻을 수 있는 정보는 우리에게 단순한 성별보다 훨씬 더 많은 것을 말해줄 수 있다.

이는 마치 성별이 아주 간단한 것이라고 암시하는 말 같이 들릴 수 있다.

하지만 실은 그렇지가 않다.

"아들인가요, 딸인가요?" 보통 누군가 임신했다고 하면 물어보는 첫 번째 질문이다. 그리고 대부분의 경우 그 질문에 대한 대답은 아주 간단해 보인다.

성별은 여러 요소들이 각기 다른 정도로 복잡하게 영향을 주어 궁극적으로 결정되지만, 아이가 처음 엄마 뱃속에서 나왔을 때 눈에 보이는 것은 단지 외부 기관뿐이다. 〈유치원에 간 사나이kindergarten cop〉라는 영화에서 다섯 살짜리 아이가 아놀드 슈왈츠제네거가 맡은 극중 인물에게 설명해주었듯이 "남자아이들은 고추가 있고 여자아이들은 질이 있다."

하지만 실제로 항상 그런 건 아니다. 오늘날 우리는 성별 발달 장애disorders of sex development, DSD라는 용어로 신체의 생식기관 발달과는 다른 길을 가게 된 아이들과 어른들을 일컫는다.

이런 길들 중 어떤 길을 가게 되면 그들의 외부 기관에도 상당한 모호성을 가져온다. 예를 들어 비정상적으로 커서 남자 성기처럼 보이는 음핵이나 융합되어 음낭처럼 보이기도 하는 대음순 같은 것이 그에 속한다. 의사들은 계속 변화해가는 성별에 대한 심리사회학적 이해의 방대한 범위를 쫓아가기도 힘이 든다. 마찬가지로 우리는 이제 몸의 성별 발달이 아주 넓은 범위를 반영한다는 것을 배워가고 있다. 이는 고전적인 성별의 모델, 즉 'XY는 남자고 XX는 여자다'라는 기본적이고 편협한 명제는 이제 시대에 뒤떨어지는 것이 되었음을 의미한다.

그렇기는 하지만 이름이나 대명사, 옷차림 그리고 공중화장실의 구분에 이르기까지 거의 모든 것이 성별과 연결된 세상에서 성별의 모호성은 상당한 당혹스러움이나 놀라움을 일으킬 수 있다. 특히 아기의 성별이 불확실한 경우에는 더욱 그렇다.

따라서 성별의 모호성은 부모들에게 약간의 걱정이 아닌, 의학적 응급으로 간주된다. 낮이거나 밤이거나 나 같은 의사가 상담을 위해 호출되는 경우인 것이다.

성별 발달 장애를 가진 것으로 생각되는 아이가 태어나면 무슨 일이 생기는지 좀 더 자세하게 말해보겠다. 눈앞에 일어날 심리사회학적 문제의 심각성을 고려해서, 나 같은 의사들은 보통 하고 있는 일을 뒤로 하고, 가족들과 그 소중한 작은 환자를 받아낸 의료진을 만나러 간다.

그리고는 바로 부모로부터 이 갓난아이의 가계도에 대해, 즉 형제자매나 조카, 조카딸, 삼촌, 고모, 이모, 조부모 등, 아기의 가계도의 위아래로 될 수 있는 한 많은 사람들을 포함한 모든 정보를 알아낼 수 있는 만큼 알아낸다. 이 과정에서 우리 의사들은 많은 질문을 던진다. 살아 있는 친척들은 건강한가? 반복되는 유산이나 심각한 학습 장애가 있는 아이들을 가진 적이 있는가? 부모나 조부모 혹은 증조부모가 먼 친척 간이라도 되는가?

이런 질문들은 단순히 귀중한 유전 정보만 주는 것이 아니라, 관련된 모든 사람들에게 이 어린아이의 뿌리가 가족에 있고 그 대가족의 일부라는 사실을 상기시켜준다. 여기서 가장 중요한 건, 해결이 필요한 것이 단순히 의학적 문제가 아니라는 점이다.

그리고 나서는 1장에서 우리가 함께 보았던 이형성 평가와 비슷하지만 훨씬 더 세세한 신체검사를 시작한다. 병원용 줄자를 목에 걸고 손가락 사이에서 민첩하게 움직이면서 우리는 아기의 머리둘레, 눈 사이 거리, 눈동자 사이의 거리, 인중의 길이 등을 잰다. 또한 우리는 여자아이의 음핵 또는 남자아이 성기의 길이를 재고, 항문이 제자리에 있는지도 확인한다. 심지어는 아기의 젖꼭지 사이의 거리 같은 것도 때로는 그 아기의 유전체에서 무슨 일이 일어나고 있는지에 대한 귀중한 정보를 줄 수 있다. 성별 발달 장애를 평가할 때에 제일 중요한 것은 아기가 전체적으로 이형성으로 보이는지를 결정하는 것이다.

우리가 이런 검사를 할 때, 지켜보는 사람들은 우리가 맞춤 아이옷을 만들러 치수를 재는 재단사처럼 보인다고(아주 작은 비정상성까지도 찾으려는 의사라기보다) 종종 농담을 건넨다.

사실 사람들은 모두 어떤 면으로는 비정상적이다. 임상적 관점에서 중요한 것은, 이렇게 믿기 어려울 정도로 작고 별것 아니어 보이는 비정상성이 때로는 어떻게 엄청나게 크고 영향력 있는 비정상성과 맞아 떨어지느냐는 것이다.

아주 작은 비정상적 특징으로 인해 완전히 새로운 방향의 진단이 내려질 수 있다. 다음에서 보겠지만, 가장 작은 세부 사항이 우리가 세상을 보는 관점을 완전히 바꿀 수도 있다.

그 아기는 모든 면에서 아름다웠다. 유모차에서 평화롭게 자고 있는 이탄은 다른 사랑스러운 아기들과 크게 다르지 않았다.[7]

우리 모두는 각자 독특한 발달 과정의 여행을 거치지만 대부분 공통의 여행 경로를 지난다. 이 여정의 길들은 환경적 그리고 유전적 상황에 따라 놓이고 만들어진다. 그리고 작고 연약하지만 너무나도 많은 가능성으로 가득 차 있는, 숨이 막히도록 아름다운 갓난

아이로부터 시작한다.

내 눈앞에서 자고 있는 갓난아이는 그 모든 것을 가졌다. 그 순간에는 몰랐지만 그 아기는 내가 그동안 보았던 어떤 아기와도 달랐다. 사실 지금까지 세상에 태어났던 모든 아기들과 완전히 달랐다.

이탄의 태아 초음파는 정상이었다는 걸 말해둘 필요가 있다. 몇 달 전 그의 엄마가 아들인지 딸인지 물었을 때 산부인과 의사는 그녀의 부풀어오른 배에서 파란색 초음파 젤 사이로 장치를 움직여 태어나지 않은 아기의 다리 사이를 훔쳐보았다.

"아들입니다"라고 그녀가 말했다.

외관상으로 보아 그녀의 말은 맞았다.

이탄이 태어났을 때 잠재적으로 문제가 있을 수 있긴 하지만 아주 드물지는 않은 특징이 있었다. 대부분의 남자아이들에게 요도 입구소변이 나오는 곳는 성기 앞의 중간 쪽에 위치한다. 하지만 이탄은 요도 기형hypospadia으로 요도 입구가 보통 있는 곳에 있지 않고 좀 더 음낭 쪽으로 위치했다.

남자아이들 약 135명 중 한 명은 어떤 종류의 요도 기형으로 태어난다. 음낭 가까이에 있는 것에서부터 정상적으로 있어야 할 곳 근처에 이르기까지. 그리고 보통 그건 고칠 수 있다.[8]

때로는 외과 수술에서 교정을 위해 표피를 희생해야 하기는 하지만, 대부분의 경우 이런 기형은 미용적인 것으로 간주된다. 그래서 미용적 요도 기형의 경우, 때로는 부모들이 수술은 필요 없다고 결정하기도 한다. 하지만 서서 소변을 볼 수 없을 정도로 심한 경우에는, 사회심리학적 이유로 수술이 중요하게 된다.

이탄의 부모는 걱정이 많았다. 특히 몇 달이 지나도 아들의 키와 몸무게가 다른 아이들에 비해 너무 작은 편이어서 그들은 어떻게 아들을 더 자라게 할지를 알고 싶어 했다. 하지만 아이의 성장을 체크하려던 짧은 병원 방문이 엄청나게 풀기 어려운 퍼즐이 되고 말았다.

이탄의 몸 크기와 겉으로 보기에는 별 해가 없어 보이는 신체적 특징을 고려해서 핵형karyotype이라는 유전자 검사가 행해졌다. 이 검사에서는 이탄에게서 뽑아낸 약간의 세포들을 페트리 접시에 놓고 기른 후 염색체들을 염색 처리하였다.

그러자 이탄은, 아빠로부터 Y 염색체를 물려받아 태어난 다른 남자아이들과 다르다는 것이 명확해졌다. 아주 드문 일이기는 하지만 유전적으로는 여자아이가 남자로 발달하는 경우가 있는데, 이는 아이가 SRYsex-determining region Y, 성별결정구역 Y라 불리는 Y 염색체의 작은 부분을 물려받은 경우다. 이렇게 되면 그 아이의 전체적인 발달은 여자가 아니라 남자 쪽으로 바뀌게 된다.

다음 단계로 이 SRY의 작은 조각을 찾으려고 FISHfluorescence in situ hybridization, 형광제자리부합법라 불리는 방법을 사용했다. FISH 검사는 서로 상보적인 염색체 부분에만 결합하는 분자 표지자probe를 사용해서 행해진다.

이탄에게서 우리가 기대했던 것은 SRY 부분에 대한 FISH 양성 반응이었다. 하지만 아니었다. 이탄은 아빠로부터 Y 염색체를 물려받지 않았을 뿐 아니라 심지어 그 미세한 흔적도 물려받지 않았다. 그리고 그 사실은 어떻게 이탄이 남자아이가 되었는지에 대해 어떠한 유전적 설명도 남겨주지 않았다.

내 책상 위에 놓인 유전학 교과서에 따르면, 이탄은 정말로 여자 아이여야 했다.

이탄의 부모인 존과 멜리사는 오래전부터 "아들입니다"라는 말을 듣기를 원했다. 그래서 그들은 의사로부터 그 말을 들었을 때 아주 기뻐했다. 친지들도 마찬가지였는데 특히 중국 본토에서 이민 온 첫 세대인 존의 부모들은 더했다. 중국에서는 한 자녀 정책이 펼쳐지기 전에도 아들의 출생을 행운으로 여겼다. 그래서 그들은 멜리사가 아들을 임신했다는 소식을 듣고는 뛸 듯이 기뻐했다.

그리고 좀 심하게 과잉보호를 했다. 존의 어머니는 최소 하루에 한 번씩 멜리사에게 전화를 해서 건강이 괜찮은지 물었다. 또 가족의 문화적 전통이라는 이름 아래 임신 중에 해야 할 일과 하지 말아야할 일, 생각해야 할 것, 먹어야 할 것들을 거의 강요하다시피 했다. 금지된 음식들의 긴 목록에는 멜리사가 가장 좋아하는 두 가지 음식도 포함되어 있었다. 수박과 망고였다.

그뿐이 아니었다. 멜리사는 침대 위에 가위나 칼 같은 날카로운 물건을 두는 것을 피해야 한다고 지시까지 받았다. 단순히 멜리사가 다칠까 걱정되기보다, 존의 어머니가 그것이 아기가 '갈라진 입술'을 가지고 태어날 수도 있는 나쁜 징조를 불러오는 불운이라 믿으며 자랐기 때문이었다. 오늘날 이런 상태는 구순구개열cleft lip, cleft palate, 언청이이라 불린다.

멜리사는 특별히 미신을 믿지는 않았지만 불필요한 가족 간의 불화를 피하려는 노력으로 지시사항들을 따르려 최선을 다했다. 하지만 최소한의 선을 긋고 싶어 하는 한 가지가 있었다. 임신 중에 멜리사는 수박에 대한 채울 수 없는 식욕을 느꼈다. 시어머니가 방문할 때마다 파랗고 커다란 수박의 껍질과 까맣고 작은 씨들을 잘 숨길 수만 있으면 괜찮을 거라고 생각했다. 하지만 우연히 시어머니가 쓰레기 버리는 걸 도와준다고 '자원'했다가 쓰레기봉투에서 수박 껍질과 바닥에 있는 특유의 빨간 즙을 발견하고는 큰 싸움이 일어났다. 멜리사가 뭐라고 변명을 해도 시어머니의 분노를 누그러뜨릴 수가 없었다. 결국 그녀는 사과하고 출산 이후까지 그 '살인 과일들'을 멀리하겠다고 약속했다. 하지만 속으로는 앞으로 몰래 먹을 때는 증거물을 버릴 때 더 조심해야겠다고 다짐했다.

멜리사는 시어머니의 걱정이 기이하다는 것을 알고 있긴 했지만, 아기가 유전적으로 예외라는 소식을 들려주자 가족의 모든 미신들에 더 충실해야 했었는지를 의아해했다. 물론 나는 누군가 특별히 수박에 대해 걱정한다는 걸 들어본 적이 없었지만 그녀의 불안감은 결코 드문 일이 아니었다.

유전병이 있는 아이를 가진 부모들로부터 많은 경우, 내가 듣는 첫 번째 질문은 "의사 선생님, 제가 뭘 잘못해서 이런 일이 벌어졌나요?"라는 것이다.

이런 경우 나는 부모들이 가지는 잘못된 죄의식을 없애줘야 한다는 의무감을 느낀다. 그래서 나는 "뭔가가 잘못되는데"에 관여한 가능성들에 대해 말하는 대신, 과학적으로 정립되어 이미 알려져 있는 사실들에 관해 논의를 진행하려고 열심히 노력한다.

물론 이렇게 하려면 그 유전병에 대해 좀 알고 있어야 했다. 그런데 이탄의 경우, 최소한 처음에는, 전혀 아무런 단서도 없었다.

이탄의 경우, 초기에 언급된 가능성 중 하나는 선천성 부신과형증congenital adrenal hyperplasia, CAH이었다. 이 유전병은 여자들을 외관상 남자로 보이게 하는 유전병의 그룹으로, 손가락으로 꼽을 수 있는 몇몇 유전자들에 의해 유발된다. 선천성 부신과형증을 가진 사람들은 코티솔이라 불리는 스테로이드 호르몬을 자연적으로 충분히 만들지 못한다. 몸에서 그 결핍을 알아차리면 부신을 자극해서 더 많이 만들려고 한다. 하지만 문제는 코티솔만 만들어지는 게 아니라 성호르몬도 함께 더 많이 만들어진다는 것이다.

선천성 부신과형증의 경우 '*CYP21A*'라는 유전자의 한 버전이 여자아이들과 젊은 여자들에게 심한 여드름, 너무 많은 체모, 그리고 커다란 음핵을 발달시키는데, 커다란 음핵은 어떤 경우에 남자 성기처럼 보이기도 한다. 그래서 선천성 부신과형증는 모호한 성기를 가지게 하는 가장 일반적인 유전병 중 하나다.

이 유전자를 물려받음으로써 갖게 되는 과량의 안드로겐은 또한 정상적 배란 주기를 방해하고 어떤 여성들에게는 임신도 힘들게 만든다. 약 30명 중 한 명의 아슈케나지 유태인, 50명 중 한 명의 히스패닉 후손 그리고 더 낮은 비율의 여러 다른 민족 여성들이 선천성 부신과형증을 일으키는 유전자들을 물려받았지만 많은 사람들은 자신이 그렇다는 걸 알지도 못한다.[9]

이 병을 알기 위해서는 유전자 검사를 받을 필요도 없다. 상대적으로 간단한 피 검사만으로도 그 여성이 선천성 부신과형증의 한 형태로 고통받는지 알 수 있지만, 문제는 그 간단한 검사가 늘 요청되지 않는다는 데 있다. 그 결과로, 많은 여성들이 몇 년씩 효과 없는 불임 치료를 받느라 고생하고, 수천 달러의 돈을 들이고 나서야 그동안 임신할 수 없었던 것이 정말은 불임 문제가 아니라 덱사메타손이라는 약으로 쉽게 치료할 수 있는 유전병이라는 것을 알게 된다.

하지만 이탄은 어떤가? 그도 드물게 심해 보이는 선천성 부신과형증의 한 형태일까? 하지만 우리는 짧은 논의 후에 그 가능성을 보드에서 지웠다. 선천성 부신과형증을 일으키는 유전적 변이는 여성들에게 남성화를 일으켜 출생 시에 남자로 보이게까지 하지만, 고환 그 자체를 만드는 일만은 할 수가 없다. 육안 검사나 고환 초음파로 확인했듯이 이탄에게는 실제 정상적으로 형성된 두 개의 고환이 있었다.

이런 종류의 XX 성별 전환을 일으킬 수 있는 더 드문 병들이 몇 가지 더 있지만 그중 어떤 것도 우리가 이탄에게서 보는 것과 맞지 않았다. 우리는 이탄의 병을 일으킬 만한 가능성들 중에서 그럴듯한 것에서부터 그럴듯하지 못한 것까지 모두 고려하면서 천천히, 하지만 확실하게 하나씩 리스트에서 지워갔다.

그리고 결국 우리 그룹의 의견은《셜록 홈즈》를 쓴 아서 코난 도일이 말한 유명한 가능성 쪽으로 의견을 모았다. '먼저 모든 불가능한 것들을 제외하면, 남는 것이 얼마나 말이 안 돼 보일지라도 진실일 수밖에 없다' 하지만 이 경우에 불가능한 것들을 다 쳐내고 남은 가능성은 믿을 수 없을 정도로 너무나 가능하지 않아 보여서, 그것이 사실일지도 모른다는 것을 받아들이는 데만도 오랜 시간이 걸렸다.

아마 지금까지 우리는 쭉 성별에 대해 틀려왔을지 모른다는 것이었다.

아주 오랫동안 믿어져온 정설은, 염색체상으로 여자이든지 남자이든지 간에 발달 초기에는 모두 같게 시작한다는 것이었다. 만약 당신이 Y 염색체를 물려받았거나 심지어 작은 부분이라도 가졌다면, 남성의 길 쪽으로 우회를 한다. 그렇지 않다면 여자가 되는 유전적 경로를 따라 내려가게 된다.

하지만 우리가 보았듯 이탄은 그런 경우가 아니었다. 그래서 우리는 종전의 유전적 정설이 사실은 틀렸을지 모른다고 의심하기 시작했다.

처음으로 지구를 돌았던 초기 스파이 위성처럼, 초기의 유전적 핵형 검사에서 얻었던 대부분의 정보는 입자가 거칠고 해상도가 좋지 못했다. 그건 사실 우리의 유전체 보따리를 1.6킬로미터나 떨어진 위에서 얼핏 본 정도였다.

하지만 수십 년을 되돌아봐도 핵형 검사가 우리에게 말해 줄 수 있는 건 각 염색체를 이루는 팔들에 커다란 부분이 존재하는가 하는 것뿐이다.[10] 비유를 하자면, 핵형 검사를 하는 것은 골동품 가게에 들어가서 백과사전이 가득 꽂혀 있는 책장을 쳐다보는 것과 같다. 재빨리 훑어보고 몇 권이 있나 세어보면 한 질에 속하는 각 권들이 다 있는지를 알 수 있다. 이와 마찬가지로 핵형 검사도 우리의 46개 염색체들이 모두 다 있는지에 대한 빠른 스냅샷을 제공하기는 하지만, 위의 비유에서 백과사전 안의 모든 페이지가 다 잘 있는지에 해당하는, 염색체 안에 '인쇄된' 우리의 유전자가 안전하고 손상 없이 잘 있는지 가늠하기는 불가능하다.

최근에 우리가 유전체를 연구할 수 있는 해상도는 극도로 발전했다. 이제 우리는 마이크로어레이 기반 비교 유전체 부합법microarray-based comparative genomic hybridization이라 불리는 방법을 통해 더 자세하게 유전체를 조사할 수 있게 되었는데, 이 방법을 간단히 말하자면 한 사람의 DNA를 풀어서 알려진 샘플의 DNA와 섞는 것이다. 이 둘을 비교함으로써 DNA에서 작은 부위가 없어졌거나 반복되었는지 알 수 있다. 이 방법은 훨씬 더 자세한 수준으로 핵형 검사와 같은 목적을 이룬다.[11]

하지만 유전체의 한 글자의 철자에까지 달하는 더 많은 정보를 얻고 싶다면(단순히 염색체만 보는 것이 아니라 수백억 개에 이르는 각 뉴클레오티드, 즉 '아데노신, 티아민, 사이토신, 구아닌' 순서의 드문 변화까지 찾아내는 정도) DNA의 염기서열 분석을 해야 한다.

이탄의 경우에는 우리가 기대하지 않았던 한 가지 특징을 발견했다. 이탄의 X 염색체에 있는 *SOX3*라 불리는 유전자에 반복이 있었다. 여자로 발달하는 아이들은 두 개의 X 염색체가 있어서 두 개의 *SOX3* 복사본을 가지고 있을 거라 예상할 수 있다. 실제로도 그렇지만 보통은 *XIST*라는 유전자의 산물 덕택에 두 개의 X 염색체 중 하나는 무작위로 꺼지거나 '침묵'한다. 흥미롭게도 이탄에게 있는 반복은 침묵하지 않는 X 염색체에 있어서 *SOX3* 유전자가 더 발현될 기회를 주게 된 것이다. 우리가 앞장에서 유전자 양의 영향을 보았듯이(메간의 경우는 코데인을 대사하는 유전자가 더 많이 있었다) 유전자를 더 가진다는 것은 그 유전자가 만드는 단백질의 양을 바꿀 수 있으며, 메간의 경우에 치명적인 코데인 과다복용을 일으켰다.

그 후 밝혀지지만 이탄의 경우 이 *SOX3* 유전자의 중복은 아주 중요했다. 이 유전자는 남자로 발달하는 데 없어서는 안 될 중요한 길잡이가 되는 SRY 영역과 90퍼센트 이상의 염기서열을 공유하기 때문이다. 유사성이 아주 커서 *SOX3*는 거의 분명히 SRY의 유전적 조상일 거라고 생각된다. 단지 다른 점은 SRY는 Y 염색체에만 있고 *SOX3*는 X 염색체에 존재한다는 것이다.

셜록 홈즈라면 이렇게 말했을 것이다. '게임은 이미 계획되었다'

은퇴한 후에 한 게임 더 뛰러 나온 왕년의 야구선수처럼, 이탄 덕택에 이제는 *SOX3* 유전자가 SRY의 대타를 할 수 있다는 것이 확실해졌다. 적절한 시기에 적절한 곳에 놓이게 되면, 그리고 상황도 딱 맞아 떨어지면, Y 염색체가 존재하든 아니든 간에 여자아이를 남자아이로 만들 수 있는 것이다.

오늘날 우리는 일부 소수의 사람들도 이탄과 똑같지는 않지만 비슷한 유전적 구성을 가졌다는 것을 안다. 하지만 일을 더 복잡하게 만드는 건, 어떤 사람들은 이탄처럼 *SOX3* 유전자의 중복과 '여성' XX 상보 염색체를 물려받았음에도 불구하고 해부학적으로 정상인 여자로 발달하게 된다는 것이다.

그러면 이탄은 왜 그렇게 다른가?

만약 당신이 35년 전, 유전학자로부터 날씬한 갈색 생쥐를 뚱뚱한 주황색으로 바꾼 다음 엽산을 주어 유전자를 켜거나 끌 수 있고, 그 변화를 다음 세대로 이어지게 할 수 있다는 말을 들었더라면 아마 크게 웃었을 것이다.

새롭고 급격하게 변하는 우리 주변의 유전적 조망을 더 잘 이해할수록 우리는 더 열린 마음을 가지도록 강요받는다. 저틀의 아구티 생쥐는 한 환경이 유전체에 힘을 행사하는 하나의 작은 예일 뿐이다.

물론 우리 삶은 실험실 생쥐의 삶처럼 단일한 요소만에 의해 영향 받기 힘들며, 여러가지의 많은 변수들이 우리가 기술적, 지능적으로 이해할 수 있는 범위를 넘어서, 다면적으로 상호 작용한다는 것을 상기시켜준다.

이 모든 진보된 유전적 도구들에도 불구하고, 우리는 왜 아직도 비슷한 유전적 구성을 물려받은 다른 아이들은 여자아이가 되는데 이탄만 남자아이로 변했는지 정확히 모른다. 하지만 다른 많은 경우에서 볼 수 있듯이(예를 들어 일란성 쌍둥이고 NF1을 가진 아담과 닐의 경우처럼) 유전적 발현이나 억제를 한쪽, 혹은 다른 방향으로 몰아서 삶의 경로를 영원히 바꾸어버리는 데 그다지 많은 것이 필요하지 않다는 것을 이제 알고 있다.

우리는 이제 겨우 성별의 발달에 영향을 주는 방대한 범위의 유전적, 후성유전학적 요소들의 가장 바깥쪽만을 겨우 긁었을 뿐이다. 그리고 이탄과 같은 아이들에게 그 영향은 완전히 이원적으로 나타난다. 아들이냐 딸이냐, 여자아이로 부르느냐 남자아이로 부르느냐. 분홍색이냐 파란색이냐.

하지만 꼭 이래야 할 필요는 없다.

내가 처음으로 한 카토이kathoey: 성전환을 한 여자를 일컫는 태국 말 – 옮긴이를 만난 것은 태국의 비정부 기관인 대중 및 지역개발협회Population and Community Development Association, PDA에서 하는 HIV예방 프로그램에 참여하고 있을 때다.

그녀의 이름은 틴틴이었고, 내가 일하던 세계적으로 유명한 방콕의 홍등가인 팟퐁의 교육 부스에서 몇 발자국밖에 떨어지지 않은 곳에서 매일 밤 일했다. 태국 PDA의 목표 중 하나는 콘돔 사용을 늘려서 HIV가 퍼지는 것을 막는 것이었다. 물론 이것은 방콕의 매춘가에서 일하는 사람들에게 특별히 중요했다.

반면 틴틴의 목표는 약간 달랐다. 될 수 있으면 많은 고객들을 근처에서 풍자극식의 섹스쇼를 하는 클럽으로 가게 해서 돈을 쓰게 만들려 했다.

힐을 신었다 해도 그녀는 태국 여자치고는 꽤 컸으며 매춘부들이 벌집의 벌처럼 모여 있는 곳에서 그 키 때문에 눈에 띄었다.

팟퐁은 1940년 후반 방콕 외곽에 원래 있던 지역에서 시작했지만 그 비도덕적 도약을 하게 된 것은 베트남 전쟁 때였다. 수백 명의 미국 군인들은 휴가와 돈을 그들이 늘 하던 종류의 일들에 뿌렸다. 하지만 오늘날 이곳은 벼룩시장과 성적 놀이터가 결합된, 여행자들을 위한 관광지로, 끝이 나지 않는 마르디그라Mardi Gras : 기름진 화요일의 프랑스어로 사순절 기간이 시작되기 전 화요일에 마음껏 먹고 마시는 날 - 옮긴이와 같은 느낌을 준다.

틴틴과 같은 여자들은 클럽 입구에서 자주 서성거리는데 외국 남자나 성적인 모험을 원하는 커플을 꾀려고 고용되었거나, 아니면 재미를 위해 돈 쓰기를 즐겨 하는 사람들을 꾀어서 독립적으로 돈벌이를 하려는 것이었다.

며칠 동안 그녀는 내가 있는 교육 부스를 지켜보았지만 오지는 않았다. 그러다가 어느 폭우가 내리던 날 종종걸음으로 와서는(비에 젖은 길과 그녀의 17센티미터 하이힐을 고려할 때 아주 우아한 모습으로) 근처 차양으로 수그리며 들어왔다.

그녀는 내가 일하는 기관에서 준비한 전단지를 한 장 집어들고는 조심스럽게 태국어로 인쇄된 부분으로 넘겼다.

"그런데 결혼했어요?" 하고 놀랍게도 발음이 좋은 영어로 물었다. 그런데 내가 기대했던 것보다 훨씬 깊은 목소리였다.

비바람은 30분 정도 몰아쳤고 우리는 비바람이 끝날 때까지 대화를 나누었다. 그 반 시간 동안 틴틴은 놀랍게도 많은 정보를 내게 주었다.

여기 그녀가 밝힌 몇 가지가 있다. 태국에는 약 20만 정도의 카토이(태국에서는 심지어 사회적으로 보수적인 사람들을 포함한 많은 사람들이 '세 번째 성별'로 생각한다)가 있다고 했다. 그들 중 어떤 사람들은 이성복장을 한다. 다른 사람들은 수술 전의 성전환자들이다. 또 다른 사람들은 외과적으로도 완전해진 남성에서 여성으로의 전환자들이다.

그리고 그들이 모두 매춘부는 아니다. 카토이 개인들은 태국 사회의 모든 국면에서 일한다. 의류공장에서 항공사, 심지어 무에타이 복싱링에서까지. 가장 유명한 카토이는 파린야 샤로엔폴Parinya Charoenphol이라는 챔피언 파이터로, 전직 불교승려였지만 성 전환 수술에 필요한 돈을 모으기 위해 무에타이로 직업을 전환했다. 그녀는 때로는 화장을 하고 복싱링에 도착해서 상대편을 신속히 쓰러뜨려버리고 시합 후 키스를 날렸다.

그렇다고 카토이가 태국에서 차별을 받지 않는다고 말하는 것은 아니다. 차별받는다.

성전환을 하려는 사람들에게는 다른 문제도 있다. 태국에서의 수술은 서방 기준에 의하면 상대적으로 값이 저렴해서 성전환 수술을 하려는 온 세계 사람들에게 가장 인기 있는 나라 중 한 곳이다. 하지만 저렴하다고 해도 대부분의 태국 사람들에게는 손에 닿지 않는 만큼의 큰 돈이다. 절박한 많은 카토이들은 수술을 받겠다는 꿈을 이루기 위해 매춘의 길로 들어선다.

그리고 그것이 바로 틴틴의 스토리였다. 그녀는 쿤캔시 북동쪽의 가난한 농가에서 태어났고 열네 살 때 돈을 벌러 방콕으로 올라왔다. 우리가 만났을 때 그녀는 스물네 살이었고 그녀는 아직도 바라던 수술을 위해 충분한 돈을 모으려 노력하고 있었다. 어쩌면 결코 그 수술을 받지 못할지도 모른다는 사실을 받아들이려 하고 있었다. 또 매달 충실하게 부모님께 돈을 보내고 있었다. "우리 고향에서는 아들이 부모님을 돌봐야 해요." 그녀는 말했다. "이제 나는 아들이라기보다는 딸이지만, 그래도 부모님은 내가 책임져야 해요."

그 후 몇 주에 거친 틴틴과의 대화를 통해 나는 훨씬 더 많은 것을 알게 되었다. 카토이를 알아볼 수 있는 제일 좋은 방법에 관한 그녀의 이형성 코스 강의까지 들었는데 꽤 흥미로웠다.

"나를 예로 들면," 어느 날 밤 그녀는 말했다. "시작하기 제일 좋은 곳은 키예요. 그게 첫 번째 단서지요."

그녀가 맞았다. 모든 민족을 망라해서 유전적으로 말하자면 남자들이 여자들보다 상당히 컸다.

"좋아." 나는 맞은편 바 앞에 서 있는 키 작은 여자를 가리키며 말했다. "저쪽에 있는 저 여자는 어때?"

"카토이!" 하고 틴틴이 말했다. "저 여자 목을 봐요, 저 커다란, 저걸 뭐라고 불러요?" 그녀는 뒤로 머리를 기울이며 저쪽 여자의 목을 가리켰다.

"울대뼈Adam's apple." 내가 말했다.

"맞아요, 그것!" 그녀가 말했다. "그게 두 번째 단서예요."

또다시 그녀가 유전학적으로 맞았다. 울대뼈는 의학에서는 후두융기laryngeal prominence라 하며 사춘기에 발현되어 조직 성장을 촉진토록 하는 남성호르몬의 결과로 생긴다.

"글쎄, 내 첫 번째 단서는 목소리였는데" 하고 내가 말했다.

"사람들은 목소리에 쉽게 속을 수 있어요." 그녀는 목소리를 두 옥타브나 올려 울대뼈에서부터 나오는 깊은 목소리를 감추며 말했다.

"좋아." 나는 부스에 정기적으로 찾아오는 다른 여자를 가리키며 말했다. "닛은 어때? 키가 작고 울대뼈도 보이지 않는 것 같았고. 게다가 그녀는 목소리도 높아."

"카토이!" 하고 틴틴이 말했다.

"확실한 거야?"

틴틴은 나를 보며 다 안다는 듯이 미소 지었다. 환자가 선생이 될 때는 늘 그런다.

"물론이에요. 구분할 수 있어요. 그녀가 걸을 때 팔을 봐요." 이어서 말했다. "팔이 보여요? 아주 곧아요. 남자처럼. 진짜 여자를 보고 있는 게 아니에요. 그녀는 남자로 태어났어요. 많은 곳에 수술을 받았고요. 운 좋은 여자지요. 하지만 팔꿈치는 결코 거짓말하지 않아요."

틴틴이 말하는 것은 운반각, 즉 팔을 굽혔을 때 여자들의 팔뚝과 손이 몸에서 멀어지는 미묘한 방식이었다. 당신도 거울 앞에 서서 쟁반을 들고 간다고 생각하고 팔을 굽혀보면 직접 체크해 볼 수 있을 것이다.

하지만 당신이 남자인데 이 각도가 두드러져 보인다고 해서 걱정할 건 없다. 틴틴의 충고는 맞았지만(운반각이 클수록 당신은 여자일 확률이 크다) 다른 모든 신체 부분 특징들과 마찬가지로 사람들 사이에는 늘 상당한 다양성이 존재한다.

태국만이 성별에 대한 미묘한 시각이 만연하는 유일한 나라는 아니다.

2007년까지 네팔에서 동성끼리의 연애는 불법이었다. 하지만 2011년에 2천7백만 인구의 이 작은 남아시아의 나라는 세계 최초로 인구조사에 남자와 여자뿐 아니라 세 번째 성별을(남자나 여자에

다 속하지 않는 것으로 느끼는 사람들을 위해서) 포함시킴으로써 새로운 역사를 만들었다.

주변 나라인 인도나 파키스탄에 '히즈라hijras'로 알려진(생리학적으로는 남자지만 여자로 살아가는, 때로 거세까지 한) 그룹의 사람들도 특별히 주목받았다. 빠르게는 2005년에 인도의 여권 발급정부기관은 '히즈라'를 공식 서류에 특별한 성별로 표시하는 것을 허락했고, 2009년에는 파키스탄도 뒤를 따랐다.

이들 나라에서 중요했던 것은 성별이(혹은 성별의 부재가) 선택의 문제가 아니라는 인식이었다. 이런 인식은 아직도 많은 사람들이 직면하고 있는 사회적 편견에는 아무 영향도 없지만, 상대적으로 보수적인 사회에서 전통의 이원적 성별의 역할에 맞지 않는 이들이 최소한 법적으로 조금이라도 인정받고 보호받을 수 있는 기반을 제공한다.

꼭 짚고 넘어가고 싶은 점은, 여기서 우리가 언급하는 사람들은 자유분방하고 현대적인 유동적 성별의 개념을 서방 사회로부터 얻은 사람들이 아니라는 사실이다. 특히 '히즈라'는 인도와 파키스탄에서 약 4천 년의 역사를 가지고 있다.[12]

거세는 단지 남아시아 지역에서만 일어나는 현상이 아니었다. 이는 몇몇의 상대적으로 현대화된 서방 사회를 포함한 수십 개의 문화에 걸쳐 일어난다. 이탈리아를 예로 들면 16세기에서 19세기 사이에 수천 명이 아니라면 최소 수백 명의 어린 소년들이 음악적 이유로 고환을 제거했다. 이들 소년들은 카스트라토castrati로 알려져 있다.

콘티Gioacchino Conti, Gizziello라고 불림, 도메니키노Domenichino, 그리고 카레스티니Carestini는 오늘날의 가족 이름과는 동떨어졌지만 18세기에 이들 카스트라토들은(사춘기 이전으로 동결된 목소리 덕택에 남자가수의 폐활량과 여자가수의 고음을 모두 겸비한) 이탈리아의 톱 가수들이었다. 게오르크 프리드리히 헨델George Frideric Handel은 특별히 그들을 좋아했다. 그래서 오페라 리날도를 비롯해서 카스트라토 가수들을 위한 오페라들을 썼다.

오늘날에는 몇 안 되는 카스트라토들의 레코딩이 존재한다. 모두 바티칸 시스틴 합창단에서 첫 소프라노로 1913년 은퇴할 때까지 위치를 지켰던 알레산드로 모레스키Alessandro Moreschi의 노래를 토마스 에디슨이 녹음한 것이다.[13] 모레스키는 1922년 63세의 나이로 사망했는데 오늘날 기준으로는 이른 나이에 죽었다고 볼 수 있지만, 그 당시 이탈리아의 평균 수명보다 수십 년은 오래 살았다.

이것이 단순한 우연만은 아니었을지 모른다. 한국의 조선왕조에서 왕실을 위해 일했던 환관들의 삶에 대한 연구는, 그들이 특징적인 목소리를 가졌을 뿐 아니라 왕실 가족들은 물론 궁전에서 일하던 다른 사람들보다 수십 년은 오래 살았다는 것을 보여주었다. 연구자들은 이 현상이 테스토스테론과 같은 남성호르몬이 유전적 발현과 억제를 통해서 심혈관계 건강에 손상을 주거나 면역체계를 약화시키는 증거라고 제안했다.[14]

물론 당신 삶을 몇 년 더 늘리라고 거세를 권하는 건 아니다. 내가 말하고자 하는 것은 단지 우리의 성별 생물학이 단순히 유전적 성별에 관련된 것만이 아니라 유전자와 타이밍과 환경의 독특한 조합이라는 사실이다. 그리고 이런 사실들이 계속 밝혀진다면, 어떤 이유로든 일반적 기준에서 벗어난 사람들은 우리에게 많은 것을 가르쳐줄 것이다.

이는 이탄과 같은 수십 억 중 한 명으로 드문 경우 뿐 아니라, 전 세계적으로 수십억 명에 달하는, 전통적이고 융통성 없는 남성다움과 여성다움에 대한 시각에 맞지 않는 많은 사람들(유전학적, 생물학적, 성별적, 또는 사회적으로)에게도 해당하는 말이다.

우리가 계속 배워가고 있듯이, 우리의 유전자는 믿을 수 없을 만큼 민감하다. 당신이 먹는 음식이나 햇볕에의 노출 또는 왕따에 이르기까지 우리의 삶은 그런 변화를 끊임없이 우리의 유전적 유산에게 알려준다. 그리고 다시 한 번 강조하지만, 유전 발현과 억제의 타이밍을 맞추는 정교한 균형을 흐트러뜨리는 데는 그다지 많은 것이 필요하지 않다.

어찌 됐든 이탄의 경우에, 여자아이를 남자아이로 바꾸는 데 백과사전 한 질 전체는커녕 한 권도 필요하지 않았다. 필요했던 것은 오직 그의 발달 중에 약간의 유전 발현이 부적절한 시기에 조금 더 되었다는 것뿐이었다. 그래서 이탄은 단순히 약간 더 가진 SOX3 때문에, 우리가 어떻게 어떤 성별로 발달하게 되느냐에 대한 많은 인식들을 완전하고 영원하게 뒤바꿔 놓았다.

이런 말을 들어보았을 것이다. '우리 뒤에 놓인 것과 우리 앞에 놓인 것은 우리 안에 있는 것들에 비하면 미미한 문제다'[15] 꽤 좋은 말이다. 하지만 우리가 지금 배우고 있는 것은 우리 안에 있는 작은 문제들이 우리 뒤에, 그리고 우리 앞에 있는 것들과도 아주 많은 관련이 있다는 것이다. 그것도 전에는 우리가 상상조차 할 수 없었던 방식으로 말이다.

우리의 문화적 환경 또한 우리의 성별 조망에 아주 커다란 영향을 미친다. 예를 들어 초음파가 태아 발달의 기본적이고 이원적 스냅샷을 제공함으로써 아들을 선호한 부모들에게 수백만 명의 딸들을 미리 없애버릴 수 있는 기회를 주었던 중국에서 일어난 일을 보라. 그리고 의학적 소나가 원래 개발된 이유는 이런 것이 아니었다는 사실을 기억하자. 원래는 새 생명을 세상에 나오도록 돕기 위한 의도였다.

오늘날 일부 중국 부모들이 태아 초음파를 사용해서 딸 대신 아들을 선택하는 방식은 많은 서방 세계 사람들을 불편하게 한다. 하지만 이제 성별은 유전자 검사를 해서 임신 전이나 임신 중에 우리가 없애거나 선택할 수 있는 많은 것들 중 단지 하나일 뿐이다.

우리는 과연 이탄이나 틴틴, 리차드, 그레이스와 같은 아이들, 그리고 내가 지금까지 이 책에서 소개해온 모든 사람들을 (사회적, 문화적, 성별적, 미학적, 그리고 유전적 규범의 바깥에 존재하는 수백 수천만의 사람들은 말할 것도 없고) 유전적으로 미리 검열해서, 마치 캐리비안의 잠수함처럼 초기에 제거해버리는 세상을 향할 준비가 되어 있는가.

다음 장에서 보겠지만, 더 나은 유전적 완벽함을 이루려면 단순히 우리가 만든 사회적 규범에 맞지 않는 수백만의 사람들만 제거해서는 모자랄 것이다. 사실은 우리가 해결하려고 그렇게도 열심히 노력해온 의학적 문제들에 대한 바로 그 해답들을 모두 뿌리 뽑아야 할지 모른다.

Chapter 11

모두 짜맞추기:

희귀 유전병이 유전적 유산에 대해 가르쳐주는 것들

지금쯤이면 당신은 아이가 태어나기 위해서는 놀랍고 별것 아니어 보이는 모든 유전적 사건들이 정확한 순서와 시간에 따라 일어나야 한다는 사실에 익숙해졌을 것이다.

그 태어난 아이가 생의 첫날을 잘 지내기 위해서도. 그리고 첫 주, 또 첫 해도. 그렇게 계속 딱 맞는 순서로 딱 맞는 시간에 유전적 사건들이 일어나야만 한다.

사춘기가 될 때까지, 성인이 되고 부모가 될 때까지, 중년이 될 때까지. 그리고 우리가 앞장에서 보았듯이, 같이 공모해 우리 유전자를 매일같이 바꾸려드는 모든 생물학적, 화학적, 방사선적인 환경의 악영향에 대항해서도 일어나야 한다.

하지만 우리는 매순간의 생물학적 사건들은 잊어버린다. 심장 박동에서부터 숨쉴 때마다 공기를 채우려 늘어나는 폐에 이르기까지, 대부분 생물학적 삶과 유전적 결과는 보이지 않는 곳에서 일어난다. 생리적으로 극단적인 상황에 이르러서야 당신은 심장이 태어나기 전부터 뛰는 걸 한 번도 멈춘 적이 없다는 사실을 기억하게 될 것이다. 만일 자극받았거나 불안하거나 심지어 운동을 할 때 심장이 빨리 뛰면 당신의 모든 신경은 몸속에서 일어나는 일에 집중된다. 하지만 어떻게 특정 변화가 일어나는지, 동시에 여러 유전적, 생리학적 기작에 영향을 주는지 심사숙고해보지 않는 경우가 많다. 지금까지 보았듯이 우리 유전체는 우리가 살고 있는 환경과 조화를 이루어 존재하며, 발현과 억제를 통해서 순간순간 우리가 필요한 때에 필요한 것들을 제공한다.

이들 반응들 중 어떤 것은 효소의 형태로 분자적 도구들을 만들어 당신이 아침을 소화시키도록 돕는 일상적인 것일 수 있다. 또 다른 반응은 어떤 순간에 훨씬 더 중요한 단백질, 예를 들어 구조적 지지나 공사장의 비계처럼 신체를 외적 손상으로부터 보호해주는 콜라겐과 같은 단백질의 생성을 위한 틀을 제공한다.

모든 일이 순조롭게 돌아가고 있을 때에 우리는, 우리 안에서 기능하는 유전적 기반의 세부 사항에 대해 무지한 채로 대부분의 시간을 보낸다. 심지어 우리가 쉬고 있는 동안에도 몸은 끊임없는 변화 상태에 있음을 알지 못한다. 이런 사실은 한편으로는 축복이지만 내 생각에는 꽤나 불행한 일이다. 왜냐하면 자신이나 사랑하는 사람에게 무언가 엄청나게 잘못된 일이 일어나야만 우리의 존재를 가능하게 한 수많은 일들을 인식하기 때문이다. 우리 몸속에서 설명할 수 없을 만큼 복잡하고 상상할 수 없을 만큼 오묘한 이 모든 일이 일어나야 하고 또 매일매일 일어나야만, 임신되는 순간부터 지금 이 순간까지의 우리 존재가 가능하다는 사실을 말이다.

그림자 연극의 스크린 뒤에서 움직이는 그림자처럼, 때때로 우리는 우리 안의 일들을 엿볼 수 있다. 흥분했을 때 맥박이 빨라지는 것을 느낀다. 날카로운 것으로 베인 상처에 딱지가 앉은 것을 알아차리고 시간이 지남에 따라 점점 사라지는 것도 본다. 하지만 그 사이에 수백 아니 수천의 유전자들이 연속적으로 발현되고 억제되어 그 모든 일들이 아주 매끄럽게 진행되도록 한다는 것을 우리는 전혀 의식하지 못한다. 아주 불가피한 일이 일어나기 전까지는 말이다.

집에서 누수되기 시작한 파이프처럼, 우리는 벽이나 마룻바닥이 금 가거나 터지기 전에는 그 뒤에 무엇이 있는지를 별로 생각해보지 않는다. 하지만 그렇게 일이 터지고 나면 그것이 우리가 생각하는 전부가 된다.

삶도 그와 비슷하다. 대부분의 경우 우리 몸은 우리의 지속적 존재에 대해 많은 보상을 요구하지 않는다. 하루에 수천 칼로리와 약간의 물, 가벼운 운동 조금, 그뿐이다. 우리의 소중한 삶을 유지하기 위해 우리가 유일하게 지불해야 하는 것들이다.

심지어 대부분의 경우 우리 몸은 마치 개인 트레이너나 영양사처럼 우리를 도와주기도 한다. 분자적 신호들이 순서대로 우리에게 먹거나 마시거나 자라고 가만히(때로는 그다지 조용하지 않게) 일깨워준다. 우리 몸이 작은 메신저들을 분비함으로써 우리에게 잘 행동하라고 종용하는 것이다. 하지만 이는 위태로운 균형이다.

우리가 그런 요구들을 무시하거나 만족시킬 방법을 찾지 못하면 몸은 필요가 충족될 때까지 가만히 있지를 못한다(화장실에 꼭 가야 하는데 찾을 수 없었던 때를 생각해보라). 이들 모든 것이 보통 때는 너무도 수월하게 일어나기 때문에 우리 모두는 대부분의 삶 동안 거의 완전한 생리학적, 유전학적 무지 속에서 살아간다.

무언가가 잘못되기 전까지는 맞는 것이 무엇인지 알기 힘들다. 하지만 일단 잘못되고 나면, 스스로 쓰고 있었는지 알지도 못했던 눈가리개가 벗겨진 것처럼 모든 것이 유리처럼 투명하게 밝혀진다.

이 지구상에 당신과 똑같은 사람은 없다.

좀 더 확실하게 말하자면, 당신이 유전적으로 독특하기는 해도 (일란성 쌍둥이가 아니라면 말이다. 하지만 그렇다 해도 후성유전체는 다를 가능성이 크다) 세상에는 당신과 비슷한 많은 사람들이 존재한다.

하지만 때로 우리를 다르게 만드는 것은 아주 작은 유전자의 변화로, 앞 장에서 본 이탄처럼 삶에 큰 영향을 주어서 완전히 바꾸어버린다. 이런 변화 중 어떤 것들은 너무도 독특해서 같은 변화를 가진 다른 누구도 지구상에서 찾을 수가 없다. 당신이 유전학자라면, 한 개인을 독특하게 만드는 것을 찾고 연구한다는 것은 나머지 인류를 어떻게 보느냐에 따라 바뀔 수 있다. 그리고 유전학자가 그런 종류의 것을 발견할 만큼 운이 좋다면 세상에 존재하는 수백만 명의 다른 사람들을 위한 새로운 치료법으로 이어질 수도 있을 것이다.

그리고 그것은 희소성의 선물이라고 할 수 있다. 무엇이 유전적 열외자들outliers을 다르게 만드는지 이해함으로써 우리 스스로의 삶에 대해 완전히 독특한 관점을 가지게 되는 것이다. 희귀한 유전병을 가진 사람들에게서 조금이나마 얻을 수 있는 정보를 통해 우리는 유전적 자아를 바라보는 새로운 방식을 갖게 되었고, 이 방식은 나머지 사람들을 위한 유전적 발견과 치료를 위한 길을 열어주었다.

그 예로 나는 니콜라스를 소개하려 한다.

많은 면에서 니콜라스는 어린 스승이었다. 그의 생존 자체가 놀라울 정도로 힘들다는 것을 고려해서(빈모 림프수종 모세혈관확장 증후군hypotrichosis-lymphedema-telangiectasia syndrom, HLTS이라 불리는 전 세계적으로 엄청나게 희귀한 유전병 환자 중 한 사람) 우리는 그로부터 배울 것이 아주 많다는 것을 알고 있었다.

첫눈에 니콜라스에게 뭔가 다른 점이 있다는 것을 알아차리는 데는 훈련된 이형증 학자일 필요가 없었다. 하지만 그 다름에 이미 알려져 있는 유전적 기반이 있다는 것을 지적해줄 나 같은 사람이 필요할 수는 있다.

반짝이는 파란 눈과 깊은 명상에 빠진 듯한 얼굴의 잘생긴 소년은 또한 너무도 크고 환한 미소를 지어서, 당신도 전염된 것처럼 같이 미소 짓지 않을 수 없을 것이다. 그는 어린 10대였지만 무언가 나이를 넘어서는 지혜가 있는 듯한 인상을 주었다.

이 병은 관련된 다른 특징들을 거의 눈치챌 수 없게 하는 놀랍고 눈에 잘 띄는 특징들에 의해 이름 붙여졌다. 빈모증-체모의 부족, 림프수종-계속적인 붓기, 모세혈관 확장증-피부 표면에 거미줄처럼 보이는 혈관들.

체모의 부실(니콜라스의 머리에는 생강 뿌리만한 머리카락이 한 움큼 있었다)과 피부에 미세하게 보이는 거미줄 같은 정맥들은 둘 다 주로 미용적인 문제였다. 그렇다고 이들 문제가 중요하지 않다는 말은 아니다. 생명을 위협하지는 않는다는 말이다. 그러나 부어오르는 것은 다른 문제였다.

정상적인 상황에서 우리 몸은 살면서 곳곳의 조직에서 모아지는 여러 가지 체액들을 이동시키는 데 있어 놀랍게 노련하다. 때때로 감염이나 상처가 생기면 체액들은 한 곳에 좀 더 오래 머물기도 한다. 거의 모든 사람들이 이를 경험한다. 발목이나 손목을 삐어본 적이 있으면 어떻게 되는지 알 것이다. 약간 붓는 것은 정상적 치유 과정의 일부이며 몸에 좋은 일이다. 하지만 HLTS를 가진 사람들의 경우 붓기는 상처에 반응해서 생기는 것이 아니라 계속해서 일어나는데, 저하된 림프 시스템 때문인 것으로 생각되는 전혀 건강치 못한 현상이다.

HLTS가 굉장히 희귀하기는 하지만(전 세계적으로 열 명 이하로 일어난다) 이 병을 가진 사람들 사이에서는 이 모든 증상이 다 흔하다. 하지만 니콜라스에게는 신부전까지 일어나서 급하게 신장이식이 필요하게 되었다. 우리 연구진들이 아는 한 이건 HLTS를 가진 사람으로서는 '정상적'이지 않았다. 그래서 우리들은 그 해답을 찾으러 온 세계를 돌아다니는 여행에 나섰다.

다른 많은 여행처럼 이 여행도 지도로부터 시작되었다. 이 지도는 고속도로 번호와 거리 이름 대신에 오직 니콜라스의 유전체에서만 발견되는 특정 유전적 주소들을 포함하고 있었다. 이들 DNA 염기서열에 있는 모든 글자들을 HLTS를 가지지 않은 사람의 이미 알려진 유전체와 나란히 놓고 어디서 다른가를 봄으로써 우리는 HLTS가 *SOX18*이라 불리는 유전자의 돌연변이로 나타난 결과임을 알 수 있었다.

때로 나는 내가 연구하는 유전자들을 친밀하게 대하고 싶어져서 별명을 붙여주기도 한다. 이 유전자는 별명을 조니 데이먼Johnny Damon 유전자라고 붙였다. 그는 유명한 라이벌이었던 보스턴 레드삭스와 뉴욕 양키팀 양편에서 모두 18번을 달았던 수염이 덥수룩한 야구선수다.

뉴욕 양키스는 데이먼이 잘할 수 있을 것이라는 기대감으로 그를 레드삭스에서 데려왔다. 그 시점에서 그는 열한 시즌이 넘는 동안 리그에서 2할 9푼의 타율을 자랑했으면 도루에 능했고 외야 수비에 철벽이었다.

유전자와 마찬가지로, 과거에 그 선수가 어떻게 플레이했는지를 알면 앞으로도 그의 플레이가 어떨지 예견하기가 쉬운 법이다. 양키스 팀에서 네 시즌 동안 데이먼은 계속 2할 9푼의 타율을 기록했다. 하지만 브롱스에서의 마지막 시즌은 거의 백 번이나 스트럭 아웃을 당했고(개인 기록으로 불운이었다) 경력 중에서 제일 적은 수의 도루 기록을 냈으며 좌측 외야 실책에서 공동 1위를 했다. 2009년 말 그의 계약이 끝나자 양키스는 재계약을 거부했다.

유전자도 이와 비슷하게 작동한다. 일단 특정 유전자가 정상 상황에서 하는 일을 알면 기준을 세우기가 쉽고 기대한 대로 작동하지 않을 때 알아보기 쉬우며 그 반대도 마찬가지다. 따라서 *SOX18*의 경우, HLTS를 가진 사람들은 이 유전자가 정상 상태에서 하는 일, 즉 몸에서 올바른 림프 기작이 발달하도록 해서 우리 조직틈 사이로 나오는 과다한 체액들을 없애도록 돕는 중요한 역할을 한다는 것을 강조한다.

이건 믿을 수 없을 만큼 중요한 정보다. 하지만 이 사실은 왜 니콜라스가 신부전으로 고통받는지에 대한 이해를 돕진 않았다.

HLTS와 신부전이 단순히 우연일 수 있을까? 물론이다. 결국 이 세상의 많은 사람들이 유전학적으로는 전혀 연관이 없는 두 개 혹은 그 이상의 비슷한 의학적 문제로 고통받고 있다. 아마도 니콜라스는 그런 식으로 단지 불운한 것뿐일지도 모른다. 하지만 나는 납득할 수 없었다. 어떤 설명도 없는 상황에서, 그의 특정 *SOX18* 돌연변이와 신부전이 어떻게 연결되었는지 알아보고 싶은 마음이 계속 들었다. 그래서 니콜라스를 가이드로 삼아, 또 다른 유전적 모험을 시작했다.

특정한 돌연변이가 밝혀진 환자를 만났을 때 도움이 되는 것은(때로는 아주 중요하기까지 하다) 그 변이가 처음 생겼는지 아니면 유전되었는지 아는 것이다. 따라서 첫 번째 체크하는 것 중 하나가 환자 부모의 DNA를 보고 어떤 변이를 부모에게서 물려받았는지를 알아보는 것이다. 부모들의 유전자에 같은 변이가 없다면 그건 새로 일어난 유전적 변화로 신규 변이de novo라 부른다. 하지만 즉각적으로 새로운 변이를 보고 있다고 가정할 수는 없다. 왜냐하면 사람에게 흔하게 일어나는 약점인 부정infidelity: DNA 복제시의 단순한 실수 – 옮긴이으로 설명할 수 있기 때문이다.

그리고 쉽게 상상할 수 있듯이 그런 사실은 껄끄럽고 심각한 양부모 간의 논쟁을 불러오기도 한다. 특히 우리 눈앞의 유전병이 삶과 죽음을 갈라놓는 문제일 때는 더욱 그렇다.

니콜라스의 경우를 보자. 니콜라스에게 심지어 친자확인까지 한 후에도 부모 중 누구에게서 돌연변이된 유전자를 받았는지 찾을 수 가 없었다. 따라서 이는 내가 조금 전에 말한 대로 우리가 신규 변이를 보고 있다는 것을 의미했다.

딱 한 가지 비극적 사항을 제외하고 말이다. 니콜라스가 태어나고 1년 후, 그의 엄마인 젠이 또 다른 남자아이를 임신했다. 젠은 임신 7개월에 들어섰을 때 많이 아팠는데, 그녀의 병을 검사한 결과 아이가 위험한 상태였다. 응급으로 태반 내 수술을 했지만 아이를 구하는 데는 실패했다. 하지만 잃어버린 아이의 DNA를 검사한 결과, 그 아이도 형과 똑같이 *SOX18* 유전자 변이가 있다는 것이 밝혀졌다. 니콜라스는 혼자가 아니었던 것이다.

두 아이가 완전히 똑같은 새로운 돌연변이를 일으켰다는 말인가? 그건 거의 불가능하다. 나는 니콜라스의 부모 중 한 명이 생식기관에 있는 세포에 돌연변이를 가지고 있을지 모른다고 의심했다. 우리는 이런 종류의 유전 방식을 생식성 모자이크 현상gonadal mosaicism: 돌연변이가 없는 부모가 같은 종류의 돌연변이를 가진 아이를 둘 이상 낳는 것이라 부른다.

이로써 니콜라스가 SOX18 유전자 돌연변이를 어떻게 물려받았는지 밝혀졌으므로 나는 더 자세한 내용을 알아보기 시작했다. 이 과정에서 계속해서 눈에 띈 차이점이 하나 있었다. 몇 명 안 되지만 니콜라스와 같은 병을 가진 사람들은 *SOX18* 변이를 동형접합 homozygous으로 가지고 있었다. 이는 돌연변이된 유전자를 양쪽 DNA에 모두 가지고 있음을 의미했다. 하지만 니콜라스의 경우는 잘못된 *SOX18* 유전자를 둘이 아닌 한쪽에만 가지고 있어서 그의 돌연변이는 동형접합이 아니라 이형접합heterozygous이었다. 보통 이런 '보인자carrier' 부모들은 니콜라스와는 달리 HLTS를 나타내지 않는다. 모두 니콜라스와 똑같이 이형접합으로 SOX18 유전자 중 하나의 돌연변이가 있음에도 불구하고 말이다. 이 사실은, 우리가 정말 유전학을 제대로 이해하고 있다면, 니콜라스는 HLTS가 걸리지 않았어야 함을 의미한다.

많은 경우, 유전학에서 한 가지 의문에 대한 답을 얻으려는 노력은 다섯 가지의 새로운 의문을 자아낸다. 이 모든 질문들을 던지면서 니콜라스를 위해 바랐던 건, 이것들이 그에게 신부전이 일어난 이유를 밝힐 수 있으리라는 것이었다. 그의 사례를 재평가하려고 한 걸음 물러섰을 때 나는 니콜라스의 신부전이 HLTS가 아니고 유전적으로 비슷한 다른 병에 의해 일어난 것이 아닌가를 의심하기 시작했다.

이론은 단지 말일 뿐이다. 그 이론을 증명하거나 반증하려는 것은 완전히 다른 일이다. 실제로 그것을 증명하려면 우리는 70억 개 개인으로 이루어져 있는 건초더미에서 또 다른 바늘 하나를 찾아야 했다. 현실적으로 말하자면 우리가 니콜라스와 똑같은 돌연변이를 가졌고 똑같은 증상을 보이는 또 다른 환자를 찾을 확률은 거의 제로였다. 그런 공산이라면 나는 실패할 수밖에 없을 것이다. 그렇지만 시도는 한 번 해볼 만하다고 생각했다.

그래서 나는 답을 찾으려는 어떤 좋은 유전학자라도 할 만한 일을 했다. 다시 여행을 시작했다. 니콜라스의 사례를 될 수 있는 대로 많은 의학 컨퍼런스에 발표하는 여행을 하면서 누군가가 니콜라스가 겪고 있는 것과 비슷한 증상을 가진 환자를 보았다고 나서기를 바랐다.

돌이켜보면 내가 어떻게 그렇게 순진한 생각을 했었는지 모르겠다. 내가 바라던 일이 실제로 일어날 확률은 충격적으로 낮았는데도 말이다. 하지만 그것이 니콜라스를 도울지도 모르고 또 엄청나게 귀한 새로운 의학적 지식을 제공할 수 있다는 것을 고려해서 최소한 시도해볼 가치는 있다고 생각했었다.

이 책에서 우리가 반복적으로 보고 있듯이, 니콜라스와 같이 희귀한 사례를 이해하는 것은 우리의 삶에도 영향을 주어 바꿀 만한 힘을 가지고 있다. 또한 고맙게도 이렇게 복잡한 의학적 미스터리들을 속속들이 풀어보려 헌신하는 유전학 연구자들과 의사들이 온 세계 곳곳에 존재한다. 그리고 그 당시 내가 전혀 알지 못하는 사이에 완전히 다른 대륙에, 니콜라스와 비슷한 환자에 대해 같은 질문들을 던지고 있던 헌신적인 의사들과 연구자들 팀이 있었다. 그들의 환자인 토마스 또한 HLTS를 가지고 있었다.

두 개의 돌연변이를 물려받은 다른 HLTS 환자들과는 달리, 토마스도 꼭 니콜라스처럼 *SOX18* 유전자의 한쪽 DNA에만 돌연변이를 물려받은 것이 밝혀졌다. 그리고 절대적으로 놀라웠던 것은 토마스도 신부전이 일어나서 신장이식으로 이어졌다고 했다.

제일 중요한 사실은(이 부분이 우리가 아직도 이해할 수 없는 부분이다) 토마스가 니콜라스와 같은 임상적 특징을 보였을 뿐만 아니라, 믿을 수 없게도 *SOX18* 유전자 하나에 정확하게 똑같은 돌연변이가 있다는 것이었다.

그리고 내가 마침내 토마스의 사진을 보았을 때 그 경험은 완전히 초현실적이었다. 어느 날 밤, 컴퓨터 스크린 속에서 나를 쳐다보고 있는 것은 열네 살 니콜라스의 20년 후 모습일 수 있는, (아니 나는 그의 나이 든 모습이라고 확신했다) 서른여덟 살의 사나이였다.

둘 다 같은 풍모의 숱이 거의 없는 머리를 가졌으며 같은 아몬드 모양의 눈, 같은 풍만하고 빨간 깊은 곡선의 입술, 그리고 무엇보다도 똑같은 종류의 현명한 인상을 가졌다. 그들은 마치 같은 재료로 조각된 것 같았다. 그 두 사람이 함께 겪으며 살아온 힘든 여정을 생각하면 어쩌면 어떤 면에서 그 둘은 같은 재료에 조각된 것이 맞는지도 모른다.

나이도 다르고, 거리상 약 6400킬로미터나 떨어져 살고 있는 두 사람이 놀랍게도 같은 유전병과 신체적 외관, 이 지구상 다른 누구도 겪지 않은 신부전을 포함해서 똑같은 의학적 경로를 걷게 되었는가의 미스터리에 대한 해답은 아직까지 없다.

하지만 그 유사성은 다른 의학적 사실들과 합쳐져서 우리 연구진들을 단 하나의 결론에 다다르게 했다. 우리는 완전히 새로운 병을 보고 있는 것이었다.

이제 HLTRS(R은 신장renal을 표시해서 더해졌다)를 가진 다음 사람이 나타나면 이점은 확실하다. 니콜라스는 그의 아버지인 조로부터 커다란 선물인 새로운 신장을 받았고 수술에서 빠르게 회복하고 있다. 학교에서도 좋은 성적을 받고 있다. 병원 방문과 입원으로 학교를 많이 결석한 학생으로서는 이루기 어려운 성과였다. 또한 최근에는 사회성도 나아져서 조금씩 마음을 열어가고 있는 것으로 보인다. 물론 니콜라스에게는 자신을 지지해주고 사랑해주는 가족이 있었지만 이같이 니콜라스의 삶의 질이 향상된 데에는, 병이 정확히 진단된 후의 치밀한 의학적 감독과 여러 분야가 힘을 합한 전문적인 케어도 큰 몫을 했음이 분명하다. 또한 다음 환자는 그들이 세상에 혼자만이 아님을 훨씬 빨리 알게 될 것이다.

물론 우리가 지금 말하고 있는 것은 수십억 번의 사건 중 한 번 있을까 말까 한 경우다. 이런 일이 또 일어나려면 아마 더 긴긴 시간이 걸릴 것이다.

그러면 이런 희귀한 일이 과연 나머지 우리들과 어떠한 관련이 있는 걸까? 글쎄다. 사실은 꽤 관련이 많다.

오늘날 세상에는 6천여 개가 넘는 희귀 질병들이 있다. 그리고 이 질병들을 그룹지어보면 300만이 넘는 미국 사람들에게 영향을 끼치고 있음을 알 수 있다.[1] 미국에서는 대략 열 명 중 한 명 꼴이고 네팔같이 작은 나라의 전체 인구보다도 많은 수다.

이것을 눈앞에 그리는 좋은 방법은 대부분의 사람들이 흰 옷을 입은 축구 경기장을 떠올려보는 것이다. 열 줄마다 한 명이 빨간 색 옷을 입고 있다고 하자. 경기장을 돌아보라. 무엇이 보일 것인가? 빨간 바다다.

이제 빨간 옷을 입고 있는 모든 사람들이 봉투를 들고 있다고 상상해보라. 그리고 각 봉투 속에는 한 문장이 적혀진 종이가 들어 있다고 상상하자. 그 문장들을 모두 합하면 그 경기장에 모인 모든 사람의 이야기를 알 수 있다고 생각해보라.

이것이 바로 희귀 질병에 대한 유전적 연구가 작동하는 법이다.

앞에서 이미 우리는 *SOX18* 유전자의 경우를 통해 어떻게 희귀 질병을 가진 적은 수의 사람들이 한 유전자의 역할을 밝히는 데 도움을 주는지에 대해 보았다. *SOX18* 유전자의 돌연변이 연구로 정상 상태에서 *SOX18*이 림프계에서 하는 역할을 알아냈다.

그리고 여기가 바로 니콜라스와 토마스가 나머지 사람들을 도와줄 수 있는 부분이다. 많은 암들은 림프계를 납치해 자기들이 좋은 쪽으로 쓰고 퍼져나간다. 어떻게 *SOX18*이 이러한 과정에 관련되었는지 밝힌다면 몇몇 종류의 암 치료에 필요한 새로운 목표물을 정하는 좋은 기회를 줄 수 있을 것이다. 또한 니콜라스와 토마스의 병은 건강한 신장을 유지하는 데 필요한 *SOX18*의 역할을 더 잘 이해하는 데 도움을 줄 가능성도 있다.

무엇보다 우리는 니콜라스와 토마스, 그리고 우리의 연구를 도와주는 많은 유전병을 가진 사람들에게 빚을 졌다. 의학적 발견의 역사를 보건대, 이 사람들은 그들 자신보다는 미래의 다른 사람들 건강에 이익이 되는 정보들을 제공할 가능성이 크기 때문이다.

내가 지금 말하는 것은 전혀 새로운 개념이 아니며, 현대적 유전약학의 이해보다 훨씬 앞선다. 1882년(그레고르 멘델이 죽기 2년 전)에는 의료병리학의 아버지들 중 한 사람으로 여겨지는 제임스 패짓James Paget이라는 내과의사가 영국의학 저널 〈란셋The Lancet〉에서 말하기를, "게으른 생각이나 '호기심' 또는 '확률'이라는 나태한 용어들로" 희귀 질병을 앓는 사람들을 밀어내버리는 것은 수치스러운 일이라고 했다.

"단 하나도 의미가 없는 것은 없다"고 말했다. 그는 "단지 우리가 특정 질문들에 대답할 수만 있다면 그중 단 하나라도 훌륭한 지식의 시작이 되지 않을 것이 없다. 왜 희귀한가? 그리고 정말 드문데, 왜 이 환자의 경우에는 일어났는가?”

패짓은 무엇에 대해 말하고 있었는가? 희귀한 사람들이 일반 사람들에게 어떻게 정보를 주었는지 명확히 보기 위해서, 의학 역사상 가장 성공적인 약품 중 하나의 개발에 대한 이야기를 다뤄보자.

우리에게는 지방이 필요하다. 지방을 충분히 섭취하지 못하면 삶은 아주 불쾌해질 수 있다. 단순히 소화장기뿐 아니라 생리학적인 면에서도 그렇다. 초 저지방 식이요법은 지용성인 비타민 A, D 그리고 E의 흡수를 저해하고 어떤 사람들에게는 우울증과 자살 시도를 일으킬 수도 있다.[2]

하지만 삶의 많은 다른 것들과 마찬가지로, 나쁜 일을 많이 하는 건 그다지 힘들지 않다. 지방을 과다하게 섭취하는 많은 사람들이 지불해야 하는 대가는 아주 높은 수준의 저밀도 리포 단백질low density lipoprotein, 즉 LDL이다. 피 속에 LDL 콜레스테롤이 너무 많으면 죽상 동맥경화증atherosclerosis이 될 수 있는데, 이 말은 고대 그리스의 단어 아테로athero, 즉 ‘죽paste’과 ‘딱딱함hard’을 의미하는 경화skler로 이루어져 있다. ‘딱딱한 죽’은 동맥혈관 벽을 따라 생길 수 있는 딱지 같은 것들을 묘사하는 데 아주 적절한 말이다. 그리고 이런 것들이 쌓이면 생명에 필수적인 혈관들이 점점 좁아지고 유연성이 덜해진다. 심장마비나 뇌출혈의 피해자가 될 가능성이 커지는 죽음의 조합인 것이다.

그리고 불행히도 이는 드문 일이 아니다. 심혈관 질환cardiovascular disease, 즉 CVD는 8천만의 미국 사람들에게 영향을 끼치며 매년 약 50만 명의 생명을 앗아가는 미국 1위의 사망 원인이다.[3]

하지만 가족성 과콜레스테롤혈증familial hypercholesterolemia, FH이라 불리는 희귀 유전병이 아니었다면 우리는 이 심혈관 질환에 대해 별로 이해하지 못했을지도 모른다.

1930년대 후반 칼 뮐러라는 노르웨이의 내과의사가 이 병을 연구하기 시작했는데, 이는 부모로부터 아주 높은 콜레스테롤을 물려받아서 생긴 병이었다. 그가 알아낸 것은 가족성 과콜레스테롤혈증을 가지고 태어난 사람들은 LDL 수치가 높아지는 것이 아니라 아예 높은 수치로 삶을 시작한다는 것이었다.

우리 모두는 몸의 기능을 위해 어느 정도의 콜레스테롤이 필요하다(우리 몸에서 많은 호르몬과 심지어는 비타민 D를 만드는 데 쓰이는 기초 물질이기 때문이다). 하지만 너무 많은 양이 우리 피 속에 돌아다니면 심장병과 관련된 합병증으로 사망할 위험이 있다. 가족성 과콜레스테롤혈증를 가진 사람들에게 그런 운명은 삶의 초기에 찾아온다. 다른 대부분의 사람들과는 달리, 이들 몸에서는 LDL을 피 속에서부터 간으로 보내는 것이 쉽지 않기 때문이다. 그 결과, 엄청나게 많은 콜레스테롤이 피 속에 갇혀 있게 된다.

정상적 상황에서 우리 몸은 *LDLR* 유전자(가족성 과콜레스테롤혈증으로부터 알게 된 유전자 중 하나)를 사용해서 간이 LDL을 빗자루질하듯 치워버릴 수 있는 수용체를 만든다. 그래서 피 속에 콜레스테롤이 쌓이고 산화되어서 심장을 해치는 것을 방지한다. 하지만 *LDLR*

유전자에 돌연변이가 생겨서 가족성 과콜레스테롤혈증를 일으키는 복사본을 가지고 있으면, 정상적 콜레스테롤의 이동은 일어나지 않고 혈관 속에 남겨진 그 모든 지방들은 완전히 미쳐 날뛸 가능성이 커진다.

이 돌연변이를 DNA 염기서열 양쪽에 둘 다 가진 사람들은 30대 혹은 그 이전에 심장마비로 사망하는 것이 드문 일이 아니다. 심지어 상상 가능한 제일의 건강식을 먹고 마라톤을 뛴다고 해도 일어날 수 있다.

뮐러가 그 당시로서는 상상도 할 수 없었던 것은, 자신이 의약품 역사에 있어 가장 크게 히트친 약의 개발을 위한 개념적 스테이지를 설치하는 데 공헌을 하고 있었다는 것이다.

우리는 오랫동안 높은 LDL 수치가 대부분의 사람들에게서 식이요법과 운동으로 고쳐질 수 있다는 것을 이미 알고 있었다. 하지만 가족성 과콜레스테롤혈증을 가진 사람들은 그것만으로 충분치가 않았기 때문에 뮐러의 발자취를 따르던 사람들은 이 드문 병에서 나타나는 높은 LDL수치를 낮추기 위한 다른 방법을 찾아야 했다. 그래서 HMG-CoA 환원제라는 효소를 목표물로 하는 약을 생각해냈다. 이 효소는 보통 밤에 잘 때 몸이 더 많은 콜레스테롤을 만들도록 도와주는 데 관련된 효소다. 적절한 약으로 이 효소를 저해하면 피 속의 LDL 수치를 낮추는 데 도움이 되지 않을까 하는 바람이었다. 당신은 아마 이런 종류의 약들에 대해 들어보았거나 아니면 지금 복용하고 있을지도 모른다.

리피토lipitor라는 상표 이름으로 잘 알려진 아트로바스타틴

Atrovastatin•은 스타틴으로 알려진 그룹의 약 중에서 가장 대중적인 것이다. 이는 블록버스터blockbuster: 크게 히트친 상품 – 옮긴이 약품이 되었으며 현재 전 세계적으로 수백만의 사람들에게 처방되고 있다. 불행히도 돌연변이를 물려받아 과콜레스테롤혈증으로 우리의 기초적 의학 이해의 진보에 중요한 역할을 한 그 환자들에게 리피토는 그다지 효과적이지가 않았다. 지금 과콜레스테롤혈증을 가진 사람들에게 쓰기 위해서 유망한 새로운 희귀질환 의약품orphan drug 몇 개가 승인을 받으려는 과정에 있기는 하지만, 현재로서는 이 병이 심한 사람들이 LDL 수치를 잘 조절할 수 있게 하는 유일한 방법은 간이식뿐이다.

하지만 수백만의 다른 사람들에게 리피토는 높은 콜레스테롤 수치 조절을 도와 관상동맥 질병에 의한 조기 사망을 피할 수 있게 한, 말 그대로 삶의 구세주가 되어왔다. 그들의 건강 문제가 유전에 관련 있는 것이 아니라 무절제한 삶의 방식에 의한 것이라 해도 말이다.

의약품에 관한 많은 경우에, 제일 필요한 사람들(또한 가장 마땅히 받아야 할 사람들)이 제일 먼저 얻지를 못한다. 그리고 때로는 전혀 얻지 못하기도 한다.

하지만 우리가 다음에서 보려 하듯, 늘 그렇지만은 않다.

때로는 최초의 유전적 발견이 실질적 치료로 발전되기까지 수십

• 아트로바스타틴은 처음 개발된 스타틴은 아니지만 가장 널리 알려졌다.

년이 걸릴 수도 있다. 우리가 앞에서 논의했듯이 페닐케톤뇨증의 치료를 발견하기 위한 탐구가 이런 경우였다. 아스비에른 푈링의 발견은 1930년대 중반에 이루어졌고 로버트 거스리가 거의 모든 사람에게 이 병의 검사를 가능하게 만드는 데 수십 년이 걸렸다.

하지만 때로(점점 더 많이, 그리고 신나게도) 진행은 훨씬 빨리 일어난다. 아르기니뇨숙산 신뇨증argininosuccinic aciduria, ASA의 경우가 그런 경우인데, 이는 요소 사이클이 영향을 받아 몸이 정상적인 양의 암모니아를 제거하는 데에도 힘겨워하는 대사질환이다.

뭔가 친숙하게 들리는가? 그렇다. 아르기니뇨숙산 신뇨증는 신디와 리차드가 둘 다 가졌던 OTC와 아주 흡사하다. OTC처럼 아르기니뇨숙산 신뇨증를 가진 사람들은 여러 단계의 사이클을 통해서 암모니아를 요소로 바꾸는데 문제를 겪는다.

아르기니뇨숙산 신뇨증을 가진 사람들은 또한 인지적 발달지체를 겪는 경우가 많다. 처음에 이는 리차드의 경우에서 보는 것처럼 그들 몸속의 높은 수치의 암모니아가 신경학적으로 미치는 영향 때문일 거라고 추측되었다. 하지만 의사들은 곧, 아르기니뇨숙산 신뇨증를 가진 사람들에게서는 암모니아 수치가 안정적으로 낮게 유지되는 경우에도 발달장애가 계속되며 때로는 시간에 지남에 따라 더 심해진다는 것을 알게 되었다.

최근에는 베일러 의과대학의 연구자들이 아르기니뇨숙산 신뇨증을 가진 사람들 중 몇 사람들이 겪게 되는 또 다른 증상에 집중했다. 설명할 수 없는 혈압의 상승이 그것이었다. 이미 연구자들은 일산화질소nitiric oxide라는 간단한 분자가 혈압을 낮추는 데 엄청나게 중요한 역할을 한다는 것을 알고 있었다. 또한 아르기니뇨숙산 신뇨증를 일으키는 요인이 되는 효소가 몸에서 일산화질소를 만드는 1차적 경로에 쓰인다는 사실도 알고 있었다.

그런 사실들을 숙지한 베일러 연구팀은 암모니아와 연관된 문제들을 뒤로하고 아르기니뇨숙산 신뇨증 환자들에게 직접적으로 일산화질소의 증여자 역할을 할 수 있는 약을 주는 데 집중했다. 놀랍게도 환자들은 기억력과 문제해결 능력이 눈에 띄게 향상되었다. 또 그 외의 이점으로 혈압도 정상화되었다.[4]

아직 완전한 치료와 거리가 멀기는 하지만, 이런 결정적인 연관을 확립하는 데 수십 년이 걸린 대신 고작 몇 년밖에 걸리지 않았으며, 벌써 어떤 의사들에 의해 아르기니뇨숙산 신뇨증의 몇몇 장기적 증상을 다루는 데 사용되고 있다. 이는 또한 알츠하이머병을 포함한 훨씬 흔한 다른 여러 질병에 관련되어 있을지도 모르는 일산화질소의 부족에 관한 연구를 도와줄 수도 있어, 희귀 질병들이 어떻게 여러 가지 방법으로 많은 사람들에게 영향을 주는 질병의 치료에 도움을 줄 수 있는지를 다시 한 번 상기시켜주는 좋은 예가 된다.

많은 경우에 희귀 질병을 가진 사람들이 나머지 사람들을 도와줄 수 있는 방법은 아주 분명해 보인다. 앞에서 우리가 보았듯이, 높은 콜레스테롤과 심장마비를 일으키는 가족성 과콜레스테롤혈증과 같은 희귀한 유전병을 가진 사람들로 시작해 결국 리피토 같은 약품이 개발됨으로써 의사들은 수백만의 사람들을 도와줄 수 있게 된 것이다.

의약품의 발견과 발전에 관한 나 스스로의 여행도 아주 간단했다. 이해하기 힘든 유전병에서 새로운 치료로 이르는 길은 대개 직선이 아니다. 내가 계속 가지고 있던 희귀 질병에 관한 관심은 결국 내가 시데로실린Siderocillin이라 이름 붙인 새로운 항생제의 발견으로 이어졌다. 이 항생제가 혁신적인 점은 마치 스마트 폭탄처럼 작용해서 '슈퍼버그' 감염에만 특징적으로 작용한다는 것이다.

하지만 1990년대에 나는 항생제에는 아무런 관심이 없었으며, 혈색소침착증hemochromatosis이라 불리는 질병을 집중적으로 연구하고 있었다. 이 유전병은 몸이 음식으로부터 너무 많은 철분을 흡수해서 나중에는 간암이나 심장정지를 일으켜 조기 사망에 이르게 했다. 이 혈색소침착증에 대한 연구가 나에게 가르쳐준 것은 여기서부터 얻은 어떤 원리들을 이용해 특정 미생물을 목표로 죽이는 약품을 만드는 데 쓸 수 있다는 것이었다.

미국 질병통제예방센터에 따르면 미국 한 나라에서만 매년 2만 명 이상의 사람들이 슈퍼버그 감염으로 죽는다. 이 미생물이 그토록 무서운 것은 이것들이 현재 제약적 무기로 사용하고 있는 항생제들에 저항력이 있기 때문이다. 이 사실이, 내가 개발한 약품이 수백만 명의 사람들을 치료하거나 매년 수천 명의 삶을 구할 수 있는 가능성을 가진 이유다.

하지만 내가 처음 발명을 제안했을 당시에는 혈색소침착증과 슈퍼버그 감염 간의 직접적 관련이 과학적으로 전혀 밝혀지지 않았었다. 사실 나와 같이 일했던 다른 많은 연구자들은 내가 왜 별개의 두 문제(저항성 있는 미생물과 혈색소침착증)를 동시에 연구하는지 이해하지 못했다. 물론 지금은 이해한다.

희귀 유전병들을 연구하면서 얻은 지식들은 내가 세계적으로 19개의 특허를 얻도록 했다. 2015년에는 시데로실린의 환자 임상 실험을 시작하도록 예정되어 있다. 이것이, 단지 몇 사람들만 영향을 받는 희귀 유전병들로부터 얻은 지식을 나머지 모든 사람들을 위한 치료방법으로 적용할 수 있게 된 힘을 직접 경험한 내가 말할 수 있는 희귀 유전병의 가치에 관한 가장 분명한 사례다.

희귀 유전병들은 다른 방법으로도 우리를 도와줄 수 있다. 우리가 다음으로 볼 것은 희귀 유전병이 우리가 우리 아이들에게 해를 끼치지 않게 막아 줄 수 있다는 것이다. 단지 몇 센티미터 더 크게 하려고 말이다.

당신의 유전적 유산으로부터 도망갈 수 있다고 상상해보라. 당신을 여러 종류의 암 발병의 위험에 처하게 하는 어떤 유전자도 뒤로 따돌릴 수 있는 가능성을 생각해보라. 거기에는 작은 함정이 있다. 당신은 라론 증후군을 가져야 한다.

이 질병을 가진 대부분의 사람들은 아무 치료도 받지 않으면 약 150센티미터를 넘지 않으며 앞이마는 튀어나왔고 눈은 깊으며 납작한 콧등과 작은 턱 그리고 몸통 비만을 가졌다. 우리는 이 질병을 가진 사람이 전 세계에 약 300명쯤 있다는 것을 알고 있으며 그중 약 3분의 1은 에콰도르의 남쪽 로하 지역의 안데스 고산지대에 있는 외떨어진 마을에 살고 있다.[5]

그리고 그들은 모두 암으로부터 완전히 면역성이 있는 것으로 보인다.

왜일까? 라론 증후군을 이해하려면 또 다른 유전병에 대해 아는 것이 도움이 된다. 정반대의 범위에 있는 골린 증후군이라 불리는 병이다. 이 병을 가진 사람들은 기저세포암•이라 불리는 종류의 피부암에 걸리기가 쉽다. 기저세포암은 많은 시간을 햇볕 아래서 보내는 사람들에게 상대적으로 흔한 암이지만, 골린 증후군을 가진 사람들은 햇볕에 별 노출 없이도 10대에 이 피부암에 걸린다.

약 3만 명 중 한 명이 골린 증후군에 걸리고 많은 사람들은 진단받지 않고 넘어간다. 대개 자신이나 가족 중 누군가가 암으로 진단받기 전에는 모르고 지나가게 된다. 하지만 때때로 몇 가지 시각적 이형성의 단서가 존재해서 아마 쉽게 알아볼 수 있을 것이다. 이는 대두증macrocephaly, 큰 머리, 양안격리증hypertelorism, 넓은 눈 간격, 그리고 2−3 합지증두 번째와 세 번째 발가락이 연결됨[6] 등을 포함한다. 다른 흔한 진단성 특징은 손바닥의 작은 함몰과 독특하게 생긴 갈비뼈로, 가슴 엑스레이에서 볼 수 있다.

그러면 왜 골린 증후군을 가진 사람들은 햇볕에 노출되지 않고도 기저세포암과 같은 악성 종양에 걸리기가 쉬울까? 이 질문에 대답하기 위해서는 *PTCH1*이라 불리는 유전자에 대해 알아둘 필요가 있다. 우리 몸은 대개 이 유전자를 패치드-1patched-1이라는 단백질을 만들기 위해 쓰고, 이 단백질은 세포 성장을 조절하는 데 결정

• 매년 약 2백만 명 정도의 새로운 사례가 진단되는 기저세포암은 가장 치명적인 암은 아니지만 사실 미국에서 가장 흔한 종류의 피부암이다. 물론 기저세포암을 가진 모든 사람이 골린 증후군이 있는 것은 아니다.

적인 역할을 한다. 하지만 이 패치드-1이 제대로 작동하지 않는 골린 증후군 환자들에게 소닉 헤지호그•라는 단백질이 나타나면, 세포 성장에 걸려 있던 정지를 풀어버려서 세포들이 분열하게 만든다. 그래서 분열하고 또 분열한다.[7]

물론 이것은 문제다. 왜냐하면 지금까지 우리가 보아왔듯, 많은 경우 제한 없는 성장은 세포들의 무정부 상태와 같기 때문이다. 그리고 불행히도 그 결과는 암이다.

그러면 골린 증후군이 라론 증후군에 대해 가르쳐주는 것은 무엇인가? 어떻게 보면 근본적으로 골린 증후군은 라론 증후군의 유전적 반대편을 대표한다. 하나에서 세포 성장의 촉진이 있는 반면 다른 쪽은 세포 성장에 제한이 가해진다. 라론 증후군은 성장호르몬 수용체의 돌연변이에 의해 일어난다. 그래서 라론 증후군을 가진 사람들은 성장호르몬에 무감각하거나 면역되어 있다. 이것이 그 사람들의 키가 작은 이유 중 하나다.

골린 증후군을 가진 사람들에게서 보이는 세포적 무정부 상태 대신, 라론 증후군을 가진 사람들은 세포 성장에 제한이 걸려 있어 세포들의 극단적 전체주의 하에 있다고 할 수 있다.

당신이 정치적으로 이데올로기로서의 전체주의에 어떤 심적 유보가 있을지는 모르지만, 순수한 생물학적 관점에서 본다면 전체주의는 놀랄 만큼 성공적이다. 그렇지 않았다면 당신은 지금 여기에서 이 책을 읽고 있지 못할 것이다. 나도 여기 없을 것이다. 이 지구

• 소닉 헤지호그는 사실 세가 비디오 게임의 캐릭터 이름을 딴 이름이다.

상에 있는 어떤 다른 다세포 생물체라도 마찬가지일 것이다.

왜냐하면 당신과 나 그리고 다른 모든 다세포 생물들처럼, 우리는 어떤 비용을 감수하고라도 세포적 복종을 종용하는 생물학적 전체주의의 산물이기 때문이다. 그 복종은 세포들 표면에 있는 수용체들에 의해 강요당한다. 제대로 행동하지 못하는 세포들은 다 세포적 할복의 결과로 프로그램된 세포 자살 가져온다. 이를 세포자멸apoptosis이라 한다.

세포자멸은, 수천 억 세포들 중에서 단순히 그 무리 속의 하나가 되지 않고 튀어보고 싶어 하는 대단한 야망을 품은 세포들이 프로그램되어서 스스로의 삶을 끝내도록 명령받는 현상을 일컫는다. 이와 같은 기작으로, 병원체에 감염된 세포들 또한 스스로를 희생시켜서 미생물 침입자들로부터 몸을 보호한다. 또 우리는 앞에서 이와 같은 기작이 태아가 발달하는 동안에 붙어 있던 손가락과 발가락을 자유롭게 해준다는 것을 배웠다. 만약 그 세포들이 죽지 않는다면(어떤 유전병에서 일어나듯이) 당신 손은 벙어리장갑밖에 낄 수 없을 것이다.

모든 것에서 그렇듯이, 평형 상태는 엄청나게 중요하다. 성장을 제한하는 과정들은 성장이 필요할 때 끊임없이 균형을 잡아야 한다. 당신에게 상처가 생길 때(단순히 베인 상처든지, 더 심각한 사고든지)를 생각해보라. 그리고 당신 몸이 자동적으로 하게 되는 전체 수리와 리모델링을 생각해보라. 이 모든 것은 매일 수백만 번에 수백만 번을 거듭하는 세포들의 삶과 죽음 사이에 균형을 잡는 과정이다.

'당신은 과연 그 균형을 흩뜨리고 싶을 것인가?'

하지만 당신 스스로, 혹은 당신이 아는 누군가가 벌써 흩뜨렸을지도 모른다.

키가 크다는 것은 이점이 있다. 키가 큰 아이들은 왕따를 덜 당하고 스포츠 경기에서 더 많은 시간을 할애받기도 한다. 연구에 의하면 키가 큰 성인은 직장에서 높은 지위나 권위에 있는 자리로 더 쉽게 올라가고 평균적으로 키가 작은 동료들보다 월급도 많이 받는다고 한다.[8]

물론 예외가 있다. 그중 가장 유명한 사람 하나는 나폴레옹 보나파르트다. 밝혀지기로는, 키가 작다고 세계에서 가장 유명하게 놀림받은 그가 실제로는 그렇게 키가 작지 않았을지도 모른다고 한다. 19세기가 끝날 무렵쯤에 프랑스의 '인치'는 영국의 '인치'보다 약간 더 길었다. 그래서 나폴레옹의 대단한 팬이 아니었던 영국인들은 그의 키를 150센티미터 이상으로 적지 않았지만 사실 그는 168센티미터에 더 가까웠을 것으로 생각되며, 어쩌면 174센티미터로 그 시대로 보면 전혀 작지 않은 키였을지 모른다는 것이다.[9]

하지만 프랑스 인치든 영국 인치든 간에 키에 관해서는 모든 것이 중요하다. 그리고 발판 없이 책장 꼭대기에 닿을 수 있는 사람은 어쨌든 요긴하긴 하다.

이 모든 것들 때문에 키가 작은 상태(혹은 그렇게 지각되는 것이)가 소아 내분비학자에게로 넘어오는 두 번째로 흔한 케이스다. 우리 세대에 큰 키가 필수품처럼 되었기 때문이다. 합성 성장호르몬 치료가 심각한 성장 결핍을 가진 소수의 아이들을 위해 이용가능해진지 반세기 이상 지난 지금, 부모들은 이제 성장호르몬이 아이들의 키에 영향을 줄 수 있다는 걸 잘 알고 있다. 따라서 이론적으로, 미래를 위한 다리를 '길게' 놓아줄 수 있게 되었다. 이중적 의미로 쓰였다 – 옮긴이[10]

오늘날 유전병의 목록은 계속 길어지는데 그중 어떤 것은 당신이 벌써 이 책에서 읽은 것이고 합성된 인간 성장호르몬의 한 버전인 성장호르몬이 처방된다. 프레더-윌리 증후군Prader-Willi syndrome, 후성유전학에 관련된 첫 인간 유전병에서부터 누난 증후군(내 아내의 친구 수잔에게서 알아차린 장애)에 이르기까지, 약간의 합성 성장호르몬을 주사하면 득을 보는 사람들이 점점 더 많이 발견되고 있다.

이들 유전병들 중 어떤 것은 아주 심각한 장애여서 아픈 아이들을 위해서 합성 성장호르몬은 불가피하다. 하지만 많은 경우에 합성 성장호르몬 주입은 키 문제 하나만을 다루기 위해서 사용된다. 예를 들어 특발성 단신증Idiopathic short stature은 아이의 키가 평균보다 두 표준편차 이하로 작지만 아무런 유전적, 생리학적, 영양적 비정상성도 식별할 수 없는 경우다. 다시 말하자면 그 아이들은 단순히 키가 아주 작은 정상적인 아이일 가능성이 크다.

그것이 바로 알렌 로젠블룸Arlan Rosenbloom의 마음에 들지 않는 것이었다. 이 플로리다 대학의 내분비학자(라론 증후군 환자들은 거의 암에 걸리지 않는다는 발견을 하는 데 기여했던 학자들 중 한 사람이었다)에게 내가 아이들에게 성장호르몬을 주는 것에 대한 우려를 물었을 때, 그는 단 한 단어로 대답했다. 내분비 미용학.

이것이 로젠블룸이 (그리고 점점 더 많은 그의 동료들도) 키를 크게

하려는 것을 포함한 미용 목적으로 아이들에게 성장호르몬을 쓰는 것을 조롱하듯이 부르는 말이다.[11]

하지만 합성 성장호르몬이, 아이들에게 사용될 수 있도록 모든 법적 규제의 장애물들(이건 엄청나게 많다)을 다 넘었다면, 그리고 역학 연구에서 합성 성장호르몬을 주입받은 아이들의 암 발병 위험이 증가하지 않았음을 증명했다면, 왜 그 사용을 우려해야 하는가?

이 질문에 대답하려면 인슐린 성장 요소1, 즉 IGF-1에 대해 알아보는 것이 도움이 된다. 이 요소는 몸이 성장호르몬의 갑작스런 증가를 느낄 때 분비되는 것으로 단순히 몸이 수직으로 크는 것만 촉진하지 않는다. 또한 세포들을 살아남게 한다. 이는 물론 아이의 작은 키를 몇 센티미터 더 크게 한다면 좋은 일이다.

하지만 당신 아이에게 합성 성장호르몬을 주는 걸 결정하기 전에 이를 고려하라. IGF-1은 세포자멸을 억제한다고 생각된다. 따라서 만약 어떤 그룹의 세포들이 악당처럼 변한다면 위험해질 수가 있는 것이다.

심지어는 치명적일 수도 있다.

로젠블룸이 보기에는, 단순히 다른 아이들보다 조금 작다는 이유로 아이들에게 성장호르몬을 주는 것은 불필요한 위험을 감수한다고(미래에 암을 유발할지도 모르는) 생각되었다. 이는 우리가 지금은 완전히 이해할 수 없지만 수십 년 후에는 이해할 수 있는 그런 위험을 의미한다. 그는 또한 점점 합성 성장호르몬을 처방하는 많은 결정들이 그 아이들의 건강과 장기 웰빙을 위한 것이라기보다는 제약회사들의 시장을 노린 광고 효과로 내려진다고 믿었다.

오늘날 합성 성장호르몬 시장은 수십억을 호가하며 매년 광고에 수백만 불이 쓰인다. 그래서 자신의 귀중한 아이들이 약간 키가 작다고 걱정하는 부모들에게 실제로는 아무 문제도 아닐 수 있는 일에 값비싼 처방이 꼭 필요하다고 끊임없이 충고하고 있다.

라론 증후군을 가진 사람들의 몸이 성장호르몬에 반응할 수 없어서 암에 걸리지 않은 것이라면, 과연 우리가 위험을 감수하고 아이들에게 합성된 버전의 같은 호르몬을 주사해야 할까? 만약 더 많은 부모들이 라론 증후군에 대해 알게 된다면, 성장호르몬 주입으로 훗날 암 발병 가능성이 높아질 수 있을 것을 고려해 그 사용을 좀 자제하지 않을까?

라론 증후군이 1960년대 중반에 처음 기술되었을 때에는 많은 세월이 흐른 후에 이 질병이 우리에게 암에 대한 희귀한 면역성을 조금이라도 보게 해줄 것이라고는(아니면 어떤 희귀 질병의 연구라도, 난해한 의학적 지식 이상의 무언가를 더 줄 수 있을 거라고는) 아무도 예측하지 못했다.

하지만 우리가 이 책의 유전적 오디세이에서 지금까지 보아왔듯이, 많은 경우 결국 돌아서서 수많은 사람들을 위한 의학적 돌파구를 찾도록 도와준 것은, 예를 들어, 높은 콜레스테롤을 갖게 하는 성향의 유전자를 지닌 아주 드문 가족들이었다. 혈색소침착증을 가진 가족들에 대한 연구는 결국 새로운 항생제를 발견하도록 이끌었다. 이런 의학적 선물들에 대해 우리는 희귀 질병을 가진 모든 환자들과 그 가족들에게 헤아릴 수 없을 만큼의 빚을 지고 있는 셈이다.

수년 동안 나는 희귀 질병을 가진 사람들을 만나왔다. 하지만 아직도 나는 그들 입장에서 살아간다는 것이 어떤 것인지 '아는 척'조차도 할 수가 없다. (사실 아무도 모를 것이다.)

그렇지만 이런 경험은 내게 독특한 관점을 갖게 해주었다. 사실 내 위치는 내가 만나본 사람들 중 가장 강인한 사람들의 세상과 제일 가까운 위치다. 환자들, 부모들, 배우자들 그리고 형제들 모두 그들의 인내심과 공감, 신체적 감내 그리고 감정적 의연함까지 시험하는 정말 힘든 진단에 맞서서 믿을 수 없을 만한 용기를 주는 모습을 지켜볼 수 있다.

예를 들어 니콜라스의 엄마를 보자. 몇 년이 지나면서 젠은 그의 아들을 대변하는 결단력과 변함없는 지지로 '쿵푸 마마'라는 명성을 얻게 되었다.

한번은 이 별명을 내가 젠에게 말해주었더니 그녀는 자랑스러워 어쩔 줄 몰라했다(그리고 니콜라스는 마구 웃었다). 진실은, 우리가 의사로서 더 깊이 들어가 연구하고 아이들의 병에 대해 창의적으로 생각하는 데 있어서 그녀와 같은 부모들에게 많이 의지하고 있다는 것이다.

그리고 이들은 우리가 존재하기 위해 매순간 일어나야 하는, 겉으로는 별 것 아니어 보이는 모든 일들에 대해 항상 감사해야 한다는 교훈을 상기시켜준다. 어쩌다 잘못되지 않는다면 절대로 우리가 눈치채지 못하는 고마움에 대해서 말이다. 나는 단순히 우리 유전체 안에서 일어나는 일만을 말하는 것이 아니라 사람이라는 존재에 대한 의미를 말하는 것이다. 산다는 것에 대해서, 그리고 극복한다는 것, 사랑한다는 것에 대해서도.

그리고 그게 전부가 아니다. 이 놀라운 환자들과 영감을 주는 그 가족들 모두는, 우리가 수많은 다른 질병들을 진단하고 처치하고 치료하는 것을 도와줄 수가 있다. 내가 그들 주변에 있으면서 늘 되새기게 되는 것은, 그들이 내게서 배우는 것보다 내가 그들에게서 훨씬 더 많이 배운다는 것이다.

우리 모두가 다 배운다.

왜냐하면 희귀 유전병을 가진 사람들 안에 깊숙하게 숨겨진 것은 소중한 비밀, 우리가 공유하기를 선택만 한다면 먼 훗날, 우리 모두를 마지막 한 사람까지 치료해주고 도와줄 수도 있는 아주 귀한 비밀들이기 때문이다.

맺는 글: 마지막 한 가지

지금까지 우리는 많은 것들을 훑어보았다. 캐리비안의 해적부터 후지산 정상까지, 유전적으로 약에 취한 것 같은 운동선수들도 만났고 놀라운 인간 바늘꽂이며, 고대의 뼈들, 그리고 해킹당한 유전체까지 모두 살펴보았다.

또한 우리 유전자가 왕따를 당했던 정신적 트라우마를 쉽게 잊지 못하며, 단순히 먹는 음식을 바꾸는 것만으로 어떻게 일벌이 여왕벌로 바뀌는지도 보았다. 그리고 심지어 휴가지에서조차 조심하지 않으면, 작은 무분별한 행동 하나하나가 얼마나 쉽게 당신의 DNA를 손상시킬 수 있는지도 보았다.

이 모든 것들을 통해서 우리는, 어떻게 우리의 유전적 유산이 경험을 바꾸고 또 경험에 의해 바뀌는지도 본 것이다. 이제 우리는 삶에서 이러한 유전의 유연성이 열쇠임을 안다. 그리고 놀랍게도 경직성이 강인함의 적이 될 수 있다는 것도 배웠다.

태내에서 발달하는 동안 유전체의 발현에 아주 작은 변화라도 있으면 심지어 그 사람의 성별도 바뀔 수 있다. 이탄은 그가 물려받은 것 때문이 아니라, 단지 어떤 유전 발현이 잘못된 순간에 일어난 것으로 인해 여자아이가 아닌 남자아이로 태어났다. 이탄과 비슷한 유전적 염기서열을 가진 많은 다른 아이들은 여자아이로 발달한다는 것을 기억해야 한다.

또한 우리의 유전자가 몸속에서 어떤 기능을 하는가에 대한 우리의 지식이, 어떻게 희귀 질병을 가진 사람들로부터의 선물인지, 그래서 우리가 얼마나 그들에게 빚지고 있는지에 대해서도 알아보았다. 놀랍게도, 우리가 물려받은 한계들을 극복할 수 있는 가장 좋은 기회는 바로 우리가 물려받은 한계를 이해하는 것으로부터 시작된다. 우리가 우리의 유전적 유산을 잘 이해함으로써 바로 그것을 조정하고 바꿀 수 있는 힘을 얻게 되는 것이다.

언젠가 당신은 친구로부터 요즘 이전보다 더 많은 채소와 과일을 먹고 있는데, 어쩐지 더 부은 것 같고 피곤하다는 말을 들을지도 모른다. 그러고는 요리사 제프를 떠올릴 것이다. 아마 그의 병이 무엇이라고 불렸는지유전성 과당 불내증 기억 못할 수도 있지만, 분명 훨씬 더 중요한 사실은 기억해낼 것이다. 모두에게 똑같이 좋은 음식은 없다는 것. 당신이 제프에게서 배웠듯이 대다수의 우리들에게 좋은 음식이 소수의 어떤 사람들에게는 위험할 수 있다.

그리고 이 책으로 인해서, 당신에게 아이들이 태어나고 그중 한 명이 약간 몸집이 작다고 해도 누군가 성장호르몬 치료를 해보자 하는 말을 무시할 수 있을지도 모른다. 당신은 특히 에콰도르 산간 지방에 사는 수백 명 정도의 사람들이 가지고 있는 유전병라론 증후군을 기억할 것이다. 그리고 아마 그 사람들은 성장호르몬에 면역성이 있어 암이 발병하지 않는다는 것을 기억할 수도 있을 것이다. 이런 식으로 이 책은 당신이 정보에 의거한 결정들을 내릴 수 있게 도와줄 수 있을지도 모른다.

단 하나의 유전자*CYP2D6* 복사본을 몇 개 더 가지고 있다는 이유로 코데인 처방으로 죽음에 이르게 된 메간을 기억해내고는, 희귀질병을 앓아 우리 모두의 의학적 지식에 중요한 역할을 하는 소수의 사람들을 위해서 목소리를 높일 용기를 낼 수도 있을 것이다.

이것이 리즈와 데이비드가 꼬맹이 그레이스를 위해 하고 있는 일이다. 그레이스의 뼈는 대다수의 사람들과 달리 강하지 않지만, 매일매일 그레이스는 나와 그리고 주변의 모든 사람들에게 자신의 유전체가 완전히 쓰여져 출간된 책이 아니라는 걸 증명해 보이고 있다. 그 아이가 아직도 쓰고 있는 이야기인 것이다.

그레이스가 머물렀던 보육원 직원이 리즈와 데이비드에게 한 말을 기억하는가? "당신들이 그 아이의 운명입니다." 운명은 그 아이의 유전자가 아니다. 그 아이의 연약한 뼈도 아니다. 그 아이의 부모가 되기로 결심하고, 그 아이에게 완전히 새로운 삶의 권리를 준 사람들이다. 진정한 운명은 그 아이의 유전적 유산에도 불구하고 살아남을 수 있는 새로운 기회, 그리고 잘 자라게 될 기회인 것이다.

우리가 발견해가고 있듯이, 우리의 유전적 힘은 단지 그전 세대로부터 물려 내려오는 것을 수동적으로 받는 데 있지 않다. 진정한 힘은, 우리가 받았고 또 우리가 물려주는 것들을 완전히 바꿀 수 있는 기회로부터 나온다.

그리고 그 기회를 잘 이용한다면 우리와 아이들의 삶의 방향은 완전히 바뀌게 될 것이다.

옮긴이의 글 : 무한한 감사, 그리고 어떻게 살 것인가

처음 이 책의 원서를 받았을 때 전혀 튀지 않는 제목 '유전적 유산 inheritance'을 보며 요즘 같은 때에 유전에 관한 책을 쓰는 건가하고 고개를 갸우뚱했었다. 유전에 관해 그리고 유전자에 관해 너무도 많은 지식과 정보가 넘쳐나는 세상이 아닌가. 하지만 책을 번역해 가면서 내 이런 생각이 얼마나 짧았는지를 때로는 고개를 끄덕이며 때로는 눈시울을 붉히면서 깨닫게 되었다.

우리가 물려받은 모든 것이 고정되어 있고 정해진 패턴대로 다음 세대로 물려지게 되어 있다는 학교에서 배운 유전 법칙을 벗어나서, 우리는 우리 조상들 경험의 결정체이며 또 우리가 하는 선택과 경험이 모두 유전자에 새겨질 수 있어 그것을 다시 우리 아이들에게 물려 줄 수 있다는 사실. 그 사실들을 깨닫는 데 얼마나 사람들의 희생이 따랐어야 했었는가.

이 책을 번역하면서 자꾸만 장애를 가지고 태어난 사람들에게 미안하고 또 미안했다. 예전에는 장애인이라는 건 마치 낙인과도 같았던 것 같다. 장사하는 사람들이 아침부터 장애인을 보면 재수 없다는 말을 아무렇지 않게 하곤 하던 시절도 있었다. 지금 생각하면 얼마나 잘못된 일이었으며, 또 그 잘못된 것들이 잘못되었음을 인식도 못했던 우리 사회는 얼마나 둔감했던가. 그런 걸 생각할 만큼 사는데 여유가 없었던 탓이려니 해야 할까.

이제는 훨씬 여유로운 세상을 살고 있는 지금, 이 저출산율 시대에 귀한 우리 아이들이 최첨단의 의료시설에서 최고의 의술로 치료받을 수 있는 것은 많은 부분, 수많은 희귀한 사람들이 소리 없이 힘든 세상을 살아내려 한 노력 덕택인지도 모른다. 우리가 감사하고 또 감사해야 할 사람들을 목소리 높여 도와주지는 못할지언정, 이제나마 이 책을 읽으며 고마운 마음을 가지는 것이 지금을 살아가는 우리가 할 수 있는 최소한의 일이 아닐까 한다.

이 책은 어떻게 보면 모순적인 사실들에 대해 말하고 있다. 겉으로는 너무도 다른지만 유전적으로 똑같은 여왕벌과 일벌, 또는 일란성 쌍생아. 하지만 또한 유전적으로 너무나 다른, 평범한 사람들보다 엄청나게 뛰어나서 마치 약물 복용을 한 것과 같은 운동선수들에 대해서도 말해준다.

과연 우리는 이 책의 마지막 장을 덮을 때, 무엇을 받아들여야 할까. 내가 가진 능력은 유전적으로 제한되어있으니 더 뛰어나기를 포기해야 할까? 아니면 내가 지금은 알지 못하는 능력이 나의 의지, 내가 하는 행동에 따라 변할 수도 있으니 하루라도 빨리 노력을 시작할까.

그 해답은 이 책의 저자도 반복해서 강조하듯, 우리 각자가 스스로 결정해야 한다. 그리고 그 결정이 많은 정확한 정보들에 근거한 것이냐 아니냐 또한 결국 각자의 노력에 달린 것이다.

그렇다면 더 중요해지는 건 이 정보 사회에서 어떻게 정확한 정보들을 알아내느냐다.

넘쳐나는 정보들의 홍수. 광고의 홍수.

이들을 걸러내어 진짜 유용한 지식들을 꿰뚫어보고 올바른 정보에 기반을 둔 결정을 내리는 것은 현대사회를 살아가는 우리, 그리고 무엇보다 우리와는 다른 세상을 살아갈 우리 아이들에게 너무도 필수적인 일일 것이다.

이런 일반적 지혜의 중요성을 이 책을 번역하면서 더 절감했다고 해야 하나. 정말 뼛속 깊이 느꼈다. 무엇을 먹을 것인가, 앉아서 TV만 볼 것인가 일어나 운동을 할 것인가, 규칙적인 삶을 살 것인가 등 지금 내리는 삶에 대한 일상적 결정이 나뿐만 아니라 내 아이들. 그리고 그 뒤에 올 수많은 지손들에게까지 영향을 끼칠 수 있다는 사실. 그리고 거기에 따르는 책임감. 정말 무겁지만 너무나도 중요한.

그렇다면 위에서 말한 유전적 가능성과 한계성에 대한 답은 정해져 있다. 그리고 작가는 이미 이 책의 여러 곳에서 그 해답을 제시해준다.

“결국 슈퍼 히어로가 된다는 것은 우리가 물려받은 유전자에 달렸다기보다, 하루하루 스스로 슈퍼히어로가 되기로 선택하는 데 달린 것이 아니겠는가.”

번역가로서 경력이 길지 않은, 아직은 많은 면에서 빽빽한 과학자일 수밖에 없는 내게 이 좋은 책을 번역할 수 있는 기회를 주신

김윤경 주간님 그리고 전에 계시던 오순아 편집장님께 감사드린다. 그리고 내 일천한 경험 때문에 많은 고생을 같이하며 울기도 웃기도 한 강미선 대리님과 김영사 편집부의 모든 분들께 지면으로나마 큰 고마움을 전하고 싶다.

무엇보다, 이 책을 펼쳐든 독자들에게도 앞으로 많은 결정들의 시작이 될 첫 단계를 선택한 것에 대한 흐뭇함과 고마움을 전한다. 독자들도 나처럼 이 책을 읽으면서 많은 것들을 깨닫고, 고마워하고, 일상의 작은 곳에서부터 시작해서 스스로의 유전자를 바꾸어가는, 능동적 삶을 향한 여행에 동참할 수 있기를 진심으로 바란다.

2015년 9월

정경

미주 및 참고문헌

Chapter 1

유전학자들은 어떻게 생각하는가

1 이 책에 언급된 이름들 일부는 가명을 썼다. 환자와 친구·친지·동료들의 사생활을 보호하고 이미 존재하는 개념이 진단을 명확하게 전달하기 위해 그들 신분과 묘사, 시나리오도 변화시켰다.

2 여기에는 기초적인 심리학적 원리가 있다. 더 많은 참조를 원하면 다음을 보라. J. Nevid(2009). Psychology Concepts and Appilication. Bostn: Houghton Mifflin.

3 M. Rosenfield(1979, Jan 15). Model expert offers "someting special" The Pittsburgh Press.

4 P. Pasols(2012). Louis Vuiton: The Birth of Modern Luxury. New York: Abrams.

5 국립 바이오테크놀로지 정보센터(The National Center for Biotechnology Information)는 판코니 빈혈을 포함한 모든 종류의 질병에 관해서, 포괄적이고 믿을 만한 대중들을 위한 정보 자원을 갖고 있다.

6 PAX3 유전자의 재배열은 또한 어떤 종류의 희귀암인 폐포횡문근육종aveolar rhbdomyosarcoma에 관련 있다. S. Medic and M. Ziman(2010). PAX3 expression in normal skin melanocytes and melanocytic lesions(naevi and melanomas). PLOS One, 5: e9977.

7 현재 일상적으로 사용되지는 않지만 태아의 태변 분석은 지방산 에틸 에스테르(fatty acid ethyl esters, FAEE)라는 화학물질을 씀으로써 임신 기간 중의 알코올 노출 여부를 검사할 수 있다.

8 좀 뚱뚱한 엄지손가락을 가진 것이 숨겨야 하는 일이라면, 더 심하고 일그러진 신체의 비정상성을 가진 사람들에 대해서는 무엇을 말해주는가. 내게 이것은 현재의 상업성이 도를 지나쳐서 완벽한 인간상, 특히 완벽한 여인상의 아이디어를 확립했다는 엄청나게 슬픈 표명으로 보인다. I. Lapowsky(2010, Feb. 8)를 보라. 메간 폭스는 섹시한 목욕 광고에서 엄지손가락 대역을 썼다. New York Daily News.

9 K. Bosse et al(2000). Localization of a gene for syndactyly type 1 to chromosome 2q34-q36. American Journal of Human Genetics, 67: 492-497.

10 기형학은 해부학적 특징을 이용해서 우리의 유전학적, 환경적 역사를 알아내려는 의학의 한 분야다. 이형증학자가 사용하는 용어들이 흥미롭다고 느낀다면 이를 읽어보기를 추천한다. Special Issue: Elements of Morphology: Standard Terminology(2009). American Journal of Medical Genetics Part A, 149: 1-27. 그리고 이 놀라운 분야를 더 배우고 싶다면 관련된 연구와 실제 경우들에 관한 논물들이 집약된 Journal Clinical Dysmorphology에서 시작하라.

Chapter 2
유전자가 못되게 굴 때

1 S. Manzoor(2012, Nov. 2). Come inside: The world's biggest sperm bank. The Guardian.

2 C. Hsu(2012, Sept. 25). 덴마크는 '기부자 7042'가 희귀 유전병을 다섯 아이에게 물려준 후 정자 기증법을 강화했다. Medical Daily.

3 R. Henig(2000). The Monk in the Garden: The Lost and Found Genius of Gregor Mendel, the Father of Genetics. New York: Houghton Mifflin.

4 멘델의 원본 논문에서 그는 vererbung라는 독일어를 썼으며 이는 영어로 inheritance(유전, 유산)로 번역될 수 있다. 이 용어는 멘델의 논문보다 먼저 사용되었다.

5 D. Lowe(2011, Jan 24). 이들 일란성 쌍둥이는 같은 유전적 결함을 가지고 있었지만 닐에게는 내면에 아담에게는 외면에 영향을 미쳤다. U.K.: The Sun.

6 M. Marchione(2007, Apr 5). Disease underlies Hatfield-McCoy feud. The Associated Press.

7 만약 히펠린도 증후군에 대해 더 알아보고 그 조직을 도와주고 싶다면 다음 NORD 웹사이트를 보라. www.rarediseases.org/rare-disease-information/rare-diseases/byID/181/viewFullReport

8 L. Davies(2008, Sept 18). 알려지지 않았던 모차르트의 작곡집이 프랑스의 도서관에서 발견되었다. The Guardian.

9 M. Doucleff(2012, Feb 11). Anatomy of a tear-jerker: Why does Adele's "Someone Like You" make everyone cry? Science has found the formula. The Wall Street Journal.

10 라이징거가 모차르트를 연주하는 것은 www.themozartfestival.org에서 들을 수 있다.

11 G. Yaxley et al(2012). Diamonds in Antarctica? Discovery of Antarctic Kimberlites. Extends Vast Gondwanan Cretaceous Kimberlite Province. Research School of Earth Sciences, Australian National University.

12 E. Goldschein(2011, Dec 19). 드비어스가 어떻게 역사상 가장 강력한 독점을 만들고 잃었는지에 관한 놀라운 이야기. The incredible story of how De Beers created and lost the most powerful monopoly ever. Business Insider.

13 E. J. Epstein(1982, Feb 1). 다이아몬드를 팔려고 노력해본 적이 있는가. Have you ever tried to sell a diamond? The Atlantic.

14 H. Ford and S. Crowther(1922). My Life and Work. Garden City, NY: Garden City Publishing.

15 D. Magee(2007). How Toyota Became #1: Leadership Lessons from the World's Greatest Car Company. New York: Penguin Group.

16 A. Johnson(2011, Apr. 16). One giant step for better heart research? The Wall Street Journal.

17 이 주제에 관해 많은 논문들이 발표되었는데 다음이 특히 내가 읽기 좋아하는 눈문이다. H. Katsume et al(1992). Disuse atrophy of the left ventricle in chronically bedridden elderly people. Japanese Circulation Journal, 53: 201-206.

18 J. M. Bostrack and W. Millington(1962). On the determination of leaf form in an aquatic heterophyllous species of Ranunculus. Bulletin of the Torrey Botanical Club, 89: 1-20.

Chapter 3

유전자 바꾸기

1 이 논문은 다른 수백 개의 논문들에서 인용된 획기적 논문으로 눈에 띄인다. M. Kamakura(2011). Royalactin induces queen differentiation in honeybees. Nature, 473: 478. 만약 나처럼 벌들이 정말 놀랍게 매혹적이라고 생각한다면 다음 논문도 읽어보라. A. Chittka and L. Chittka(2010). Epigenetics of royalty. PLOS Biology, 8: e1000532.

2 F. Lyko et al(2010). The honeybee epigenomes: Differential methylation of brain DNA in queens and workers. PLOS Biology, 8: e1000506.

3 R. Kucharski et al(2008). Nutritional control of reproductive status in honeybees via DNA methylation. Science, 319: 1827-1830.

4 B. Herb et al(2012). Reversible switching between epigenetic states in honeybee behavioral subcastes. Nature Neuroscience, 15: 1371-1373.

5 인간에게는 DNMT4와 DNMT3B의 두 가지 다른 버전이 있는데 꿀벌 아피스 멜리페라의 Dnmt3의 프로모터 부분과 비슷한 염기서열을 가진다. 더 알고 싶다면 다음 논문을 보아라. Y. Wang et al(2006). Functional CpG methylation system in a social insect. Science, 27: 645-647.

6 M. Parasramka et al(2012). MicroRNA profiling of carcinogen-induced rat colon tumors and the influence of dietary spinach. Molecular Nutrition & Food Research, 56: 1259-1269.

7 A. Moleres et al(2013). Differential DNA methylation patterns between high and low responders to a weight loss intervention in overweight or obese adolescents: The EVASYON study. FASEB Journal, 27: 2504-2512.

8 T. Franklin et al(2010). Epigenetic transmission of the impact of early stress across generations. Biological Psychiatry, 68: 408-415.

9 R. Yehuda et al(2009). Gene expression patterns associated with posttraumatic stress disorder following exposure to the World Trade Center attacks. Biological Psychiatry, 66: 708-711; R. Yehuda et al (2005). Transgenerational effects of posttraumatic stress disorder in babies of mothers exposed to the World Trade Center attacks during pregnancy. Journal of Clinical Endocrinology & Metabolism, 90: 4115-4118.

10 S. Sookoian et al(2013). Fetal metabolic programming and epigenetic modifications: A systems biology approach. Pediatric Research, 73: 531-542.

Chapter 4

사용하지 않으면 잃어버린다

1 E. Quijano(2013, Mar 4). "Kid President": A boy easily broken teaching how to be strong. CBSNews.com.

2 U.S. Department of Health & Human Services(2011). Child Maltreatment.

3 골화성 이형성증은 의학 서적에 250년 전부터 자세히 기술되었지만 병의 원인은 최근까지 의학적 미스터리다. 골화성 이형성증에 대해 더 읽고 싶으면 다음 논문을 보라. F. Kaplan et al(2008). Fibrodysplasia ossificans progressiva. Best Practice & Research: Clinical Rheumatology. 22: 191-205.

4 알리의 가족은 골화성 이형성증을 앓는 그들 딸과 다른 환자들을 위해 '군대'를 길렀다. N. Golgowski(2012, June 1). The girl who is turning into stone: Five year old with rare condition faces race against time for cure. The Daily Mail.

5 오늘날 골화성 이형성증으로 의심되는 환자들의 엄지발가락을 검사하는 것은 표준 이형성 검사의 일부다. M. Kartal-Kaess et al(2010). Fibrodysplasia ossificans progressiva(FOP): Watch the great toes. European Journal of Pediatrics, 169: 1417-1421.

6 A. Stirland(1993). Asymmetry and activity related change in the male humerus. International Journal of Osteoarcheology, 3: 105-113.

7 메리로즈호는 1982년 인양될 때까지 심해의 바닥에 남아 있었다. 심지어 그후에도 과학자들은 승선했던 선원들의 신분과 삶의 스토리를 발견하기 위해 많은 노력을 해야 했다. A. Hough(2012, Nov. 18). Mary Rose: Scientists identify shipwreck's elite archers by RSI. The Telegraph.

8 만약 당신이 건막류를 물려받았다면 다음을 보라. M. T. Hannan et al (2013). Hallux valgus and lesser toe deformities are highly heritable in adult men and women: The Framingham foot study. Arthritis Care Research(Hoboken). [Epub ahead of print.]

9 다른 상황이었다면 꽉 채워진 배낭은 고문 기구로 여겨졌을 것이다. 다음을 보라. D. H. Chow et al(2010). Short-term effects of backpack load placement on spine deformation and repositioning error in schoolchildren. Ergonomics, 53: 56-64.

10 A. A. Kane et al(1996). Observations on a recent increase in plagiocephaly without synostosis. Pediatrics, 97: 877-885; W. S. Biggs(2004). The "epidemic" of deformational plagiocephaly and the American Academy of Pediatrics' response. JPO: Journal of Prosthetics and Orthotics, 16: S5-S8.

11 두개골 교정 헬멧에 돈을 들이기 전에 다음을 고려해보라. J. F. Wilbrand et al(2013). A prospective randomized trial on preventative methods for positional head deformity: Physiotherapy versus a positioning pillow. The Journal of Pediatrics, 162: 1216-1221.

12 이건 정말 환상적으로 매혹적인 물고기다. 정보를 더 원하면 이를 보라. J. G. Lundberg and B. Chernoff(1992). A Miocene fossil of the Amazonian fish Ara-paima(Teleostei Arapaimidae) from the Magdalena River region of Colombia-Biogeographic and evolutionary implications. Biotropica, 24: 2-14.

13 M. A. Meyers et al(2012). Battle in the Amazon: Arapaima versus piranha. Advanced Engineering Materials. 14: 279-288.

14 치명적 종류의 골형성 부전증을 일으키는 아주 작은 유전적 변화는 단일 뉴클레오티드 변화의 힘을 보여주는, 알려진 주요한 경우들 중 하나일 뿐이다. 다음을 보라. D. H. Cohn et al(1986). Lethal osteogenesis imperfecta resulting from a single nucleotide change in one human pro alpha 1(I) collagen allele. Proceedings of the National Academy of Science, 83: 6045-6047.

15 D. R. Taaffe et al(1995). Differential effects of swimming versus weightbearing activity on bone mineral status of eumenorrheic athletes. Journal of Bone and Mineral Research, 10: 586-593.

16 이 이야기에 덧붙여진 스페이스 캡슐의 착륙에 관한 사진과 비디오는 세 명의 우주인이 갑자기 지구의 중력에 다시 들어오자 힘들어하는 모습을 보여준다. 다음을 보라. P. Leonard(2012, July 2). "It's a bullseye": Russian Soyuz capsule lands back on Earth after 193-day space mission. Associated Press.

17 A. Leblanc et al(2013). Bisphosphonates as a supplement to exercise to protect bone during long-duration spaceflight. Osteoporosis International, 24: 2105-2114.

Chapter 5

유전자 잘 먹이기

1 F. Rohrer(2007, Aug 7). "China drinks its milk."BBC News Magazine.

2 맛있고 영양가 있는 음식을 만드는 건 고사하고, 많은 사람들이 요리를 어떻게 하는지 전혀 모른다는 사실을 생각하면 이건 말이 된다. 더 많은 정보를 원하면 다음 논문을 보라. P. J. Curtis et al(2012). Effects on nutrient intake of a family-based intervention to promote increased consumption of low-fat starchy foods through education, cooking skills and personalized goal. British Journal of Nutrition, 107: 1833-1844.

3 D. Martin(2011, Aug 18). From omnivore to vegan: The dietary education of Bill Clinton. CNN.com.

4 S. Bown(2003). Scurvy: How a Surgeon, a Mariner and a Gentleman Solved the Greatest Medical Mystery of the Age of Sail. West Sussex: Summersdale Publishing Ltd.

5 L. E. Cahill and A. El-Sohemy(2009). Vitamin C transporter gene polymorphisms, dietary vitamin C and serum ascorbic acid. Journal of Nutrigenetics and Nutrigenomics, 2: 292-301.

6 H. C. Erichsen et al(2006). Genetic variation in the sodium-dependent vitamin C transporters, SLC23A1, and SLC23A2 and risk for preterm delivery. American Journal of Epidemiology, 163: 245-254.

7 더 읽어보고 싶다면 이런 아이디어들을 더 모색해보는 논문들을 보라. E. L. Stuart et al(2004). Reduced collagen and ascorbic acid concentrations and increased proteolytic susceptibility with prelabor fetal membrane

rupture in women. Biology of Reproduction. 72: 230-235.

8 우리가 1장에서 만나 보았던 요리사 제프가 의사의 식이요법 충고를 따랐을 때 이런 경우에 처했다.

9 카페인 섭취에 대한 제약유전학을 더 알고 싶다면 이를 보라. Palatini et al(2009). CYP1A2 genotype modifies the association between coffee intake and the risk of hypertension. Journal of Hypertension, 27: 1594-601 and M. C. Cornelis et al(2006). Coffee, CYP1A2 genotype, and risk of myocardial infarction. The Journal of the American Medical Association, 295: 1135-1141.

10 I. Sekirov et al(2010). Gut microbiota in health and disease. Physiological Reviews, 90: 859-904.

11 보통 몸속 공간에 여유가 생기려면 몇 주간의 시간이 필요하다. 그동안 아기의 장관을 보호하기 위해 시로(silo)라 불리는 특별한 임시 포장이 만들어진다. 이런 임시 포장(시로)은 배벽갈림증을 가진 아이의 부모와 가족들에게 시각적으로는 불안하게 보일지 모르지만 발달하는 장들을 받아들일 충분한 공간의 확보와 안전한 자리잡음 그리고 복벽이 외곽적으로 잘 닫혀서 완치되는 데 꼭 필요하다.

12 N. Fei and L. Zhao(2013). An opportunistic pathogen isolated from the gut of an obese human causes obesity in germfree mice. The ISME Journal, 7: 880-884.

13 만약 이 주제에 대해 더 흥미가 있다면 다음 논문을 보라. R. A. Koeth et al(2013). Intestinal microbiota metabolism of l-carnitine, a nutrient in red meat, promotes atherosclerosis. Nature Medicine, 19: 576-585.

14 S. A. Centerwall and W. R. Centerwall(2000). The discovery of phenylketonuria: The story of a young couple, two retarded children, and a scientist. Pediatrics, 105: 89-103.

15 P. Buck(1950). The Child Who Never Grew. New York: John Day.

Chapter 6

유전자가 하는 일과 예방의 역설

1 메간의 경우에 대해 더 알고 싶다면 여기에서 시작하라. L. E. Kelly et al (2012). More codeine fatalities after tonsillectomy in North American children. Pediatrics, 129: e1343-1347.

2 그 사이에 무슨 일이 일어나는가? 많은 생명을 구하기 위한 일들이 엄청나게 느리게 일어난다. 하지만 불행히도 이것이 대부분의 의학이 발전하는 방법이다. 이를 보라. B. M. Kuehn(2013). FDA: No codeine after tonsillectomy for children. Journal of the American Medical Association, 309: 1100.

3 A. Gaedigk et al(2010). CYP2D7-2D6 hybrid tandems: Identification of novel CYP2D6 duplication arrangements and implications for phenotype prediction. Pharmacogenomics, 11: 43-53; D. G. Williams et al(2002). Pharmacogenetics of codeine metabolism in an urban population of children and its implications for analgesic reliability. British Journal of Anesthesia, 89: 839-845; E. Aklillu et al(1996). Frequent distribution of ultrarapi metabolizers of debrisoquine in an Ethiopian population carrying duplicated and multiduplicated functional CYP2D6 alleles. Journal of Pharmacology and ExperimentalTherapeutics. 278: 441-446.

4 1993년 사망한 로즈는 많은 의사들과 과학자들에게 영웅이었다. 그는 정말 그럴 만했다. B. Miall(1993, Nov. 16). Obituary: Professor Geoffrey Rose. The Independent.

5 우리가 코데인의 영향이 개인의 유전적 유산에 따라 크게 다르다는 것을 알게 됨에 따라, 거의 모든 다른 의학 약품들도 마찬가지로 때로는 더 좋게 혹은 더 나쁘게 각 사람마다 다르게 영향을 준다는 것도 알게 되었다. G. Rose (1985). Sick individuals and sick populations. International Journal of Epidemiology, 14: 32-38.

6 See A. M. Minihane et al(2000). APOE polymorphism and fish oil

supplementation in subjects with an atherogenic lipoprotein phenotype. Arteriosclerosis, Thrombosis, and Vascular Biology, 20: 1990-1997; A. Minihane(2010). Fatty acid-genotype interactions and cardiovascular risk. Prostaglandins, Leukotrienes and Essential Fatty Acids, 82: 259-264.

7 M. Park(2011, April 13). Half of Americans use supplements. CNN.com.

8 H. Bastion(2008). Lucy Wills(1888-1964): The life and research of an adventurous independent woman. The Journal of the Royal College of Physicians of Edinburgh, 38: 89-91.

9 M. Hall(2012). Mish-Mash of Marmite: A-Z of Tar-in-a-Jar. London: BeWrite Books.

10 이런 발견들에 대해 더 알고 싶다면 다음을 보라. P. Surén et al(2013). Association between maternal use of folic acid supplements and risk of autism spectrum disorders in children. The Journal of the American Medical Association, 309: 570-577.

11 L. Yan et al(2012). Association of the maternal MTHFR C677T polymorphism with susceptibility to neural tube defects in offsprings: Evidence from 25 case-control studies. PLOS One, 7: e41689.

12 A. Keller et al(2012). New insights into the Tyrolean Iceman's origin and phenotype as inferred by whole-genome sequencing. Nature Communications, 3: 698.

13 이 서비스를 신청하면 말일 성도 예수 그리스도 교회 사람들이 전도하러 나오지 않는다고 장담할 수는 없다. www.familysearch.org

Chapter 7

편 고르기

1. 당신이 서핑 팬이 아니라면 오킬루포를 〈스타와의 춤〉이라는 프로그램에 나와 얼간이 짓을 한 사람으로 기억할지 모른다. 그가 이 인기 TV 프로그램에서 얼마나 빨리 차출되어버렸는지에 관한 재미있는 이야기에 대해 알고 싶다면 다음을 읽어라. M. Occhilupo and T. Baker(2008). Occy: The Rise and Fall and Rise of Mark Occhilupo. Melbourne: Random House Australia.

2. P. Hilts(1989, Aug. 29). A sinister bias: New studies cite perils for lefties. The New York Times.

3. L. Fritschi et al(2007). Left-handedness and risk of breast cancer. British Journal of Cancer, 5: 686-687.

4. 디즈니 만화 〈하와이에서의 짧은 휴가〉를 보고 싶다면 다음 링크를 보라. www.youtube.com/watch?v=SdIaEQCUVbk.

5. E. Domellöf et al(2011). Handedness in preterm born children: A systematic review and a meta-analysis. Neuropsychologia, 49: 2299-2310.

6. 이 주제를 배우는 데 흥미를 느낀다면 다음을 읽어라. O. Basso(2007). Right or wrong? On the difficult relationship between epidemiologists and handedness. Epidemiology, 18: 191-193.

7. A. Rodriguez et al(2010). Mixed-handedness is linked to mental health problems in children and adolescents. Pediatrics, 125: e340-e348.

8. G. Lynch et al(2001). Tom Blake: The Uncommon Journey of a Pioneer Waterman. Irvine: Croul Family Foundation.

9. M. Ramsay(2010). Genetic and epigenetic insights into fetal alcohol spectrum disorders. Genome Medicine, 2: 27; K. R. Warren and T. K.

Li(2005). Genetic polymorphisms: Impact on the risk of fetal alcohol spectrum disorders. Birth Defects Research Part A: Clinical and Molecular Teratology, 73: 195-203.

10 E. Domellöf et al(2009). Atypical functional lateralization in children with fetal alcohol syndrome. Developmental Psychobiology, 51: 696-705.

11 나랑호의 이야기는 정말 놀랍다는 말밖에는 할 말이 없다. 유튜브에서 그가 일하는 비디오를 놓치지 말고 꼭 보기를 권한다. B. Edelman(2002, July 2). Michael Naranjo: The artist who sees with his hands. Veterans Advantage. http://www.veteransadvantage.com/cms/content/michael-naranjo.

12 S. Moalem et al(2013). Broadening the ciliopathy spectrum: Motile cilia dyskinesia, and nephronophthisis associated with a previously unreported homozygous mutation in the INVS/NPHP2 gene. American Journal of Medical Genetics Part A, 161: 1792-1796.

13 운석이 호수에 떨어졌을 때 거기서 우연히 약간의 아미노산을 얻게 될 수 있을까? 과학자들이 이에 대해 설명했다. D. P. Glavin et al(2012). Unusual onterrestrial l-proteinogenic amino acid excesses in the Tagish Lake meteorite. Meteoritics & Planetary Science, 47: 1347-1364.

14 S. N. Han et al(2004). Vitamin E and gene expression in immune cells. Annals of the New York Academy of Sciences, 1031: 96-101.

15 G. J. Handleman et al(1985). Oral alpha-tocopherol supplements decrease plasma gamma-tocopherol levels in humans. The Journal of Nutrition, 115: 807-813.

16 J. M. Major et al(2012). Genome-wide association study identifies three common variants associated with serologic response to vitamin E supplementation in men. The Journal of Nutrition, 142: 866-871.

Chapter 8

우리는 모두 엑스맨이다

1. 정보를 더 알고 싶다면 다음 웹사이트 National geographic project를 보라. www. nationalgeographic. com

2. M. Hanaoka et al. Genetic variants in EPAS1 contribute to adaptation to high-altitude hypoxia in Sherpas. PLOS One, 7: e50566.

3. 조정사들과 비행 승무원들이 조심해야 하는 징조 중 하나는 멈출 수 없는 웃음이다. 비행기 내부에 압력이 낮아져 공기가 희박해졌다는 사인이기 때문이다.

4. P. H. Hackett(2010). Caffeine at high altitude: Java at base camp. High Altitude Medicine & Biology, 11: 13-17.

5. 1940년대 중반 코카콜라의 슬로건이다.

6. A. de La Chapelle et al(1993). Truncated erythropoietin receptor causes dominantly inherited benign human erythrocytosis. Proceedings of the National Academy of Sciences, 90: 4495-4499.

7. 아파 셰르파는 2006년 아내와 아이들과 함께 미국으로 이민을 간 후에 한동안 매년 네팔로 돌아왔다. 환경 변화에 대한 의식과 셰르파 사회에 절박하게 필요한 교육의 향상을 위해서였다. 아파 셰르파에 대해 더 읽고 싶으면 다음을 보라. M. LaPlante(2008, June 2). Everest record-holder proudly calls Utah home. The Salt Lake Tribune.

8. D. J. Gaskin et al(2012). The economic costs of pain in the United States. The Journal of Pain, 13: 715-724.

9. B. Huppert(2011, Feb. 9). Minn. girl who feels no pain, Gabby Gingras, is happy to"feel normal." KARE11; K. Oppenheim (2006, Feb. 3). Life full of danger for little girl who can't feel pain. CNN. com.

10. J. J. Cox et al(2006). An SCN9A channelopathy causes congenital inability to experience pain. Nature, 444: 894-898.

Chapter 9

유전체 해킹하기

1. 암이 각기 다른 종류에 따라 얼마나 흔한지에 관한 통계에 관심이 있다면 미국 암학회 웹사이트는 시작하기 좋은 곳이다. www.cancer.org

2. C. Brown(2009, Apr). The king herself. National Geographic, 215(4).

3. 모든 종의 공룡이 암에 영향 받은 것이 아니므로 섭생이 몇몇 종 공룡의 암 발병에 미친 영향에 대해 명확하게 말하기는 힘들다. 이 놀라운 연구에 대해 더 알고 싶다면 다음을 보라. B. M. Rothschild et al(2003). Epidemiologic study of tumors indinosaurs.Naturwissenschaften, 90: 495-500, and J. Whitfield (2003, Oct. 21). Bone scans reveal tumors only in duck-billed species. Nature News.

4. World Health Organization.

5. 폐암 발생률과 원인에 대해 더 알고 싶다면 국립 질병 예방 센터 웹사이트를 보라. www.cdc.gov

6. A. Marx(1994-1995, Winter). The ultimate cigar aficionado. Cigar Aficionado.

7. 이는 많은 논문들이 담배 회사의 광고로부터 연구비를 받았음에도 불구하고 사실이다.

8. R. Norr(1952, December). Cancer by the carton. The Reader's Digest.

9. 흡연에 관련된 다른 역사적 인물에 관심이 있다면 www.lung.org 웹 사이트를 보라.

10. U.S. Department of Agriculture(2007). Tobacco Situation and Outlook Report Yearbook; Centers for Disease Control and Prevention. National Center for Health Statistics. National Health Interview Survey 1965-2009.

11. '담배와 폐암'이라는 구술의 전체 기록이 1955년 6월 See it Now에 있으며 다음 웹 사이트에서 온라인으로 볼 수 있다. the Legacy Tobacco

Documents Library's website, www.legacy.library.ucsf.edu/tid/ppq36b00.

12 검치호랑이(사실은 호랑이다)가 무엇을 사냥했는지에 대해서 많은 추측이 있지만 연구자들은 이 동물이 살았던 시기와 장소를 볼 때 우리 조상들을 먹이로 삼았을 수도 있다고 생각한다. L. de Bonis et al(2010). New saber-toothed cats in the Late Miocene of Toros Menalla (Chad). Comptes Rendus Palevol. 9: 221-227.

13 B. Ramazzini(2001). De Morbis Artificum Diatriba. American Journal of Public Health, 91: 1380-1382.

14 T. Lewin(2001, February 10). Commission sues railroad to end genetic testing in work injury cases. The New York Times.

15 P. A. Schulte and G. Lomax(2003). Assessment of the scientific basis for genetic testing of railroad workers with carpal tunnel syndrome. Journal of Occupational and Environmental Medicine, 45: 592-600.

16 왜냐하면 이들은 보통 아주 드문 병을 가진 가족들이어서 그 병의 희귀성으로 인해 환자의 신원을 확인하기가 쉽기 때문인데, 그렇게 쉽게 알아낼 수 있다는 현실이 좀 불안하고 당혹스럽기는 하다. M. Gymrek et al(2013). Identifying personal genomes by surname inference. Science, 339: 321-324.

17 J. Smith(2013, Apr 16). How social media can help (or hurt) you in your job search. Forbes.com

18 미국에서 고용주와 건강 보험 회사가 얻을 수 있는 유전적 정보는 제한되어 있다. 하지만 2012년 생명윤리연구 자문위원회는 널리 퍼진 사생활 보호를 언급하면서, 그런 검사를 불법으로 규정하는 리포트를 냈다. S. Begley(2012, Oct 11). Citing privacy concerns, U.S. panel urges end to secret DNA testing. Reuters.

19 A. Jolie(2013, May 14). My medical choice. The New York Times.

20 D. Grady et al(2013, May 14). Jolie's disclosure of preventive mastectomy

highlights dilemma. The New York Times.

Chapter 10

아들인가요, 딸인가요

1 다음 사이트는 침몰된 배에 대한 세계에서 가장 큰 온라인 데이터 베이스로, 침몰한 배 14만 대 이상이 있는 장소에 관한 정보를 준다. 또한 배들이 운명적인 마지막에 무엇을 하고 있었는지에 대한 정보의 보물 창고이기도 하다. http://www.wrecksite.eu

2 See: I. Donald(1974). Apologia: How and why medical sonar developed. Annals of the Royal College of Surgeons of England, 54: 132-140.

3 독일 잠수함에 관한 이야기와 많은 정보는 다음에서 찾을 수 있다. www. uboat. net

4 R. Brooks(2013, Mar. 4). China's biggest problem? Too many men. CNN.com

5 Y. Chen et al(2013). Prenatal sex selection and missing girls in China: Evidence from the diffusion of diagnostic ultrasound. The Journal of Human Resources, 48: 36-70.

6 미국 역사상 어느 시점에서 (멀지 않은 과거에) 의복 '전문가'들은 부모들에게 남자아이는 분홍을, 여자아이는 파란색을 입히라고 권유했다. 하지만 1950년과 1960년대에 이르러서 성별 구분이 바뀌었다. 만약 초음파의 도래가 아니었다면 이는 어른들 패션에서 색깔이 바뀌는 것처럼 또 뒤바뀌었을지도 모른다. J. Paoletti(2012). Pink and Blue: Telling the Boys from the Girls in America. Indiana University Press.

7 이 경우는 전에 논문에 나온 경우들과 다른 비슷한 환자들과의 만남으로부터 짜깁기한 것으로 이름과 세부 묘사, 상황을 바꾸었다.

8 마요 크리닉의 질환 인덱스에는 요도하열(hypospadia)과 수천 가지의 다른

병들에 관한 자세한 페이지들의 시리즈가 있다. http://www.mayoclinic.com/health/DiseasesIndex

9 이것이 사람에게 가장 흔히 나타나는 상염색체열성 유전병이다. P. W. Speiser et al(1985). High frequency of nonclassical steroid 21-hydroxylase deficiency. American Journal of Human Genetics, 37: 650-667.

10 시계처럼 한 쪽 팔은 짧고(p라고 부른다) 다른 쪽 팔은 대개 더 길다(q라고 부른다). 각 염색체는 독특한 줄무늬 패턴을 가지고 있는데, 현미경 아래에서 보면 바코드처럼 보인다. 세포 유전학자들은 바로 이 독특한 줄무늬 패턴으로 우리 염색체들의 온전함과 품질을 식별해낸다.

11 핵형과는 달리 마이크로어레이 기반 비교 유전체 부합법(aCGH)의 주요한 한계는 유전체의 한 구역에서 다른 구역으로 유전 물질이 옮겨갈 때 균형적이었는지 뒤집어졌는지 알려주지 않는다는 것이다. 백과사전 비유로 이것이 중요한 이유를 계속 설명하자면, 이 변화로 입력된 순서가 달라져서 우리 유전체에서 문제를 일으킨다. aCGH는 이런 변화가 일어났는지를 말해 줄 수가 없다.

12 히즈라에 대한 다른 미신은 결혼식 날에 행운을 불러오기 위해 근처에 존재해야 한다는 것으로 많은 인디언들이 믿는다. N. Harvey(2008, May 13). India's transgendered?the Hijras. New Statesman.

13 모레스키의 완전한 레코딩은 스크레치가 많이 나고 때로 부드럽지 않지만 그럼에도 불구하고 매혹적이며 18개 트렉의 CD로 구입할 수 있다. The Last Castrato(1993). Opal.

14 K. J. Min et al(2012). The lifespan of Korean eunuchs. Current Biology, 22: R792-R793.

15 자주 랄프 왈도 에메슨의 것으로 착각되는 이 슬로건은 무명의 증권 상인에 의해 처음으로 책에 실렸는데 1년 후에 그 신분이 뉴욕타임스에 의해 밝혀졌다. H. Haskins (1940). Meditations in Wall Street. New York: William Morrow.

Chapter 11

모두 짜맞추기

1 텍사스 주의 전체 인구보다 많다. National Organization for Rare Disorders.

2 지방은 악명이 높다. 대다수 사람들에게 꼭 필요하지만 이 연구에서 밝혀진 대로 지방 섭취와 우울증 간의 관계는 처음 생각했던 것보다 복잡하며 특정한 종류의 지방에 따라 다를지도 모른다. A. Sànchez-Villegas et al(2011). Dietary fat intake and the risk of depression: The SUN Project. PLOS One, 26: e16268.

3 심장병은 때로는 '숨겨진' 전염병이라고 불린다. D. L. Hoyert and J. Q. Xu(2012). Deaths: Preliminary data for 2011. National Vital Statistics Reports, 61: 1-52.

4 S. C. Nagamani et al(2012). Nitric-oxide supplementation for treatment of long-term complications in argininosuccinic aciduria. American Journal of Human Genetics, 90: 836-846; C. Ficicioglu et al (2009). Argininosucci-nate lyase deficiency: Longterm outcome of 13 patients detected by newborn screening. Molecular Genetics and Metabolism, 98: 273-277.

5 A. Williams(2013, Apr 3). The Ecuadorian dwarf community "immune to cancer and diabetes" who could hold cure to diseases. The Daily Mail.

6 Gorlin syndrome isn't the only reason for toes webbed in this way. If you have syndactyly, it doesn't automatically mean you're likely to get skin cancer.

7 N. Boutet et al(2003). Spectrum of PTCH1 mutations in French patients with Gorlin syndrome. The Journal of Investigative Dermatology, 121: 478-481.

8 A. Case and C. Paxson(2006). Stature and Status: Height, Ability, and

Labor Market Outcomes. National Bureau of Economic Research Working Paper No. 12466.

9 프랑스인들은 나폴레옹이 키가 작았고 그가 황제가 되려는 야망에 그의 키에 대한 컴플렉스가 한 몫을 했다는 가설과 오랫동안 싸워왔지만 승산은 별로였다. M.Dunan (1963). La taille de Napoléon. La Revue de l'Institut Napoléon, 89: 178-179.

10 V. Ayyar(2011). History of growth hormone therapy. Indian Journal of Endocrinology and Metabolism, 15: S162-S165.

11 A. Rosenbloom(2011). Pediatric endo-cosmetology and the evolution of growth diagnosis and treatment. The Journal of Pediatrics,158: 187-193.

찾아보기

가족성 과콜레스테롤혈증(FH) 283
가족성 선천적 적혈구 증가증(PFCP) 200
각인 20
간암 16, 288
간질 발작 50, 148
감마 토코페롤 190
건강 보조제 157, 189
건막류(무지외반증) 105
고산병 196
골린 증후군 290
골형성 부전증(OI) 96
골화성 이형성증(FOP) 102
괴혈병 130
구순구개열 250
구아닌 113, 202, 255
구피 173
그램린 38
그레고르 멘델 7, 20, 45
기관지암종 217
기저피부암 290
기형학 41
남성호르몬 261
벌링턴 노던 산타페 철도회사(BNSF) 221
노드 섬모 179
누난 증후군 33
눈꺼풀 균열(안검열) 27
뉴런 60
뉴클레오티드 113, 202, 255
다비드상 110
다비장증 180
다운 증후군 27
다이아몬드 61
단백질 65, 83, 103, 122, 180, 202, 269
단일 전뇌증(전전뇌증, 통앞뇌증) 26
단일염기 다형성(SNP) 204
단지증 D형 37
대두증 290
동형접합 277
드비어스 61
라론 증후군 289
로빈 홀리데이 77
로열젤리 73
로이 놀 216
루시 윌스 158

루이비통 23
림프부종-첩모중생 증후군 30
말판 증후군(거미 손가락증, 지주상손) 27, 37
마마이트 160
마이크로어레이 기반 비교 유전체 부합법 255
마이크로바이옴(장내 미생물 군집) 137
마이클 나랑호 183
마크 오킬루포 172
말일 성도 예수 그리스도 교회(모르몬) 167
말판 증후군(거미 손가락증, 지주상손) 27, 37
메리로즈호 105
메타 분석 177
메틸 공여체 76
메틸렌 테트라히드로엽산 환원효소 161
(MTHFR)
메틸화 79
모자이크 현상 276
무터 박물관 102
미국 고용평준화 협회 224
미국 산부인과 전문의 협회 161
미국 소아과 의사 협회 107
미국 식약청 154
미국 암 학회 219
미국 영양국 124
미국 원자력 위원회 217
미국 질병통제예방센터 288
미나리아재비꽃 67
바르덴부르크 증후군 29
발 우세 174
발작 이론 177
배꼽탈장(제헤르니아) 138
백신 156
베르밀리온 경계 32
베타인 76
베토벤 114
분자 표지자 249
비만율 133
비타민 A 124, 282
비타민 B_{12} 78, 162
비타민 C 130, 164
비타민 D 283
비타민 E 189
빈모 림프수종 모세혈관확장 증후군(HLTS) 272
사두증 108
사이토신 231, 255
상염색체 우성 유전병 34
상향경사 눈꺼풀 균열 27
생선오일 157
서핑보드 174
선천성 거대결장 37
선천성 고관절이형성 93
선천성 기형 158
선천성 무통각증 및 무한증 206
선천성 부신과형증(CAH) 253
섬모기능이상 증후군 182
성별 발달 장애(DSD) 245
세로토닌 83
세포유전학자 21
세포자멸 292

셰르파 197
소나(수중 음파탐지) 241
소아 편도선 절제술 157
손 우세 174
손목골 증후군 222
숨겨진 질환 33
슈퍼버그 감염 288
스케그 179
스트레스 8, 76
스트레스 호르몬 84
시냅스 60
신경관 기형(NTD) 161
신경섬유종증 타입 1 50
신규 변이 103, 275
아서 릭스 77
아데닌 202
아동 학대 97
아르기니뇨숙산 신뇨증(ASA) 286
아마르 클레어 176
아미노산 73, 188
아트로바스타틴 284
아편 154
아피스 멜리페라 74
안간격 이상감소 27
안간격 이상증가 23
안드로겐 252
알렌 로젠블룸 294
알츠하이머병 287
알파 토코페롤 190
암 214
암모니아 287
애플사 64
약물유전학 163
양안격리증 290
에피갈로카테킨갈레트 136
엔젤만 증후군 20
엔테로박터 138
엘러스-단로스 증후군 39
여왕벌 73
열성 돌연변이 227
염기서열 19, 48, 134
엽산 124, 160
영양유전체학 124, 134
예방생존환자 236
예방의 역설 155
오렌지 165
오르니틴 트랜스 카르바밀라제 결핍증(OTC) 122
오른손잡이 175
오메가 3 지방산 157
오바마 케어 225
외상 후 스트레스 장애(PTSD) 84
외치 166
왼손잡이 173
요도 기형 248
요소 사이클 122
운동뉴런 59
울대뼈 261
원발성 섬모 이상운동증 184
유방암 174, 233
유아 돌연사 107
유연한 유전 9
유전 검사 21, 53, 154, 224
유전 발현의 다변성 50

유전 변이 102
유전력 78
유전성 과당 불내증 125
유전자 검사 134, 152, 225, 244
유전자 지도 197
유전자 패널 227
유전자의 복사본 134
유전자의 중복 256
유전적 발현 59
유전적 소인 106
유전적 운명 55, 75, 99
유전적 유산 124, 153, 196, 201, 225, 289
유전체 분석 18
유전체 해독분석 150
유전체 해킹 213
육아벌 75
음낭 245
음핵 252
의간균류 137
의학적 백지상태 186
이에로 맨티란타 200
이온통로병증(채널이상증) 208
이엽성 67
이형성 전문가 96
이형접합 277
일란성 쌍둥이 50, 137, 176
일벌 73
임신 중 대적혈구성 빈혈 159
입체이성체 190
자폐증 스펙트럼 장애 149
장력 111
저밀도 리포 단백질 282
전이성 투명신세포암 54
전장 유전체 분석 18
정신적 외상 81
정자 기부자 44
제1형 신경섬유종증 45
제2차 세계대전 62, 217
제프리 로즈 155
제임스 패짓 281
조골세포 99
조니 데이먼 유전자 274
조지 번스 215
좌우바뀜증 185
주먹왕 랄프 100
주의력 결핍 및 과잉행동장애(ADHD) 177
진유전체 18, 134
집단 따돌림(왕따) 83
천연두 156
첩모중생(이중 속눈썹) 30
카르니틴 140
카스트라토 263
카토이 259
카페인 134, 198, 313
캐리비안의 해적 91
코데인 153
코스트코 64
코티솔 84
콜라겐 111
크누드슨 가설 53
크래런스 쿡 리틀 219
타르 219
태아 초음파 검사 243
태아복벽개벽증 138

태아알콜스펙트럼 장애 36
토코페롤 189
통증 완화제 155
트리메틸아민 N 옥사이드 140
트리메틸아민산화물(TMAO) 140
파골세포 99
파동요법 101
판코니 빈혈 27
패치드-1 290
편모 184
편재화 175
폐암 215
프레더-윌리 증후군 20, 293
피토케미컬 165
하와이에서의 휴가 174
하향경사 눈꺼풀 균열 27
합성 성장호르몬(GH) 293
합지증 타입 1 38
해리 이스트랙 102
핵형 검사 254
헌팅턴병 228
홍채 이색증 28
후두 융기 261
후벽균 137
후성유전체 80, 150
후성유전학 20, 73
후지산 194
흡연 215
히즈라 263
히펠린도 증후군 52, 308
2-3합지증 290
ACVR1 103
APOE4 157
BRCA1 233
Crfr2 81
CYP1A2 135
CYP2D6 153
DNA 메틸전달효소 74
DNA 염기서열 분석 19
DNAH5 184
DNAI1 184
EPAS1 203
EPO 호르몬 198
EPOR 201
FISH(형광제자리부합법) 249
FOXC2 30
HLTRS 279
HMG-CoA 284
IGF-1 295
JIT 63
LDL 콜레스테롤 15, 157, 282
Mecp2 81
PAX3 29
PTCH1 290
SCN9A 209
SERT 유전자 83
SOX18 277
SOX3 255
SS 니켈라이너 240
SRY(성별결정구역 Y) 249
X 염색체 255
XIST 255
Y 염색체 249
9·11 테러 86

INHERITANCE

유전자, 당신이 결정한다

1판 1쇄 발행 2015. 9. 24.
1판 3쇄 발행 2020. 11. 26.

지은이 샤론 모알렘
옮긴이 정 경

발행인 고세규
발행처 김영사
등록 1979년 5월 17일(제406-2003-036호)
주소 경기도 파주시 문발로 197(문발동) 우편번호 10881
전화 마케팅부 031)955-3100, 편집부 031)955-3200 | 팩스 031)955-3111

값은 뒤표지에 있습니다.
ISBN 978-89-349-7216-7 03400

홈페이지 www.gimmyoung.com 블로그 blog.naver.com/gybook
페이스북 facebook.com/gybooks 이메일 bestbook@gimmyoung.com

좋은 독자가 좋은 책을 만듭니다.
김영사는 독자 여러분의 의견에 항상 귀 기울이고 있습니다.

이 도서의 국립중앙도서관 출판시도서목록(CIP)은 서지정보유통지원시스템 홈페이지
(http://seoji.nl.go.kr)와 국가자료공동목록시스템(http://www.nl.go.kr/kolisnet)에서
이용하실 수 있습니다.(CIP제어번호 : CIP2015023688)